초등교사와 초등예비교사를 위한

배우고 & 가르칠 도형

강홍재 지음

KYOWOO

머리말

P·R·E·F·A·C·E

일반적으로 책의 머리말은 저자의 집필 의도나 독자들에게 하고 싶은 말을 들려주는 곳이다. 또한 책을 읽고 싶게 만들어야만 하는 곳이다. 그러나 저자에게는 그러한 능력이 없다. 그래서 남이 쓴 아주 좋은 문구를 가져와 여기에 소개하는 것으로 저자의 집필 의도를 대신하고자 한다. 내용은 '아빠와 함께 수학을'(강석진, 2005)이라는 책에 있다.

…(전략)…

> 그러므로 수학을 가르치는 사람은 학생의 관심과 발달 단계에 따라 적절한 수준의 재미를 제시해야 한다. 학생의 수준은 생각하지도 않고 지나치게 어려운 내용으로 사람을 겁먹게 만들면서 '이것이 바로 수학의 진수(眞髓)'라고 아무리 떠들어봐야 아무도 알아주지 않는다. 반면에 '눈높이 교육'의 의미를 착각하여 학생의 수준을 끌어올릴 노력은 하지 않고 아이 수준에 머물러 있으면서 탱자탱자 노는 것은 그야말로 유치찬란한 일이다.
>
> 한편 학생도 스스로 성장해 가면서 새로운 단계의 재미, 새로운 수준의 감동을 찾으려는 '지적 호기심'을 가져야 한다. 그리고 새로운 재미를 맛보기 위해서는 그만큼의 대가를 치러야 한다는 것을 알아야 한다. '수학을 공부하는 재미'는 저절로 얻어지는 것이 아니라 그 재미를 절실히 원하는 사람이 충분한 희생과 헌신을 쏟아부었을 때 비로소 허락되는 것이기 때문이다.

이 책의 기저는 Euclid의 기하학원론이다. 이 책을 저술한 Euclid의 사고(思考)는 3000년 이상이나 된 아주 오래된 낡은 것이다. 그러나 우리는 지금도 이 사고를 공부하고 있고, 앞으로도 할 것이다. 주어진 영역에서 Professional은 과거 천재들의 사고를 계속해서 음미하여 그 사고를 자기의 것으로 만들기 위해 노력한다. 그래야만 새로운 사고의 창이 불현듯 열리게 되기 때문이다. 그러나 Amateur는 계속해서 새로운 사고의 창만을 열려고 한다. 그 창이 마우스의 클릭 한 번으로 쉬이 열리는 창이 아님에도 말이다. 각설하고.

저자는 최선을 다하여 집필하였지만 뜻하지 않은 부족한 부분이 발견될 수도 있을 것이다. 아낌없는 비판과 충고를 바란다. 끝으로 출판을 위해 아낌없이 노력해주신 교우사 편집부와 관계자 여러분께 감사의 말씀을 드린다. 그리고 성심과 성의로 오·탈자의 교정을 보아준 아내 박혜영과 딸 지원이에게도 감사와 사랑의 마음을 담아 보낸다.

저자 강홍재

목차

CONTENTS

Geometry is knowledge of the eternally existent.
– Pythagoras

제 I 부

기하

μαθήματα

그리스어 「마테마타」

이 단어는 mathematics의 어원(語源)이다.
'반드시 배워야만 하는 학문, 지식'이라는 의미이다.
이 '마테마타'를 집대성한 것이 '기하학원론'이다.

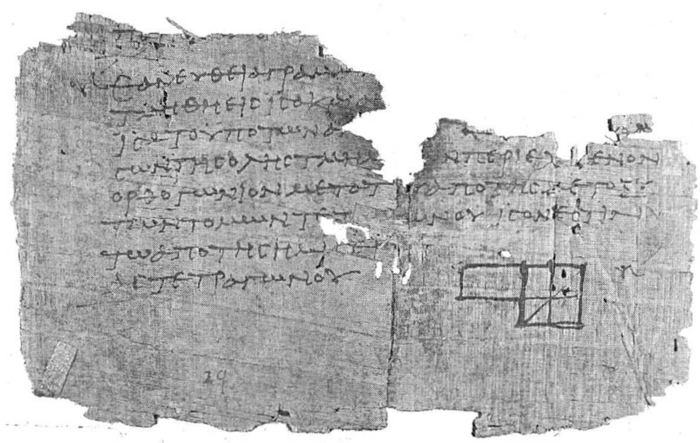

그림 출처 Wikipedia(Oxyrhynchus Papyri)

위 그림은 이집트 중부의 Oxyrhynchus(옥시링쿠스)에서 발견된
'Euclid의 기하학원론'의 파피루스 사본의 일부분이다.

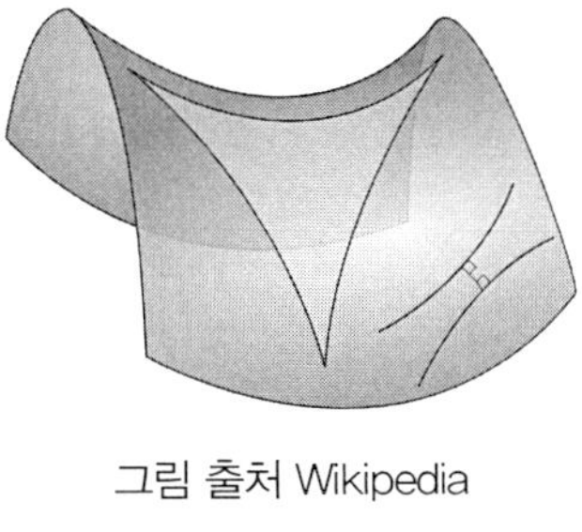

그림 출처 Wikipedia

1. 기하학

1. 기하학의 생성

도형과 공간의 학문인 기하학은 고대 이집트 문명권에서 시작된 경험적인 기하로 출발[1]하였다고 전해진다. 서양에서 역사학의 아버지로 불리는 고대 그리스의 사가(史家) Herodotus(헤로도토스)의 기록[2]은 우리에게 다음과 같이 전하고 있다.

> 이집트에서는 매년 Neil강이 범람해 작년 토지의 경계선이 불분명해졌다. 당시 이집트인들은 신전에서 '나는 이웃의 땅을 훔친 적이 없다'고 맹세하지 않으면 죽어도 저승으로 가지 못한다고 믿었을 만큼 토지 경계의 정확한 결정은 그들에게 중대한 문제이었다. 때문에 3 : 4 : 5의 비를 표시한 밧줄로 토지를 복원할 수 있는 '측량 전문가 집단'이 있었는데 이들로 인해 토지의 측량술이 발달하였다.

그림 출처 Wikipedia

중국판 기하학원론 1607년 출판, 이탈리아 예수회 소속의 Matteo Ricci(마테오 리치)와 중국 수학자 서광계.

따라서 이집트 Neil강의 정기적인 범람으로 재건을 위한 토지 측량의 필요에서 원시적인 기하학이 탄생한 것이라 말할 수 있다. 이는 이론 기하학의 시초가 측량으로부터 발전하였음을 의미한다. 기하학을 의미하는 단어 Geometry에도 이러한 의미가 그대로 녹아있다. Geometry는 그리스어의 'geometrein'으로부터 유래되었다. geo는 땅을, metrein은 측정하다는 의미이므로 땅을 측정하는 학문이 기하학이었다고 말할 수 있는 것이다. 지금 우리가 사용하고 있는 용어인 기하(幾何)는 명나라의 서광계(徐光啓)가 geometria의 geo를 음역(音譯)한 것이라는 주장이 널리 퍼져 있었으나 최근 이를 부정하는 연구[3]들이 등장하고 있다.

---

1) 다른 고대문명도 기하학적 지식을 가지고 있었다. M. J. Greenberg의 'Euclidean and Non-Euclidean Geometries'(1994)는 '바빌로니아 사람들은 산술과 대수에 있어서 이집트 사람들보다 훨씬 진보되어 있었다. 또한, Pythagoras가 태어나기도 전에 이미 Pythagoras 정리를 알고 있었다.'라고 밝히고 있다.

2) 日本数学会(2007)、岩波数学辞典 第4版、岩波書店.

3) 정기준(2010). 幾何는 geometry의 譯語가 아니었다. 대한수학회소식 129, 14-16.
渡辺純成(2005). 満洲語資料からみた「幾何」の語源について. 数理解析研究所 講究録 1444, 34-42.

고대 이집트의 기하학은 실험과 관찰, 추측 등에 의하여 도달된 경험의 과정들로 이루어진 것이다. 따라서 수학적 정당화가 결여된 고대 이집트의 기하를 그리스 시대의 측면에서 보면 단순한 계산 법칙에 지나지 않아 이를 학문이라 여기기가 어렵다. 기하가 고대 그리스로 전파된 이후, 인간이 인식할 수 있는 도형에 관한 여러 성질을 연구하는 하나의 학문으로서의 출발은 그리스의 7대 현인 중의 한 사람인 Thales(탈레스, BC 624?-BC 546?)와 그의 제자들에 의해서이다. 수학의 정리를 '증명'에 의해 전개한 것이 그리스 시대 수학의 특징이고, 그 당시로는 이러한 증명에 의한 전개가 완전히 새로운 것이었다.

깨알 상식

우리가 잘 알고 있는 원의 지름의 원주각은 직각이라는 정리가 있다. 이 정리를 외국에서는 'Thales 정리'라고 부른다. 이는 '원주각의 크기가 중심각의 크기의 1/2'이라는 정리의 특수한 경우이다. 중학교에서 학습하는 내용이니 구체적인 증명은 생략하고, 직관적으로 알 수 있는 그림만 소개하기로 하자. 사실 이것이 증명이다.

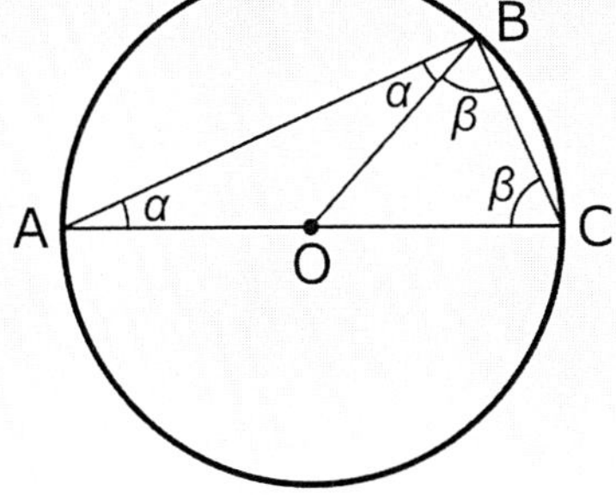

[그림 1.1] Thales 정리 증명

1) 기하학원론

Thales와 그 제자들에 의해 시작된 학문으로서 기하의 체계화는 이후 Pythagoras(피타고라스, BC 582~BC 496)와 그의 제자들에 의해 더욱 엄밀한 기반을 닦게 된다. Pythagoras는 고대 그리스 수학자들에게 큰 영향을 끼쳤는데 그중의 한 사람이 Euclid(유클리드[4]), BC 323?~BC 283?)이다. 기하학의 아버지 또는 기하학의 창시자라 불리는 Euclid는 당시의 수학을 집대성하여 465개의 명제를 13권의 책에 수록해 수학의 역사에서 가장 큰 영향력을 끼친 책으로 평가받고 있는 'Stoicheia'를 저술하였다. 이 책은 후에 Elements라는 제목으로 영어로 번역되었고, 우리나라에서는 '원론', '원본', '기하학원론', '유클리드 원론' 등으로 소개되어 있다. 이 교재에서는 '기하학원론'이라 부르기로 하자. 이 기하학원론은 논증적 학문으로서 기하학의 지위를 확립한 고대 그리스 수학을 대표하는 명저로 19세기 말까지 유럽에서는 교과서로 사용되었다.

기하학원론에 있는 많은 수학 내용[5])은 Euclid 이전 수학자들의 결과물들이지만, Euclid의 업적은 각각의 결과들을 하나의 정리로 제시하였고, 일관된 논리적 틀을 구축하여 엄밀한 수학적 증명을 제시했다는 점에 있다. 즉, 자명(自明)한 몇 개의 '공리'로부터 당연하다고 생각되지 않는 내용을 엄밀하게 연역적으로 증명하는 방법이 Euclid에 의해 기하학원론에서 완성되었다는 의미이다. 기하학에 대한 이 Euclid의 접근 방법은 공리적 방법으로 오늘날의 순수수학이라 불리는 것의 원형이라 할 수 있다. '공리적 방법'의 사전적 의미는 몇 가지 공리와 정의로부터 주어진 명제가 옳은가를 증명하는 방법이다.

---

4) 본명은 에우클레이데스(Eucleides)이다. 요즈음은 이렇게 '에우클레이데스'로 많이 부르는 것 같다. 이를 영어로 표기한 것이 Euclid(유클리드)이다. 이 교재에서는 Euclid를 사용하기로 한다.

5) Euclid의 기하학원론에는 기하학 이외에도 측정이나 수의 이론 등도 기술되어 있다.

기하학원론 각 권은, (8, 9, 12, 13권을 제외하고) 서두에서 이후 사용하는 몇 개의 용어에 대한 정의들을 기술하고 있다. 특히, 평면도형의 성질을 다루고 있는 1권에는 23개의 정의(定義)와 5개의 공준(公準, postulate), 5개의 공리(公理, axiom), 48개의 명제(命題)가 수록되어 있는데 이 구성 방법이야말로 공리적 접근 방법에 관한 사고의 시작이라 할 수 있다. 정의와 명제는 잘 알고 있는 내용이라 생각하고, 공리와 공준에 대하여 살펴보기로 하자.

Euclid는 기하학원론에서 가장 자명한 전제를 공리, 이 공리에 준하여 요청되는 전제를 공준으로 구별하고 있다. 이처럼 고대의 수학은 이 둘을 엄밀히 구분하여 사용하고 있지만, 현대 수학은 이를 따로 특별히 구별하여 사용하지 않는다. Wikipedia 영어판에서 axiom(공리)을 검색해 보면 'An axiom, postulate, or assumption is a statement that ~'이라고 나온다.

만약 여러분들에게 어떤 명제 S_1이 참이라는 것을 연역적인 추론으로 믿게 하려면 이미 여러분들이 인정하는 명제 S_2로부터 S_1을 논리적으로 추론할 수 있다는 것을 보여주어야 한다. 그러나 여러분들이 S_2가 참이라고 곧바로 확신할 수 없다면 다시 다른 명제 S_3으로부터 S_2를 논리적으로 추론할 수 있다는 것을 보여주어야 한다. 그래서 논리적 증명 없이 여러분들이 참이라고 인정할 수 있는 어떤 명제 S_n에 도달할 때까지 이 과정을 반복해야만 한다. 만약 어떤 명제 S_n에 도달했다면 이때 도달된 명제 S_n이 바로 공리(공준)의 역할을 담당하는 것이다.

그러나 이런 어떤 명제에 도달할 수 없다면 끝없이 반복하게 되는 '무한 회귀'에 빠지게 된다. 이런 경우에는 더 이상 논리적 증명 없이 참이라고 여러분들과 약속할 수 있는 명제를 도입해야만 한다. 이 논리적 증명 없이 참이라고 여러분들과 약속한 명제를 공리라고 한다.

결론적으로 공리(공준)는 앞으로 전개될 이론의 기본적인 원리이자 출발점이라는 의미로 해석하면 된다. 따라서 공리는 어떤 명제를 이끌어 내기 위한 전제로 도입되는 가장 기본적인 가정을 말한다고 할 수 있다. 즉, 증명할 필요가 없는 자명(自明)한 명제로서 다른 명제들을 증명하는 데 전제가 되는 기본적인 가정을 가리킨다고 보면 된다. 한편, 공리를 전제로 하여, 연역적인 방법으로 유도되는 명제를 정리(定理)라고 한다.

앞서 언급한 것처럼, 평면도형의 성질을 다루고 있는 기하학원론 1권에는 23개의 정의와 5개의 공준, 5개의 공리, 48개의 명제가 수록되어 있다. 뒤에서 사용할 몇 개의 정의를 살펴보자.

① 정의

1. 점(點)이란 부분이 없는 것이다.
2. 선(線)이란 길이가 있고 폭이 없는 것이다.
3. 선의 끝(端)은 점이다.
4. 직선이란 그 위의 모든 점이 곧게 놓여 있는 선이다.
5. 면(面)이란 길이와 폭만을 갖는 것이다.
6. 면의 끝(端)은 선이다.

⋮

23. 평행선이란 같은 평면 위에 있어 양방향으로 한없이 연장하여도 그 어느 방향에서도 서로 만나지 않는 두 직선이다.

기하학원론은 이 23개의 정의로부터 시작하고 있다. 이 교재에서는 주어신 정의 보두를 제시하지는 않았지만 이후 논의의 전제가 되는 점, 선, 직선, 면, 각, 원, 중심, …, 평행선 등의 개념이 정의되어 다음과 같은 5개의 공준을 참이라고 받아들여, 평면도형과 그 작도의 기초를 명확하게 하고 있다.

② 공준

1. 임의의 두 점을 잇는 직선을 유일하게 그릴 수 있다.
2. 유한의 직선을 어느 쪽으로도 끝없이 연장할 수 있다.
3. 임의의 중심과 반지름을 가지는 원을 그릴 수 있다.
4. 모든 직각은 서로 같다.
5. 한 직선이 두 직선과 만날 때, 같은 쪽의 내각의 합이 두 직각보다 작은 경우, 그 두 직선을 한없이 연장하면 내각의 합이 두 직각보다 작은 쪽에서 만난다.

위 5개의 공준은 평면도형과 그 작도에 요구되는 전제라고 생각하면 된다. 그러나 공준 1에서처럼 '부분이 없는' 두 점을 잇는 '폭이 없는' 선을 그린다는 것은 우리의 현실에서는 불가능하다. 따라서 공준 1은 두 점을 잇는 직선의 존재를 알고 그 존재성을 글로 표현한 것에 불과하다고 생각하자. 공준 2와 공준 3은 유한의 직선을 연장할 수 있게 하고, 임의의 원을 그릴 수 있게 하고 있다. 나머지 공준 4와 공준 5는 평면도형의 성질을 규명하는 데 사용되는 공준이다.

위의 공준들을 Euclid가 그동안의 경험에 따른 것들에서 추출했다고 생각하면 공준 5와 다른 공준들이 조금은 다른 것을 알 수 있다. 다른 공준들은 자나 컴퍼스를 가지고 그려보는 경험을 통해 알 수 있다. 그러나 우리는 오직 '유한의 직선'을 의미하는 선분만 그릴 수 있고 직선도 추상적으로만 그릴 수가 있다. 즉, 두 직선이 만나는지 안 만나는지를 알 수가 없다는 의미이다. 연장하면 된다고 말할 수도 있지만, 유한인 인간의 삶은 무한으로 직선을 연장할 수 없게 만든다. 그렇다면 우리는 주어진 상황 일부분만을 보고 두 직선이 서로 평행인지 그렇지 않은지를 판단해야만 한다.

그렇다면 Euclid는 '평행'이라는 것을 어떻게 판정하였는지 그의 생각을 살펴보도록 하자. 그는 [그림 1.2]에서처럼 직선 l의 한쪽에서 만들어지는 내각 α와 β의 크기를 측정하여 $\alpha+\beta<\pi$이면 두 직선 m과 n은 내각 α와 β의 쪽에서 만난다고 한 것이다. 이제 우리는 Euclid의 생각을 통해서 직선을 무한히 연장해 보지 않고도 두 직선이 평행인지 아닌지를 알 수 있게 되었다.

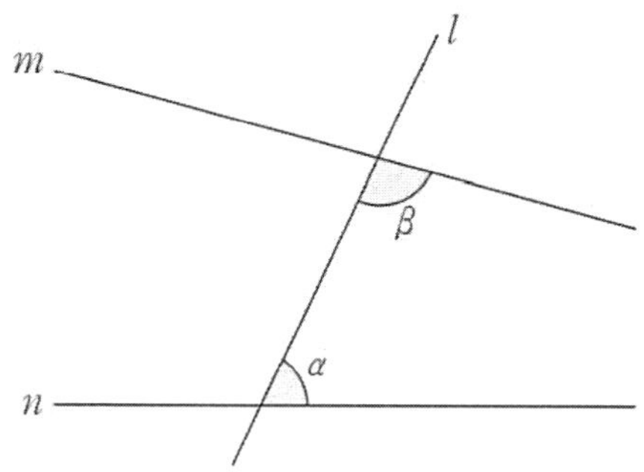

[그림 1.2] Euclid의 평행선 판정

공준 5가 그 유명한 Euclid의 '평행선 공준'이다. 이를 '제5 공준'이라 부르기도 한다. 1795년 스코틀랜드의 수학자 J. Playfair는 보다 간단한 공준을 우리에게 소개하고 있다. 물론 Euclid의 평행선 공준과 논리적으로 동치이다.

평면 위에서 직선 l 위에 있지 않은 한 점 A 를 지나고
직선 l 과 만나지 않는 직선은 단 하나 존재한다.

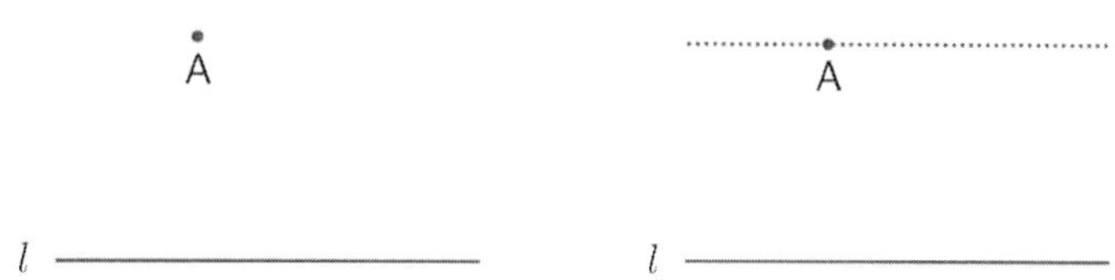

[그림 1.3] Playfair의 평행선 공준

③ 공리

1. 어떤 것과 같은 것은 서로 같다.
2. 같은 것에 같은 것을 더하면 그 전체는 서로 같다.
3. 같은 것에 같은 것을 빼면 그 나머지는 서로 같다.
4. 서로 포개어지는 것은 같다.
5. 전체는 부분보다 크다.

위의 공리 5개는 일반적인 수학에서 성립하는 명제이다.

기하학원론에서 Euclid는 그 당시까지 알려졌던 수많은 정리를 오로지 논증(論證)만으로 증명한다는 논증 체계로의 갈무리를 하게 되었다. 이 체계의 대전제로 앞서 언급한 5개 공준과 5개의 공리를 채용한 것이다. 토지를 측량하는 기술과 그 응용에서 출발한 기하는 Euclid의 '기하학원론'에 의해 처음으로 장대한 논리적 체계를 구축한 학문 즉, 기하학으로 발돋움하게 되었다.

Euclid의 '평행선 공준'을 참이라고 인정한 바탕 위에서 학문적인 전개를 한 기하학을 우리는 'Euclid 기하학(Euclidean geometry)'이라 부른다. 여러분들이 초・중・고등학교에서 도형과 관련해 학습한 내용 대부분이 바로 Euclid 기하학이고, 그래서 여러분들이 앞으로 교육현장에서 가르칠 내용 대부분도 바로 이 Euclid 기하학이다.

2. 기하학의 발달

Euclid 기하학은 현실의 세계를 바탕으로 하는 공간, 즉 Euclid 공간에서의 경험적인 사실을 증명하는 데 초점을 두었기 때문에 근대적인 수 개념은 거의 도입될 수 없어 대수학(代數學, algebra)[6)]은 중세에 이르기까지 기하학과 비교하면 거의 발전하지 못하였다. 그 결과 중세에 이를 때까지 Euclid 기하학은 Renaissance 이후 이탈리아에서 발달한 대수학과는 서로 이질적인 것으로 간주가 되었다.

그러나 17세기에 이르러 Descartes(데카르트, 1596~1650)[7)]는 평면 위의 한 점의 위치를 2개의 실수를 사용하여 좌표로 나타내고, 도형을 이 좌표를 사용하여 방정식이나 부등식으로 표현할 수 있는 해석기하학(解析, analytic geometry)을 창시하게 되었다.

주어진 도형의 성질을 알아볼 때, 좌표를 사용하여 그 도형에서의 다양한 관계를 숫자나 식으로 나타내어 이 수식을 대수적으로 처리하여 결과를 유도하고, 다시 이 결괴를 도형에 적용하여 도형의 성질을 도출하는 방법을 일반적으로 해석기하학이라 부른다. 한마디로 기하를 묘사하기 위한 대수의 사용, 또는 좌표와 방정식을 가지는 기하라 할 수 있을 것이다.

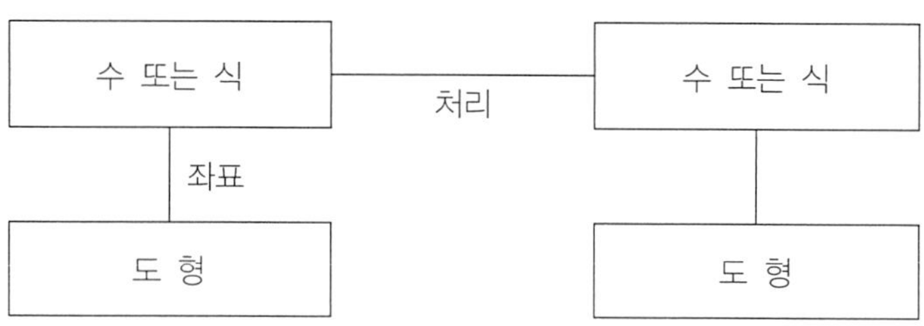

6) 수학의 한 분야인 대수학(代數學)은 간단하게 '代數'의 이름 그대로 수 대신에 문자를 사용해 방정식의 해법 등을 연구하는 학문이라 말할 수 있다

7) 본명은 René Descartes이지만, 라틴어로는 Renatus Cartesius이다. 여러분들이 즐겨 사용한 xy 평면에서의 좌표를 영어로는 Cartesian coordinates라 부른다.

수천 년 동안 서로 다른 관점과 목적을 가지고 각기 발달했던 기하학과 대수학이 해석기하학으로 인하여 융합되었다. 즉, 엄밀한 논리적 체계와 순서라는 성질을 가지고 있는 '좌표'는 평면 위의 점의 운동 상태를 어떤 관계식으로 표현할 수 있도록 한 것이다. 예를 들면,

평면 위의 직선 ↔ 1차 방정식
두 직선의 교점 ↔ 연립방정식의 해

와 같이 좌표라는 수단으로 기하의 세계와 대수의 세계를 넘나들 수 있게 된 것이다.

기하학원론에서는 삼각형을 겹쳐 놓는 것과 같은 기본적 조작은 있지만, 평행이동, 대칭이동, 회전이동 등 도형의 이동은 취급하지 않고 있다. 그리고 닮음에 관한 이론은 있어도 확대·축소와 같은 도형의 변형에 관한 이론은 없었기 때문에 오늘날 Euclid의 기하학을 정적(靜的)인 기하라고도 부른다. 이에 비해 방향과 위치를 지닌 해석기하학의 영향으로 17세기 이후 미분·적분학과 같은 동적인 것을 대상으로 하는 연구 방법이 발전하게 됨으로써 기하학은 또 다른 꽃을 피우게 된다. 바로 Desargues(데자르그, 1591~1661)와 Pascal(파스칼, 1623~1662) 등에 의해 사영기하학(射影-, projective geometry)의 기본 개념이 확립된 것이다.

Euclid 기하학에서의 평행선은 만나지 않는다. 즉 평행선 사이의 거리는 항상 일정하다. 그러나 오른쪽 그림에서처럼 우리의 눈에 보이는 평행한 철도의 두 레일 사이의 거리는 멀면 멀수록 작아지고, 평행한 두 레일이 아주 먼 곳에서는 아예 만나는 것처럼 보인다. 또한, 고층 건물이나 곧게 뻗은 길 등을 사생(寫生)할 때도 평행한 두 직선을 생각해 이 평행선이 먼 곳에서 만나도록 그려야 우리 눈에는 오히려 평행하게 보인다. 물론, 오른쪽 그림에서처럼 사진으로 촬영을 해도 먼 곳에서 만나는 것처럼 찍히게 된다.

당시까지의 많은 예술가도 거리에 따라 물체의 상대적 크기가 변한다는 일반적인 원칙을 분명히 알고 있었겠지만, 이러한 그림을 그리는 이론 대부분은 경험적인 것에 지나지 않았기 때문에 하나의 이론으로서는 확립되지 않았다.

[그림 1.4] 최후의 만찬 (출처 Wikipedia)

[그림 1.4]는 Leonardo da Vinci(1452-1519)[8]의 작품인 그 유명한 '마지막 만찬'이다. 이 그림을 보면 화폭에 깊이(?)를 표현해내기 위해 먼 곳을 작게 그린 것을 알 수 있다. 3차원의 대상이 2차원에서 표현되기 때문에 그 모양이 원래의 모습과 다르게 나타난다. 예를 들면, 양 벽면과 천장의 직사각형들이 우리의 눈에는 사다리꼴로 보이는 것이다. [그림 1.4]에서 천장의 평행선들과 벽면 직사각형들의 한 변을 모두 연장해 보면 예수님의 이마 위의 한 점에서 만나게 된다. 이 점을 미술에서는 '소실점(消失點, vanishing point)'이라 부르고, 수학에서는 '무한원점(無限遠點, point at infinity)'이라 부른다.

8) 우리나라에서는 약칭으로 '다빈치'라고 부르는 경우가 많지만, '다빈치'는 고유한 성씨가 아니고, '빈치' 지역의 출신인 것을 의미한다. 따라서 그의 이름을 약칭할 때는 '레오나르도'를 사용하는 것이 적절하다. full name은 Leonardo di ser Piero da Vinci.

이처럼 눈으로 보는 3차원의 대상을 2차원 평면으로 옮길 때, 일정한 시점에서 본 것 그대로 멀고(遠) 가까운(近) 거리감을 느낄 수 있도록 표현하는 회화 기법을 원근법(遠近法, perspective)이라 한다. 협의(狹義)로는 투시도법(透視圖法) 또는 선원근법(線遠近法)이라 부르기도 한다.

따라서 [그림 1.5]와 같이 공간에 놓인 도형을 우리가 보는 대로 평면 즉, 종이 위에 그린다는 것은 그리려고 하는 도형과 보고 있는 눈 사이에 투명한 평면을 놓아 눈이라는 한 점에서 도형을 평면에 투사(投射)하여 그림을 그리는 것이라 설명할 수 있다.

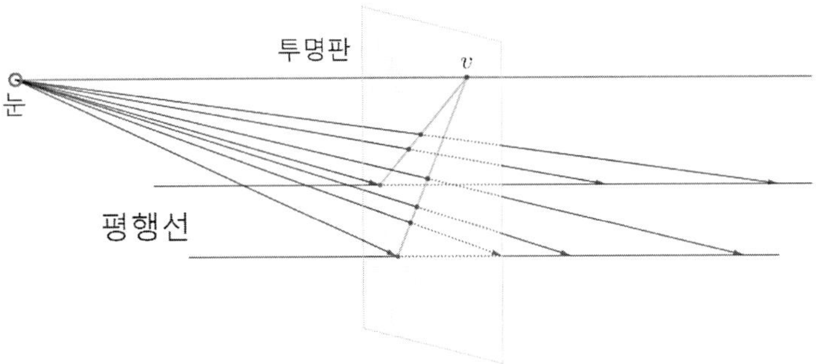

[그림 1.5] 원근법에 따른 평행선의 표현

공간도형 A를 평면 위에 그릴 때, 우리의 눈과 도형 A 사이에 투명판을 두고, 눈과 A의 각 점을 연결한 직선과 투명판의 교점이 만드는 도형 A'을 도형 A의 사영이라고 한다. 이 사영의 성질을 조사하는 기하학을 사영기하학이라고 간단하게 설명할 수 있다. 그러므로 사영기하학은 중세에 화가들이 공간에 있는 대상을 화폭에 그리기 위하여 개발한 원근법에서 발전한 기하학이라 말할 수 있다. 그 당시 수학자들에게 유클리드 공간이 아닌 새로운 공간에서도 기하학적 사고가 가능하다는 것을 일깨워 주었다는 점에서 의미가 큰 학문이다.

3. 기하학사의 혁명

Euclid의 '평행선 공준'은 다른 공준들과 달리 간명하지도 않고, 또 부자연스러운 느낌이 있어서 많은 수학자로부터 '이것을 공준으로 취급하는 것이 바른 것인가?', '다른 공준으로부터 증명할 수 있는 것은 아닐까?' 등의 의심을 하게 한 명제이다. 다른 공준으로부터 증명될 수 있다고 믿어지는 명제를 공준으로 남겨두는 것은 완벽한 논증 체계로서의 기하학에 큰 오점으로 생각하였다.

따라서 이후 평행선 공준과 같은 내용이지만, 다른 형태의 명제들이 속속 발견된다. 예를 들면, 앞서 9페이지에서 언급한 Playfair의 평행선 공준이라든지, Legendre(르장드르, 1752-1833)[9]의 '삼각형의 내각의 크기의 합은 180° 이다'[10]를 들 수 있다. 그러나 이 명제들이 평행선 공준과 동치인 것은 알려졌지만, 다른 공준들과의 독립성에 대한 문제는 계속 미해결로 남아 있게 된다. 그 때문에 이를 증명하려고 뛰어난 많은 수학자가 도전했지만, 그 증명은 시간과 노력을 빨아들이는 블랙홀과 같은 존재로 남게 되었다. 그러나 이러한 '증명할 수 있을 것'이란 계속된 믿음과 도전은 1830년 즈음에 새로운 기하학의 출발을 알리며 종지부를 찍게 된다.

새로운 기하학의 출발에 결정적 역할을 한 수학자가 바로 기하학의 Copernicus[11]라 불리는 러시아의 Lobachevsky(로바체프스키, 1792-1856)와 헝가리의 Bolyai(보여이, 1802-1860)이다. Euclid의 기하학원론이 기원전 300년 무렵에 쓰인 것이니 평행선 공준은 2000년 이상 위대한 수학자들과 격렬한 사투를 벌인 셈이다.

---

9) 프랑스의 수학자로 18세기를 대표하는 수학자 중 한 명이다.

10) 평행선 공준이 없는 상태에서는 '삼각형의 내각의 크기의 합은 180°'임을 논리적으로 증명할 수가 없다. 여러분들이 잘 알고 있는 평행선에서의 동위각과 엇각에 대한 성질이 바로 평행선 공준을 기반으로 하고 있기 때문이다.

11) E. T. Bell(1986). Men of Mathematics. Touchstone Books(Reprint).

1829년 Lobachevsky는 직선 위에 있지 않은 한 점을 지나고 이 직선과 만나지 않는 직선은 무한히 존재한다고 가정하여 Euclid의 나머지 공리들과 결합한 새로운 기하학을 구축하였다. 또한, 1831년 Bolyai도 직선 위에 있지 않은 한 점을 지나고 이 직선과 만나지 않는 직선은 적어도 두 개 존재한다고 가정하여 Euclid의 나머지 공리들과 결합한 새로운 기하학을 구축하였다. 이를 쌍곡기하학(雙曲-, hyperbolic)이라 부른다. 결국 평행선 공준을 '부정'해도 다른 공준과는 모순이 없음이 밝혀진 것이다[12]. 이를 두고 수학사의 연구자들은 '기하학사에서의 혁명'이라고까지 부른다.

한편, 1854년 Riemann(리만, 1826-1866)은 직선 위에 있지 않은 한 점을 지나고 이 직선과 만나지 않는 직선은 존재하지 않는다고 가정[13]하여 새로운 기하학을 구축하였다. 이를 타원기하학(楕圓-, elliptic)이라 부른다. 또 다른 평행선 공준의 '부정'이다.

쌍곡기하학과 타원기하학을 비유클리드(非-, non-Euclidean)기하학이라 부른다. 즉, Euclid의 평행선 공준을 대신해 그것을 부정하는 공리를 덧붙여 얻어진 기하학으로 생각하면 된다.

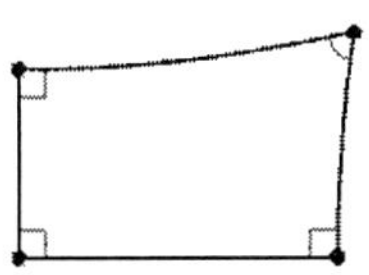

Lambert 사변형

이 사각형의 오른쪽 위의 각은 쌍곡기하에서는 예각, Euclid기하에서는 직각, 타원기하에서는 둔각이 된다.

따라서 삼각형의 내각의 크기의 합은 180° 라는 보편적 상식은 이제 Euclid 기하학에서만 성립하는 성질이 된다. 실제로 삼각형의 내각의 크기의 합은 쌍곡기하학에서는 180° 보다 작게 되며, 타원기하학에서는 180° 보다 커진다.

이들 기하학은 모두 어떤 공간을 생각하고 그 안에서의 도형의 성질을 연구하는 것이다. 결국, 기하학은 도형의 성질을 연구하는 것에서 출발하여 '공간의 구조가 도형에 어떻게 반영되는가?'라는 도형이 놓인 공간의 성질을 연구하는 학문으로 발전하게 되었다.

---

12) 이 쌍곡기하학은 원래 평행선 공준을 다른 공준들로부터 증명하려고 해서 만들어진 기하학이지만, 아이러니하게도 이 기하학으로부터 평행선 공준은 독립적이라는 즉, 다른 공준으로는 증명할 수 없다는 것이 증명된 것이다.

13) Riemann은 평행선 공준의 부정과 함께 Euclid의 공준 1, 2도 수정하였다.

비유클리드기하학의 발견을 두고 이상욱 외(2007)는 다음[14]과 같이 말하고 있다.

> 19세기 수학사상 가장 중요한 사건의 하나로 볼 수 있다. 비유클리드기하학의 발견은 공리를 자명한 명제로만 여겨왔던 기존의 사고방식에 혁명적인 변혁을 가져왔으며, 사상사(思想史)에 있어서도 진화론이나 상대성 이론의 탄생과도 비견되는 것으로서 물리적 세계에 대한 인간의 생각을 급변시켰다.

Einstein(아인슈타인, 1879-1955)은 일반상대성 이론에서 공간에 대한 기초적인 이론을 비유클리드기하학에서 찾았다는 것은 잘 알려진 사실이다. 그는 빛의 경로가 직선이 아니고 휘어진다면 빛이 지나가는 공간이 휘어져 있기 때문이라고 생각했다. 질량을 가진 물체에 의해 공간은 휘어진다. 이를 기술하기 위해서는 휘어진 공간의 기하학이 그에게 필요했던 것이다.

16세기에 Descartes에 의한 좌표계의 고안은, Euclid 기하학에 계산을 이용해서 연구하는 길을 열었다. 따라서 이 해석기하학은 Euclid 기하학의 내용을 더욱 풍부하게 만들었다고 해도 과언이 아니다. 앞에서 언급한 것처럼, 기하학은 Euclid 기하학 이외에도 많이 존재하지만, 기하학원론에서의 논증 방법은 현대 수학에서의 논증 방법의 기초이고, Euclid 기하학도 다른 여러 기하학의 기초임은 분명하다. 또한, 추상 수학의 대부분은 Euclid 기하학에서 성립하는 도형의 여러 성질을 추상화하는 것으로부터 출발하고 있다는 의미에서, Euclid 기하학은 현대 수학의 토양이라고도 할 수 있다. 그리고 우리 일상에서의 측량에는 여전히 Euclid 기하학도 사용되고 있는 것에는 변함이 없다.

---

14) 이상욱, 홍성욱, 장대익, 이중원(2007). 과학으로 생각한다: 과학 속 사상, 사상 속 과학. 동아시아.

제 II 부
평면에서

Geometry is the archetype of the beauty of the world.

– Johannes Kepler

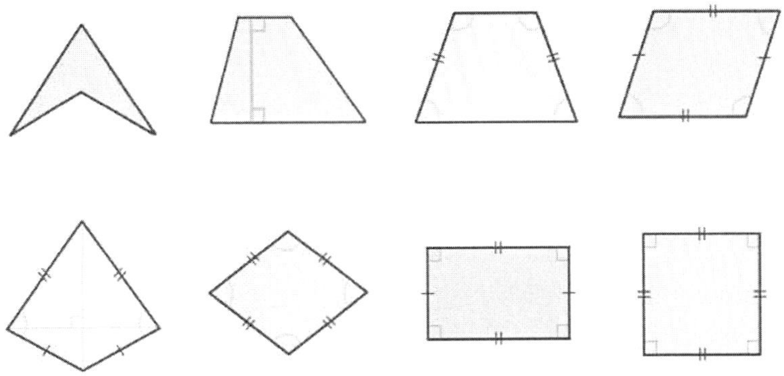

2. 기본 도형

도형(圖形, figure)은 물체로부터 대부분의 성질, 즉 색상, 질감 등을 버리고 모양만을 대상으로 한 것을 말한다. 예를 들면, 수학 교과서에서 직사각형, 선분, 각 등을 생각할 수 있어 이를 도형이라 할 수 있다.

1. 기본 도형-점, 선, 면

도형의 구성요소는 점, 선, 면이다. 이들의 합성으로 도형이 구성된다. 따라서 다른 기하학적 개념들은 이 점, 선, 면의 개념에서 계발되어 진다고 말할 수 있다. 1장에서 살펴본 것처럼 정의의 무한 회귀를 피하고자 이 요소들을 기하학에서는 무정의용어로 사용한다. 이들에 대한 직관적인 설명은 하면 다음과 같다.

1) 점(點, point)

기하학원론에서 점은 '부분이 없는 것'으로 정의하고 있다. 점은 기하학에서 가장 기본이 되는 것으로 공간에서의 위치를 나타내는 추상적 개념이다. 우리는 일반적으로 [그림 2.1]에서처럼 점(point)을 나타내기 위해 물리적인 모델인 점(dot)을 찍어 사용한다.

[그림 2.1] 점의 물리적인 모델

점을 나타낸 물리적인 모델을 지정할 때는 A, B, C, … 등 대문자로 나타낸다. 점은 크기가 없으므로 도형이 아닌 것으로 오해할 수도 있지만, 추상적으로 해석하면 크기가 0이기 때문에 특수한 도형으로 생각할 수 있다.

2) 직선(直線, straight line)

직선은 폭이 없는 곧은 대상을 표현하기 위해 고대 수학자들이 소개한 개념이다. 상식적으로는 곧은 선, 실을 팽팽하게 당겨서 만들 수 있는 곧은 선 등으로 말할 수는 있지만, 이는 엄밀하지 않은 것이다. Euclid는 직선을 '폭이 없는 길이'로 정의하였지만, 현대의 기하학은 직선의 개념을 정의가 주어지지 않은 직관적 개념으로 취급하고 있다. 즉, 기하를 공리적으로 구성할 때 직선은 무정의용어이며, 그 상호관계가 공리로 제시된다. 예를 들면, 서로 다른 두 점에서 하나의 직선이 결정되거나, 두 평면의 교선 등과 같이 다른 도형과의 상호관계로 직선이 규정된다. 그러나 여러분이 잘 알고 있듯이 좌표가 주어진 2차원 평면에서는

$$ax + by + c = 0 \qquad (\text{단, } a,\ b,\ c \text{는 상수})$$

으로 직선이 정의된다. 따라서 이 방정식을 만족하는 x와 y의 쌍인 좌표 (x, y)로 표시되는 점들의 집합을 직선으로 정의하는 것은 아주 자연스럽다.

[그림 2.2] 직선 AB

서로 다른 두 점은 하나의 직선이 결정하기 때문에 이 두 점을 이용하여 직선에 이름을 붙일 수 있다. 따라서 [그림 2.2]에서처럼 한 직선을 나타낼 때는 그 직선 위에 있는 서로 다른 두 점 A, B를 사용하여 기호로 $\overleftrightarrow{\mathrm{AB}}$와 같이 나타내고, 이를 직선 AB라고 읽는다. 물론, $\overleftrightarrow{\mathrm{BA}}$로 나타내어도 같은 직선을 의미한다. 때로는 직선 위의 점을 사용하지 않고 l, m, $\cdots$ 등의 소문자를 사용하여 직선을 나타내기도 한다.

① 반직선(半直線, ray)

[그림 2.3]에서처럼 직선 l과 이 직선 위에 있는 점 A를 생각하자. 점 A는 직선 l을 두 부분으로 분해하는 것으로 생각할 수 있다. 이때 각각의 부분을 '반직선'이라고 하고 점 A를 이 반직선들의 시작점(initial point)[15)]이라고 한다. 따라서 직관적으로 반직선은 점 A에서 시작하여 주어진 선을 따라 한 방향으로만 무한히 진행하는 선 위의 점으로 구성된다고 생각할 수 있다.

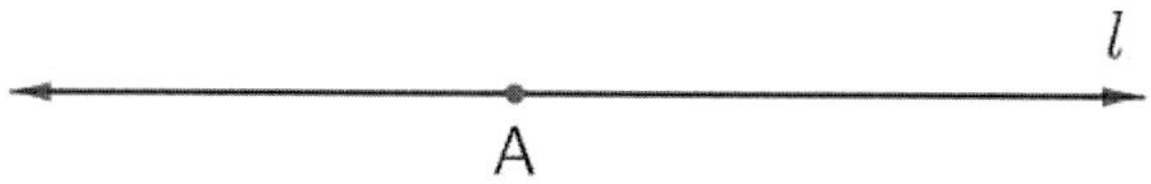

[그림 2.3] 반직선

그러나 이러한 반직선의 개념을 증명에 사용하기 위해서는 조금 더 명확한 정의가 필요하다. 서로 다른 두 점 A와 B가 주어지면, 점 A를 시작점으로 하고 점 B를 지나는 반직선이 유일하게 결정된다. 따라서 [그림 2.4]에서처럼 반직선 AB를 '직선 AB 위에 있는 점 중에서 점 B가 점 A와 점 C 사이에 있도록 하는 점 C의 집합'으로 정의하고, 이를 기호로 $\overrightarrow{AB}$와 같이 나타낸다. 이 정의에 따르면

$$\overrightarrow{AB} \neq \overrightarrow{BA}$$

임은 쉽게 이해할 수 있는 내용이다.

[그림 2.4] 반직선 AB의 정의

15) 점 A가 한 반직선에 속하면 다른 반직선에는 속하지 않는다고 생각할 수도 있다. 엄밀한 논의가 필요한 경우에는 이를 '열린 반직선'으로 구별하여 사용하지만, 이 교재에서는 점 A를 시작점으로 생각해 양쪽 모두에 속하는 것으로 간주한다.

② 선분(線分, line segment)

선분(線分)은 한자의 의미 그대로 직선(線)의 한 부분(分)을 나타낸다. 단어 'segment'도 일반적으로 무언가의 '조각'을 의미하므로 직선의 한 조각을 의미하는 것으로 해석할 수 있다.

직선 위에 서로 다른 두 점이 주어졌을 때, 이 두 점과 그 사이의 모든 점으로 이루어진 직선의 부분집합을 '선분'이라고 하고, 주어진 서로 다른 두 점을 이 선분의 '끝점'(endpoint)이라고 한다. 즉, [그림 2.5]에서처럼 직선 AB 위의 점 A에서 점 B까지의 부분을 선분 AB라 정의하고, 이를 기호로 $\overline{AB}$와 같이 나타낸다. 이때 점 A와 점 B는 선분 AB의 끝점이다.

[그림 2.5] 선분 AB의 정의

선분은 양 끝점이 존재하기 때문에 무한의 길이를 가지는 직선, 반직선과는 달리 길이를 잴 수 있다는 고유한 특징을 가지고 있다. 그리고 선분은 두 점을 기준으로 길이가 제한되므로, 그 선분의 바깥 부분도 정의할 수 있다. 즉, 직선 AB 위에는 존재하지만, 선분 AB 위에는 없는 부분을 선분 AB의 연장이라 한다. 선분 AB의 외분점은 선분 AB의 연장선 위의 한 점이므로 이러한 특징에서 도출된 개념이기도 하다.

우리는 선분을 나타내기 위하여 일반적으로 종이에 자를 대고 연필로 선을 긋는 물리적인 모델을 사용한다. 그러나 이를 확대하여 살펴보면 분명 연필 자국은 측정 가능한 너비임을 알 수 있다. 따라서 종이에 연필로 그은 선은 선분의 아이디어를 설명하는 방법일 뿐이라는 사실을 알고 있어야 한다.

3) 평면(平面, plane)

기하학원론에서는 면을 '길이와 폭만을 가지는 것'으로 정의하였고, 평면은 '직선이 그 위에 고르게 놓여 있는 것'으로 정의하였다. 그러나 전술하였듯이 평면 또한 현대의 기하학에서는 무정의용어로 사용된다.

평면은 일반적으로 [그림 2.6]과 같이 평행사변형으로 표현하고, 그리스 문자 α, β, γ, $\cdots$ 등으로 나타내거나 ABC 와 같이 한 직선 위에 있지 않은 세 점을 이용하여 나타낸다. 두 점이 유일하게 하나의 직선을 결정하였듯이 한 직선 위에 있지 않은 세 점은 유일하게 하나의 평면을 결정한다. 이것이 한 직선과 한 평면을 나타내는데 각각 AB 와 ABC 를 이용하는 이유이기도 하다.

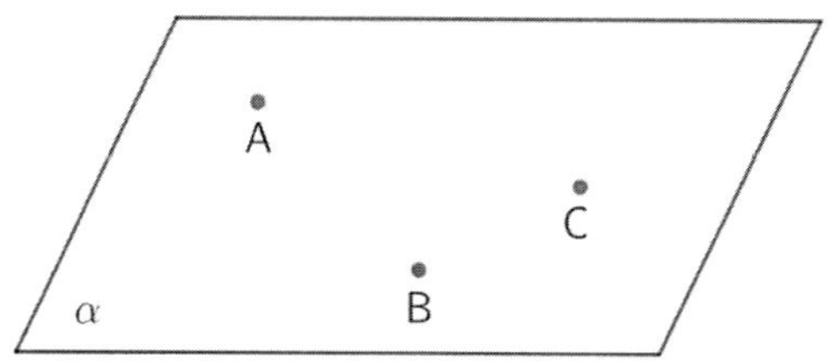

[그림 2.6] 평면 α 또는 평면 ABC

한 직선 위에 있지 않은 세 점은 유일하게 하나의 평면을 결정하는 것처럼 ・한 직선과 이 직선 위에 있지 않은 한 점, ・한 점에서 만나는 두 직선, ・평행한 두 직선이라는 조건을 부여하더라도 만족하는 평면은 단 하나 결정된다. 그리고 두 평면은 서로 평행하거나 그렇지 않으면 하나의 직선을 공유한다. 이 직선을 두 평면의 교선(交線)이라 한다.

좌표가 주어진 3차원 공간에서는 다음과 같이 평면이 정의된다.

$$ax + by + cz + d = 0 \qquad (\text{단, } a, b, c, d \text{는 상수})$$

① 반평면(半平面, half-plane)

반평면은 단어의 의미 그대로 평면의 반이다. 무한한 평면의 반이라는 표현이 조금은 어색하지만, 직관적으로 이렇게 생각하는 것이 자연스럽다. 실제로 평면 위의 한 직선은 그 평면을 서로소인 세 부분으로 분할한다. 즉, 하나는 주어진 직선이고 나머지는 이 직선의 양쪽에 있는 영역이다. 이때 각 영역을 반평면이라 한다.[16] 평면이 한 직선과 이 직선 위에 있지 않은 한 점으로 결정되는 것과 같이, 반평면은 반평면을 결정하는 직선과 반평면 위에 있는 한 점으로 결정된다고 말할 수 있다.

한편, 교재에 따라서는 반평면이 주어진 한 직선을 포함하는 경우를 닫힌반평면(閉-, closed-)이라 부르고, 포함하지 않는 경우를 열린반평면(開-, open-)이라 부르기도 한다.

[그림 2.7] 반평면

Descartes의 힘을 빌려 반평면을 표현해 보자. 평면에서 직선의 방정식을 $ax+by+c=0$이라 할 때,

$$ax+by+c>0 \quad \text{또는} \quad ax+by+c<0$$

으로 결정되는 영역이 반평면이 된다. 또한, 다음 부등식으로 결정되는 영역은 닫힌반평면이 된다.

$$ax+by+c \geq 0 \quad \text{또는} \quad ax+by+c \leq 0$$

16) 이 개념을 3차원 공간에 적용하면 '한 평면은 3차원 공간을 서로소인 세 부분으로 분할한다. 하나는 주어진 평면이고 나머지는 이 평면의 양쪽에 있는 영역이다. 이때 각 영역을 반공간(half-space)이라 한다.'가 된다.

깨알 상식 Golden Ratio

기하학원론 제6권의 정의 3은 외중비(the extreme and mean ratio)의 정의이고, 명제 30에서 주어진 선분을 외중비로 나누는 작도법이 소개되고 있다.

> [정의 3] 한 선분을 둘로 나눌 때, 전체 선분의 길이와 긴 부분의 길이의 비가 긴 부분과 짧은 선분의 길이의 비와 같으면, 선분은 외중비로 분할되었다고 한다.

이 외중비가 '황금비(golden ratio)'이다. 황금비로 길이 등을 나누는 것을 황금비 분할(golden section)이라고 한다. 황금비라는 용어가 문헌에 처음 등장한 것은 독일의 수학자 M. Ohm(옴의 법칙으로 유명한 G. Ohm의 동생)의 저서 '순수기초수학(1835)'의 개정판에서다.

Euclid의 정의에 따르면 선분 AB 의 길이를 $x:1$ 로 나눈 점 C 에 대해 $\mathrm{AB}:\mathrm{AC}=\mathrm{AC}:\mathrm{BC}$ 인 경우, 점 C 는 선분 AB 를 황금비 분할한다고 하고, 이때의 $x\,(>1)$ 가 황금비율이 되는 것이다.

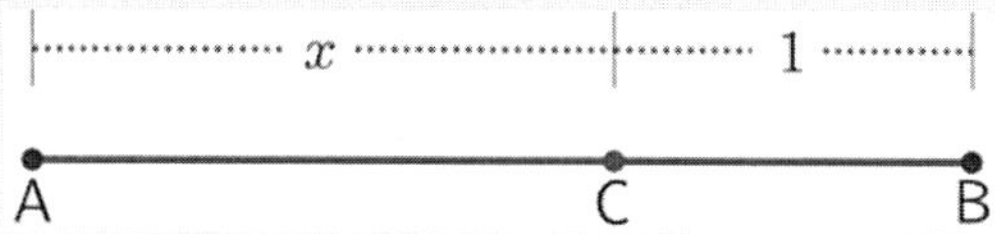

[그림 2.8] 황금비 분할

실제로 계산하면 $(x+1):x=x:1$ 이다. 따라서 x 에 대한 이차방정식을 풀면 $x=\dfrac{1\pm\sqrt{5}}{2}$ 이고, $x>1$ 이므로 $x=\dfrac{1+\sqrt{5}}{2}$ 이다.

그리스의 파르테논 신전이나 이집트의 피라미드 등이 황금비로 만들어졌다고 알려졌지만, 이는 사실과 다르다는 주장들이 20세기 후반 등장하기 시작했다. 사실 황금비는 무리수의 비이기에 그 근삿값을 어떻게 잡느냐의 문제일 것이다. 1.6180339887… 어떻게?

3. 기타 도형 및 용어

각은 도형이고, 주어진 각의 크기를 측정한 것이 각의 크기 즉, 각도임을 알고 이 장을 시작하기로 하자.

1. 각

일반적으로 기하학에서 각(角, angle)은 시작점을 공유하고 있는 두 반직선에 의하여 이루어지는 도형[17]을 말한다. 각을 물리적인 모델인 그림으로 나타내면 [그림 3.1]과 같다.

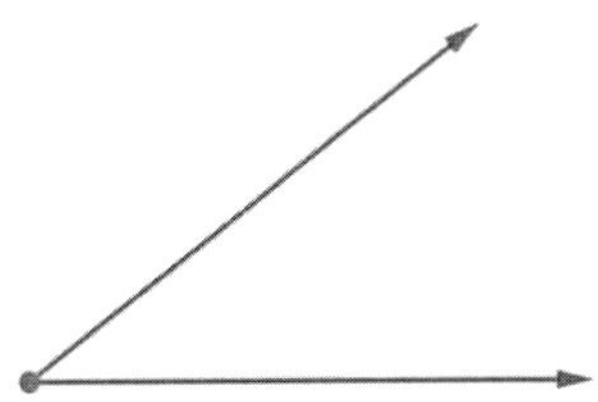

[그림 3.1] 각의 물리적인 모델

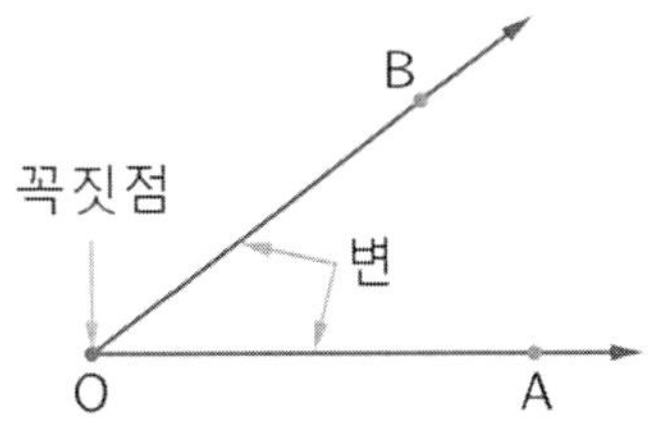

[그림 3.2] 용어와 각의 이름

이때 공통의 시작점을 각의 꼭짓점(vertex of angle)이라 부르고, 두 반직선을 각의 변(sides of angle)이라 부른다.

주어진 각은 서로 다른 세 점 즉, 각의 꼭짓점과 각의 변 위의 점으로 그 이름을 나타낼 수 있다. 예를 들어, [그림 3.2]에서처럼 반직선 OA와 OB에 의해 형성되는 각은 $\angle AOB$ 또는 $\angle BOA$로 표현[18] 하고, '각 AOB' 또는 '각 BOA'라고 읽는다. 이처럼 각에 그 이름을 부여할 때, 각의 꼭짓점은 반드시 두 각의 변 위의 점 사이에 놓아야만 한다. 그렇지만 문맥에서 혼동의 위험이 없는 경우, 각은 각의 꼭짓점만으로 즉, [그림 3.2]에서 예를 들면 '각 O'로 간단히 표현할 수도 있다.

---

17) 현대수학의 아버지라고 불리는 독일의 수학자 David Hilbert(1862–1943)가 저서 '기하학의 기초'에서 끝점을 공유하는 두 반직선의 쌍으로 각을 정의하여 대부분 이 취지의 정의를 채택하고 있다.

18) [그림 3.2]의 경우 저자 개인적으로는 '각 AOB'의 사용을 권장한다.

그런데 '두 반직선에 의하여 이루어지는 도형'으로 정의하면 즉, 각의 꼭짓점과 두 반직선이 정해지면, [그림 3.3]에서처럼 주어진 평면은 이들에 의해 2개의 영역으로 분할이 된다. 이때 만들어지는 두 영역 α, β에 대하여 각 영역에 대응하는 각이 만들어진다고 생각하는 것은 아주 자연스럽다.[19] 그렇다면 각은 이 2개 중에서 어떤 것을 의미할까?

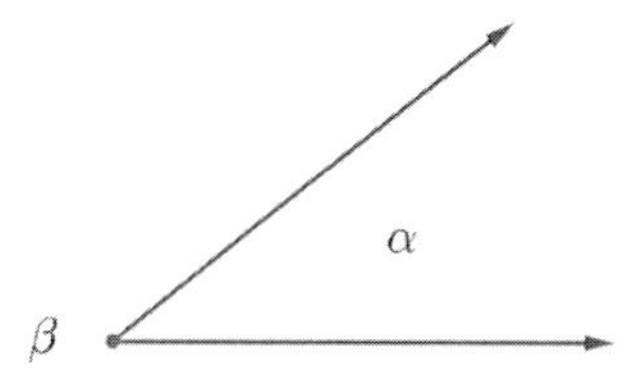

[그림 3.3] 각은 어느 쪽?

이 2개의 각 중 각의 크기가 큰 쪽을 우각(優角)이라, 작은 쪽을 열각(劣角)이라고 부른다.[20] 또한 두 반직선이 한 직선을 이룰 때는 특별히 우각 또는 열각으로 구별하지 않는다. 그리고 어떤 정점을 시작점으로 공유하고 있는 두 반직선에 의해 생기는 우각과 열각의 크기의 합은 360°로 일정함은 명백하다. 일반적으로 특별한 언급이 없을 때는 각은 열각을 지칭한다. 그러나 이러한 용어의 사용 빈도는 그다지 높지 않다. 그리고 이에 해당하는 영어 단어도 적절한 용어가 없다. 대한수학회도 열각에 대해서만 minor angle이라고 소개하고 있다. 열각의 크기가 항상 180°보다는 작으므로, 우각의 크기는 항상 180° 보다 크다. 이러한 의미에서 우각을 reflect angle이라고 소개하는 교재들도 있다.

19) 한 평면 위에서 두 직선이 한 점에서 교차(交差)할 때, 이 평면은 4개의 영역으로 분할되고 각각의 영역에 대응하는 4개의 각이 생기게 된다. 이러한 4개의 각을 일반적으로 '두 직선이 이루는 각'이라 부른다. 이때, 서로 마주 보고 있는 두 쌍의 각을 맞꼭지각(vertical angles)이라고 부른다.

20) 여기에서 사용하는 한자 優는 넉넉할, 뛰어날 '우', 劣은 못할 '열(렬)'의 한자이다. 우리가 많이 사용하는 '우열을 가리다'를 생각하면 용어의 의미 파악이 쉽다.

이 교재에서의 각의 정의인 '시작점을 공유하고 있는 두 반직선에 의하여 이루어지는 도형'은 현대수학의 아버지로 불리는 독일의 수학자 D. Hilbert(1862-1943)의 저서 '기하학의 기초'[21]에서의 정의이다. 물론 책에서의 표현 그대로인 것은 아니다. 여러 나라에서 이 정의를 사용하고 있어 각에 대한 가장 일반적인 수학적 정의로 간주할 수 있다.

한 걸음만 더 내디뎌 보자. 교재[22]나 사전[23]에 따라서는 다음과 같이 각을 정의하기도 한다. [그림 3.4]에서처럼 점 O를 시작점으로 하는 두 반직선 OA와 OB가 있고, 이 두 반직선을 포함하는 직선을 각각 m, l이라 하자. 직선 l을 기준으로 점 A 방향의 반평면과 직선 m을 기준으로 점 B 방향의 반평면을 생각해 이 두 영역의 공통 영역을 각 AOB라 정의하고 ∠AOB로 나타낸다.

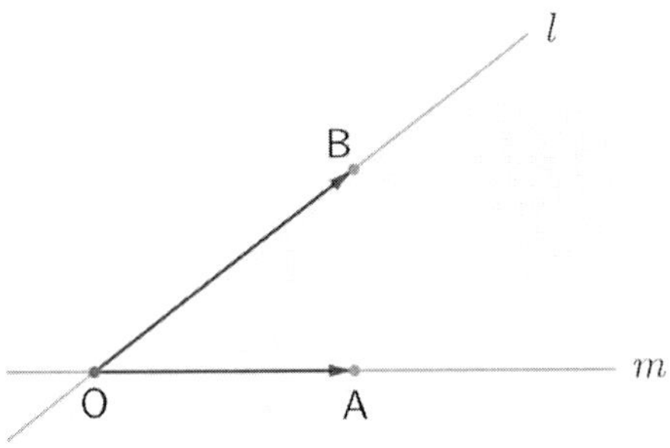

[그림 3.4] 각의 또 다른 정의(?)

---

21) 양성덕, 조경희(2011)는 Hilbert의 저서 'Grundlagen der Geometrie'를 '기하학의 기초'로 번역하고 있다. 영문 번역판은 'The Foundations of Geometry'이다. 이들은 Hilbert를 당대의 수학 전 분야를 통달한 마지막 천재라고 소개하고 있다.

22) 배종수(1999). 초등수학교육내용지도법-제7차 교육과정을 중심으로-. 경문사.

23) Oxford Languages(2002)는 angle을 'the space between two intersecting lines or surfaces at or close to the point where they meet'라고 하고 있다.

이렇게 정의하면 각 AOB는 한 평면을 두 개의 영역으로 나눈다. 이를 각의 내부와 각의 외부라 부른다.

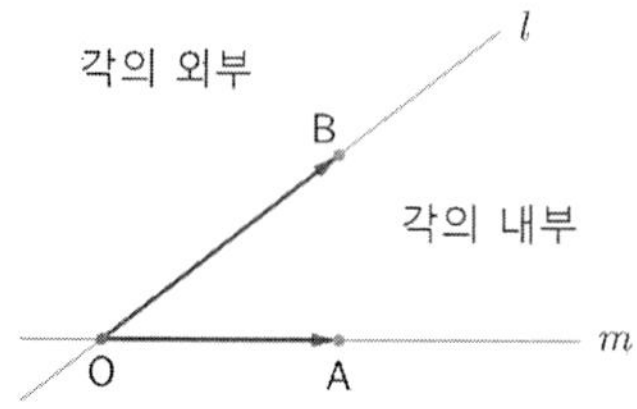

[그림 3.5] 각의 내부와 외부

실제로 Hilbert는 '기하학의 기초'에서 각을 반직선을 사용해 정의한 후 이후의 논의를 위해 각의 내부와 외부를 정의하고 있다. 이러한 각의 내부의 개념을 이용하여 [그림 3.6]에서처럼 이웃각[24](adjacent angle) α와 β를 정의할 수 있다. 또한, [그림 3.7]에서처럼 한 변을 공유하는 두 개의 각 중에서 한 각(각의 크기 θ_1)의 변이 다른 각(각의 크기 θ_2)의 내부에 있으면 $\theta_1 < \theta_2$로 각의 크기에 대한 대소관계를 정의할 수도 있다.

우리는 앞선 두 정의가 두 반직선이 만드는 영역을 포함하느냐 아니냐의 차이만 있다고 생각하자. 여기까지만.

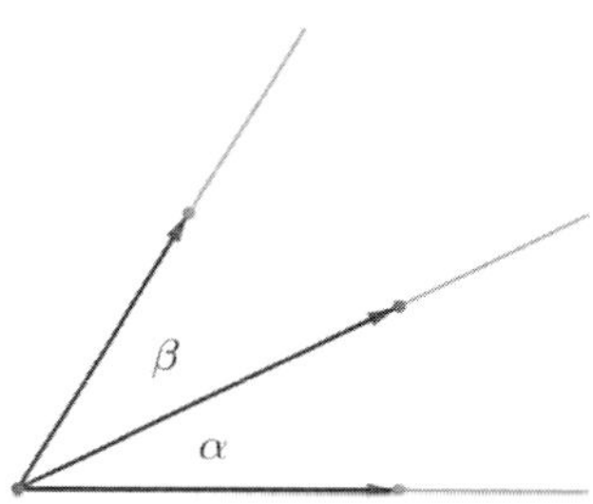

[그림 3.6] 이웃각

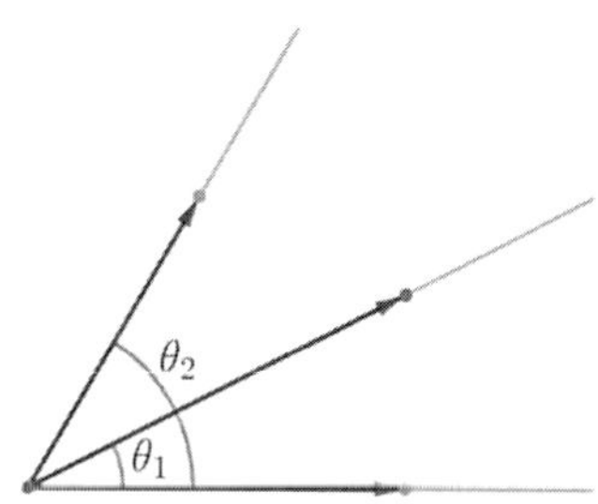

[그림 3.7] 대소관계

24) 이웃각이란 '각의 꼭짓점과 한 변을 공유하고, 겹치는 내부 영역이 없는 각'을 말한다. 각이 이웃하고 있다고만 생각하면 적용에서 오류를 범할 수 있어 주의가 필요하다.

1) 각의 크기에 따른 용어

각의 크기에 따른 용어를 정리하면 다음과 같다.

- 예각(銳-, acute): 각의 크기가 0° 보다 크고 90° 보다 작은 각
- 직각(直-, right): 각의 크기가 90° 인 각
- 둔각(鈍-, obtuse): 각의 크기가 90° 보다 크고 180° 보다 작은 각
- 평각(平-, straight): 각의 크기가 180° 인 각
- 우각(優-, reflex): 각의 크기가 180° 보다 크고 360° 보다 작은 각
- 주각(周-, full): 각의 크기가 360° 인 각

각의 크기에 따른 용어를 그림으로 나타내면 [그림 3.8]과 같다. 학교 수학에서는 예각, 직각, 둔각, 평각 정도의 용어가 주로 사용된다.

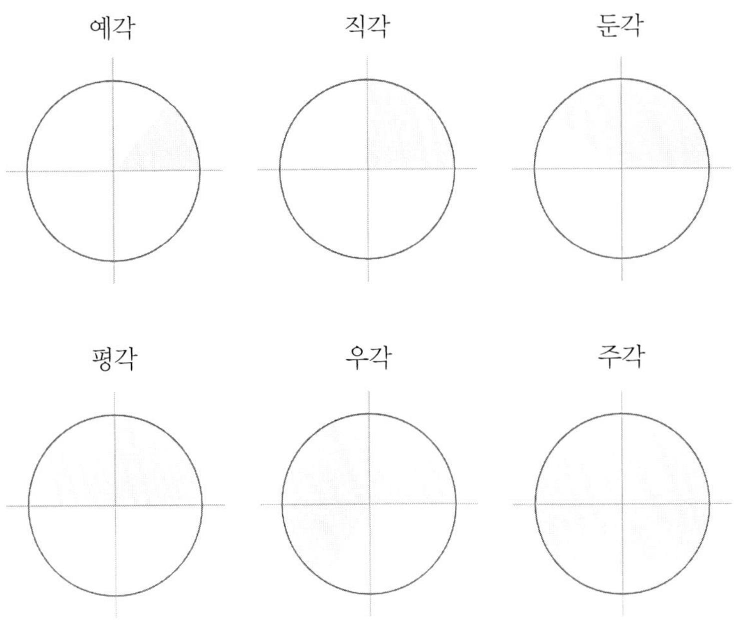

[그림 3.8] 각의 크기에 따른 용어

2) 각의 결합에 따른 용어

각의 결합에 따른 용어들에는 항상 각의 크기의 합이 동반된다. 이를 정리하면 다음과 같다.

여각(餘角, complementary angles)은 '각의 크기의 합이 90°가 되는 두 각'을 말한다. 예를 들면, 직각삼각형의 두 예각은 서로 여각이다. 우리가 사용하는 '여분(餘分)'이라는 단어의 사전적 의미는 '어떤 양에 차고도 남는 부분이나 채 차지 못한 부분'을 말한다. 따라서 '채 차지 못한 부분'을 생각하면 여각의 의미를 빠르게 이해할 수 있을 것이다. 사실 형용사 complementary는 이미 이런 의미를 함의하고 있다. Euclid 시대에는 각도의 단위로 '1직각'을 사용했다[25]는 것을 고려하면 하나의 단위를 생성하는 데 필요로 하는 양으로 판단할 수 있다.

보각(補角, supplementary angles)은 '각의 크기의 합이 180°가 되는 두 각'을 말한다.

켤레각(conjugate angle)[26]은 '각의 크기의 합이 360°가 되는 두 각'을 말한다. [그림 3.9]에서는 직관적 판단을 위해 적어도 한 변을 공유한 상태로 제시하였지만 분리된 상황에서도 각각을 고려할 수 있다.

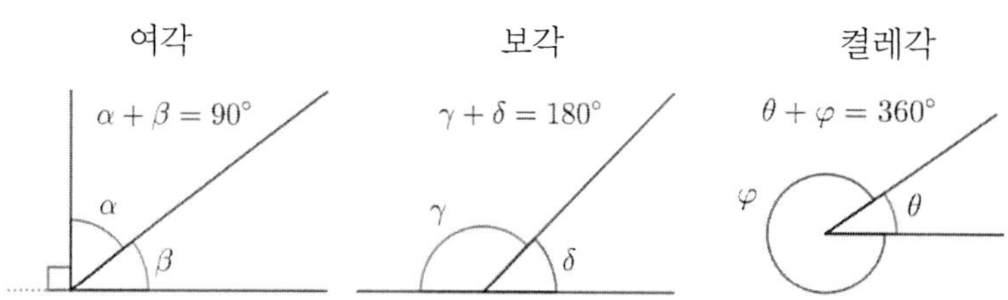

[그림 3.9] 각의 결합에 따른 용어

---

25) 한때 초등학교 교과서에서도 '각도를 나타내는 단위는 1직각과 1도가 있습니다'로 소개한 적이 있다.

26) 교재에 따라서는 공액각(共軛角, explementary angles)으로 소개되기도 한다.

3) 도형과의 관계에 따른 용어

한 평면 위에서 두 직선이 한 점에서 교차할 때, 이 평면은 4개의 영역으로 분할되고 각각의 영역에 대응하는 4개의 각이 생기게 된다. 이 4개의 각을 '두 직선이 이루는 각'이라 부르고, 이때 서로 마주 보고 있는 두 쌍의 각을 맞꼭지각(vertical angles)이라 부른다.

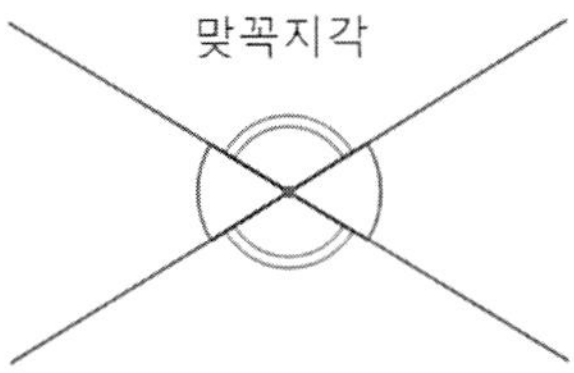

[그림 3.10] 맞꼭지각

한편, 서로 다른 두 직선과 교차하는 또 하나의 직선[27]을 그리면 서로 다른 두 직선으로 잘려 만들어진 선분의 양 끝점을 꼭짓점으로 하는 4개씩의 각이 생긴다. 이때 [그림 3.11]과 같이 이 선분을 각의 변으로 공유하며 선분의 양쪽에 만들어진 두 각을 엇각(alternate angles)이라 부르고, [그림 3.12]와 같이 두 직선과 두 직선과 교차하는 다른 한 직선에 대하여 같은 쪽에 만들어지는 두 각을 동위각(同位角, corresponding angles)이라 부른다.

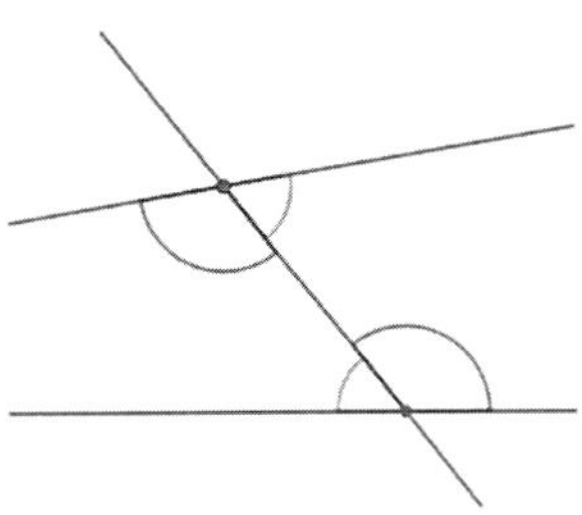

[그림 3.11] 엇각

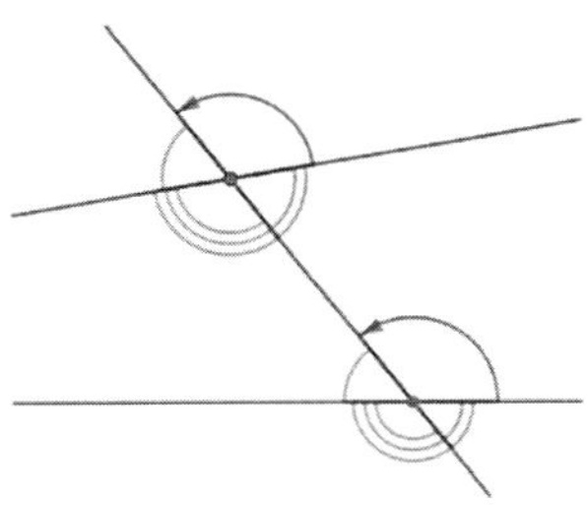

[그림 3.12] 동위각

27) 이 직선을 횡단선(橫斷線, transversal)이라고 부른다.

원의 중심과 원 위의 두 점을 이은 선분인 두 개의 반지름으로 이루어진 각을 중심각(中心角, central angle)이라고 한다. 즉, 중심각이란 원둘레에서 잘라낸 호를 원의 중심에서 보는 각을 의미한다고 생각하면 용어의 의미를 더욱 쉽게 이해할 수 있다.

그리고 한 점을 공유하는 원의 두 현이 원의 내부에서 이루는 각을 원주각(圓周角, inscribed angle)이라고 한다. 문맥에서 중심각과 원주각을 구체적으로 지칭할 필요가 있을 때는 부채꼴의 중심각, 또는 호에 대한 중심각 그리고 호에 대한 원주각이라 한다.

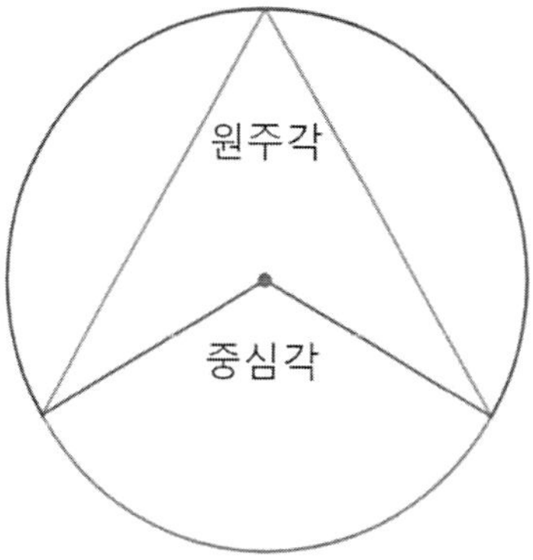

[그림 3.13] 원주각, 중심각

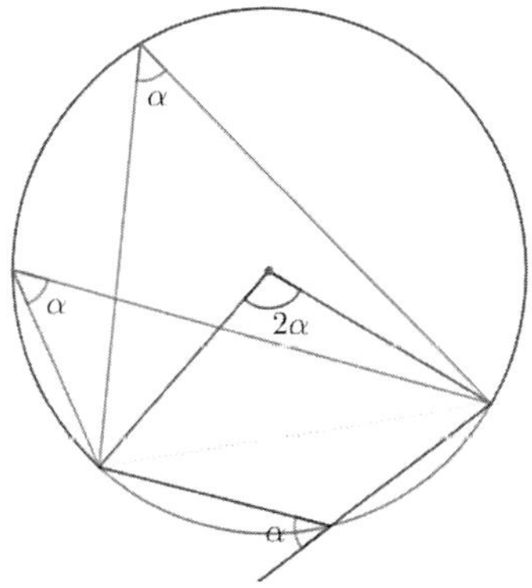

[그림 3.14] 원주각과 중심각

[그림 3.14]에서처럼 같은 호에 대한 중심각의 크기는 원주각의 크기의 2배[28])임은 잘 알려진 사실이다. 그리고 원주각의 크기가 꼭짓점의 위치와 상관없이 일정하다는 사실은 주어진 네 점이 한 원 위에 있는지를 판단할 수 있는 도구로 작용한다.

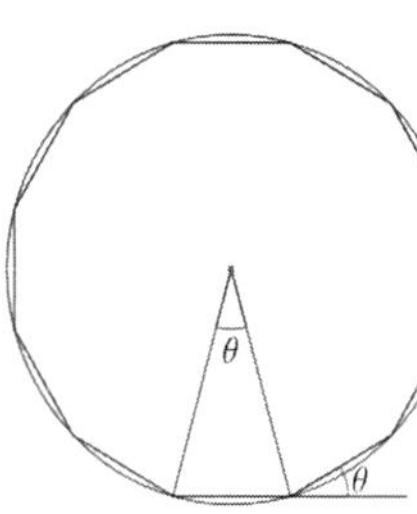

참고로 원둘레를 n 등분하여 n 개의 호로 나눌 때, 각 등분점을 꼭짓점으로 하는 정n각형의 외각과 n 개의 호 중 하나의 중심각의 크기는 같다. 이 내용을 정십이각형으로 예를 들면 왼쪽 그림과 같다. 즉, $\theta = 30^\circ$ 이다.

28) 이 내용을 원주각 정리라고 부른다. 기하학원론 3권 명제 20의 내용이다.

다각형에 있어서 '한 꼭짓점을 공유하는 두 변으로 이루어진 각'을 내각(內角, interior angle)이라고 부른다. 초등학교에서는 내각이라는 용어를 사용하지 않기 때문에 다각형과 관련해 언급되는 각은 대부분 내각을 지칭하는 것으로 생각하면 된다.

그리고 '한 꼭짓점을 공유하는 두 변 중 한 변의 연장선과 나머지 한 변이 이루는 각'을 외각(外角, exterior angle)[29]이라고 한다. 한자의 의미 그대로 다각형의 내부와 외부에서 만들어지는 각이라고 생각하면 된다.

다각형의 내각의 크기의 합은 다각형의 꼭짓점 개수 n에 대한 함수이며, 그 합은 $180(n-2)°$와 같다. 그러나 다각형의 외각의 크기의 합은 다각형의 꼭짓점 개수 n에 관계없이 항상 $360°$로 일정하다.

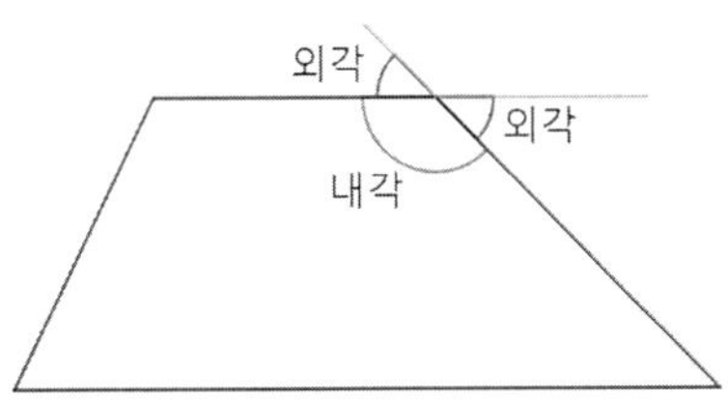

[그림 3.15] 내각과 외각

29) 우리는 이미 보각을 학습했으므로 내각의 보각을 외각으로 정의해도 된다.

2. 수직과 수선, 평행과 평행선.

이 절에서는 2차원 Euclid 평면에서의 경우만 살펴보기로 하자. 3차원 Euclid 공간에서의 경우는 11장에서 다루기로 한다.

평면에서 두 직선의 수직·평행은 두 직선의 위치 관계를 나타내고 있으므로 물리적 표현에서의 두 직선의 길이 등과는 전혀 관계가 없다. 위치 관계를 성립시키는 조건만으로 충분한 것이다.

두 직선이 만나서 이루는 각[30]이 직각일 때, 서로 만나는 두 직선을 수직(垂直, perpendicular)이라고 하고, 기호 ⊥ 를 사용한다. 그리고 두 직선이 서로 수직일 때 한 직선을 다른 직선에 대한 수선(垂線)이라고 한다. 여기서 '두 직선이 서로 수직'이라고 하는 것은 한 직선(l)이 다른 직선(m)에 수직이면 다른 직선(m)도 한 직선(l)에 수직이라는 의미에서 서로 수직이라고 말하는 것이다.

垂는 드리울 수이다. 이 한자는 식물의 가지와 잎이 축 늘어진 모습에서 유래되었다고 한다. 그래서 드리우다, 늘어뜨리다 등의 의미를 지니고 있다. 한쪽을 위에서 고정한 천이나 줄 등이 아래로 늘어진 모습을 생각하면 용어가 함의하고 있는 두 직선의 상태를 짐작할 수 있다.

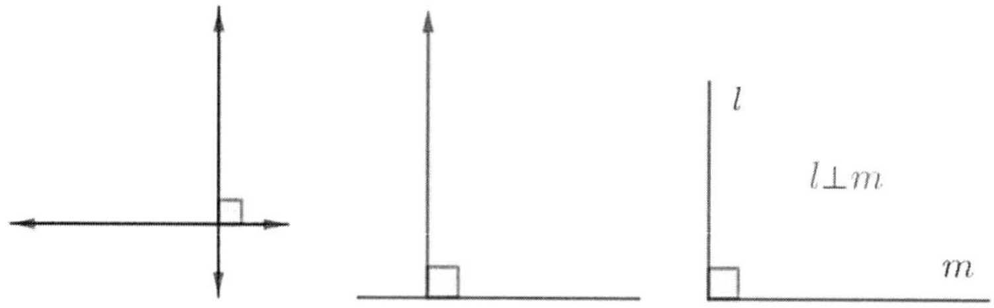

[그림 3.16] 수직과 수선

30) 두 직선이 한 점에서 만날 때, 그 점에서 두 직선이 이루는 각을 일반적으로 두 직선의 교각(交角, angle of intersection)이라고 한다. 이 교재에서는 '교각'이라는 용어를 사용하지 않고 서술하고 있다.

한 평면에서 만나지 않는 두 직선을 서로 평행(平行, parallel)하다고 하고, 기호 ∥를 사용한다. 이때 평행한 두 직선을 '평행선'이라고 한다. 두 선분과 두 반직선의 경우에도 각각이 평행선 위에 있을 때 즉, 평행선의 일부일 때 서로 평행이라고 한다.

한 평면에서 서로 평행한 두 직선 l, m에 대해 다음의 성질들은 서로 동치이다.

① 두 직선 l, m이 횡단선과 만나 이루는 동위각의 크기는 같다.

② 직선 l 위의 어느 점에서도 직선 m과의 (최단)거리는 같다.

③ 직선 l은 직선 m과 만나지 않는다.

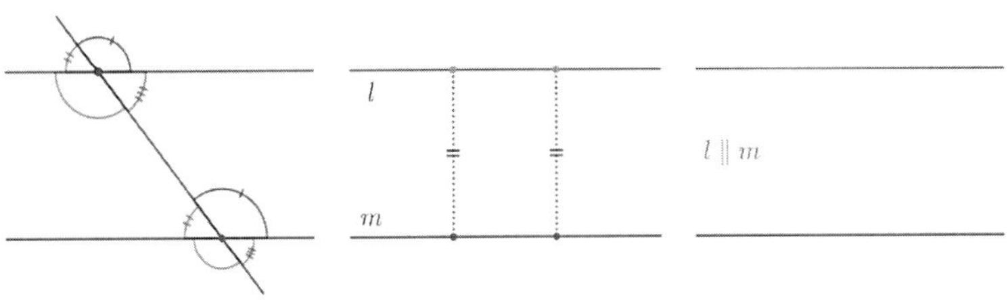

[그림 3.17] 평행선

이러한 성질은 서로 동치이기 때문에 이 중 하나를 평행선의 정의로 사용할 수 있다. 그러나 ①과 ②는 각도와 거리의 개념이 우선되어야 하는 만큼 ③보다 복잡하다고 할 수 있다. 따라서 만나지 않는 두 직선을 '평행'의 정의로 채택하는 것이 일반적이다.

여기서 Descartes의 힘을 빌리면, 두 직선이 서로 평행하다는 것을 두 직선의 기울기가 같다는 것으로 정의할 수 있다. 따라서 서로 다른 두 직선을

$$y = ax + b, \quad y = cx + d$$

라 하면, 이 두 직선이 서로 평행일 조건은 $a = c$이다. 덧붙여, 이 두 직선이 서로 수직일 조건은 $ac = -1$이다. 간단하다.

평행선은 41페이지에서의 ①, ②, ③과 같이 동방향성(同方向性), 등간격성(等間隔性), 불교차성(不交叉性)의 성질을 갖는다. 동방향성이란 평행한 두 직선의 방향이 같은 성질을, 등간격성이란 평행한 두 직선 사이의 간격이 항상 같은 성질을, 불교차성이란 평행한 두 직선은 아무리 연장해도 만나지 않는다는 성질을 의미한다.

①에서 말하고 있는 것처럼 두 직선이 평행할 때, 두 직선과 횡단선에 의해 만들어지는 동위각의 크기는 같다. 역으로 평면에서 두 직선과 횡단선에 의해 만들어지는 동위각의 크기가 같으면 두 직선은 평행하다.

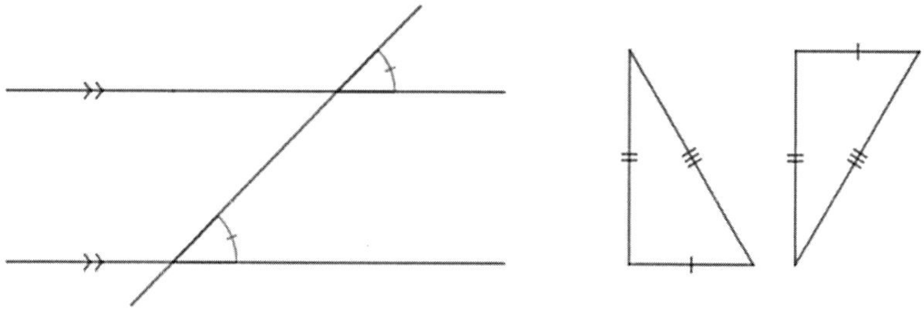

[그림 3.18] 해치 마크(Hatch mark)

[그림 3.18]에서의 눈금 표시라고도 하는 해치 마크(Hatch mark)는 기하학적 도형의 그림에서 같은 길이의 변이나 같은 크기의 각을 구별하는 데 사용된다. 변이나 각을 나타내는 원호에 짧은 눈금을 그어서 같은 개수의 눈금으로 구별할 수 있도록 하면 된다. 각의 경우는 원호의 개수로 각의 크기를 구별하는 교재도 있다. 그러나 이러한 해치 마크를 사용하여 같은 길이의 변이나 같은 크기의 각을 구별하는 것이라는 설명보다는 두 도형이 합동임을 나타내는 기호라고 설명하는 것이 사실은 더 본질적이다.

평행선에서도 [그림 3.18]에서처럼 화살을 사용해 두 직선이 평행하다는 의미를 그림에 담을 수 있다.

깨알 상식 수선의 발

수선과 관련하여 '수선의 발'이라는 용어가 종종 사용된다. '수선의 발을 내리면' 또는 '수선의 발을 내려서' 등으로 말이다. 몇몇 BLOG나 You Tube에서 '창문 등에 거는 발'을 내린다는 의미에서 수선에서 발을 내리는 상황을 설명하고 있다. 일견 그럴듯하게 들리기도 한다. 그러나 우리가 사용하는 수선의 발에서 '발'에 해당하는 영어 단어는 'foot'이다. 영어권에서는

'foot of the perpendicular from 점 on 선분'

의 형식으로 사용한다. 창이나 문에 거는 발과는 전혀 다른 의미의 단어이다.

평면에서 한 직선과 이 직선 위에 있지 않은 한 점이 있을 때, 이 점을 지나는 주어진 직선의 수선이 직선과 만나는 점을 '수선의 발'이라고 한다. 따라서 수선의 발이라고 해서 반드시 아래에서만 만들어지는 것이 아니다.

[그림 3.19]의 경우에는 중력을 거부하는 '창에 거는 발'이어야만 설명이 가능하다. 이 '발'이 그 '발'이 아니다.

[그림 3.19] 수선의 발

4. 삼각형

삼각형은 평면도형 중에서 가장 간단한 형태라 말할 수 있다. 복잡한 도형을 연구할 때 그 도형을 삼각형으로 분해하면 유용할 때가 많다. 그리고 삼각형은 각 변의 길이가 결정되면 하나일 수밖에 없는 등 매우 견고(?)한 성질을 가지고 있다. 직사각형은 한 꼭짓점에 압력을 가하면 평행사변형으로 모양이 붕괴될 수 있지만, 삼각형은 측면 압력에 대해 구조를 지지하는 자연적인 강도를 가지고 있다. 즉, 삼각형은 측면이 구부러지거나 부러지지 않는 한 그 모양이 바뀌지 않는다. 이러한 성질이 공학의 역학에 응용되어 건물이나 교량을 건설할 때 삼각형 구조를 사용하기도 한다.

1. 삼각형(三角形, triangle)

평면에서 한 직선 위에 있지 않은 세 점이 주어져 있을 때, 두 점씩 선분으로 이어서 만들어진 도형을 삼각형이라고 한다. 이 세 점을 삼각형의 꼭짓점(vertex), 세 개의 선분을 변(邊, edge)이라고 한다. 또한, 어떤 교재에서는 꼭짓점과 변을 먼저 정의한 후, 3개의 꼭짓점과 3개의 변을 가진 도형으로 정의하기도 한다.

두 정의 모두 삼각형만을 교수·학습하기 위한 정의로는 충분하다. 어떤 정의든지 의미가 명확하고, 학습자가 그 도형을 잘 이해할 수 있도록 제시되어 있으면 된다. 그러나 위의 정의 중 전자는 사각형 정의로의 전이가 매끄럽지 못하다. 즉. 주어진 네 점으로 선분으로 이을 때 '차례로' 또는 '순서대로' 등의 사족(蛇足)이 필요하다. 후자는 일반적으로 다각형을 정의하고 난 후 삼각형을 정의할 때 사용하는 방법이다.

이 교재에서는 '세 개의 선분으로 이루어진 도형'으로 삼각형을 정의하기로 한다. 그리고 삼각형을 이루고 있는 3개의 선분을 '변'이라고 하고, 변과 변이 만나는 점을 '꼭짓점'이라고 한다.

위의 정의를 문자를 사용해 나타내면, 평면에서 한 직선 위에 있지 않은 세 점 A, B, C가 주어져 있을 때, 선분 AB, BC, CA로 이루어진 도형을 삼각형이라 한다. 이때 세 점 A, B, C를 삼각형 ABC의 꼭짓점이라 하고, 선분 AB, BC, CA를 삼각형 ABC의 변이라 한다.

일반적으로 닫힌 도형(폐곡선)[31]은 평면을 서로소(disjoint)인 경계, 내부 및 외부 영역으로 나눌 수 있다. 따라서 삼각형도 평면을 서로소인 세 영역으로 나눈다. 즉, 하나는 삼각형 자신이고, 나머지는 삼각형의 내부(內部)와 삼각형의 외부(外部)라 부르는 영역이다. 따라서 주어진 삼각형에 대하여 삼각형의 내부 영역의 크기를 수치화한 것이 바로 삼각형의 넓이이다.

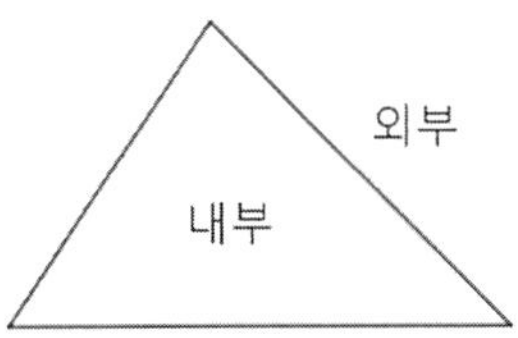

[그림 4.1] 내부와 외부

한 각(꼭짓점)과 마주 보는 변을 그 각(꼭짓점)의 대변(對邊)이라고 하고, 한 변과 마주 보는 각을 그 변의 대각(對角)이라고 한다.

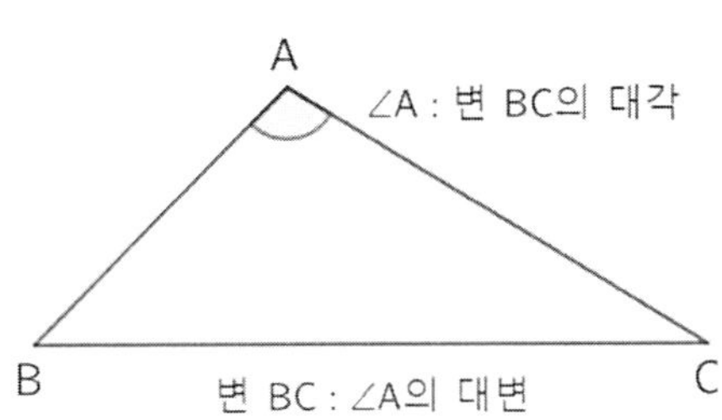

[그림 4.2] 삼각형에서 대변과 대각

31) 닫힌 도형(폐곡선)은 [6장. 다각형]에서 자세히 다루기로 하자.

1) 삼각형의 결정 조건

임의의 삼각형에 대하여 어느 변의 길이도 다른 두 변의 길이의 합보다는 작다. 이를 삼각부등식(三角不等式, triangle inequality)이라 한다. 즉, 삼각형을 구성하는 세 변의 길이를 a, b, c라 하면, 다음의 3개의 부등식이 성립한다는 의미이다.

$$a < b+c, \quad b < a+c, \quad c < a+b$$

Euclid는 작도를 이용하여 이 부등식을 증명했다. [그림 4.3]에서처럼 삼각형 ABC에 대하여 변 AC의 연장선을 긋고, 점 C에서 변 BC의 길이와 같도록 연장선 위의 점 D를 잡아 두 점 B와 D를 잇는다. 그러면 삼각형 CBD는 이등변삼각형이다. 이렇게 작도하면 $\beta > \alpha$이므로 즉, 각의 크기가 큰 쪽 대변의 길이가 더 길어서 $\overline{AD} > \overline{AB}$임도 알 수 있다.

한편, $\overline{AD} = \overline{AC} + \overline{CD} = \overline{AC} + \overline{CB}$이므로 변 AC와 변 CB의 길이의 합은 변 AB의 길이보다 크다. 멋진 증명이나. 이 증녕은 기하학원론 1권의 명제 20에서 소개되고 있다.

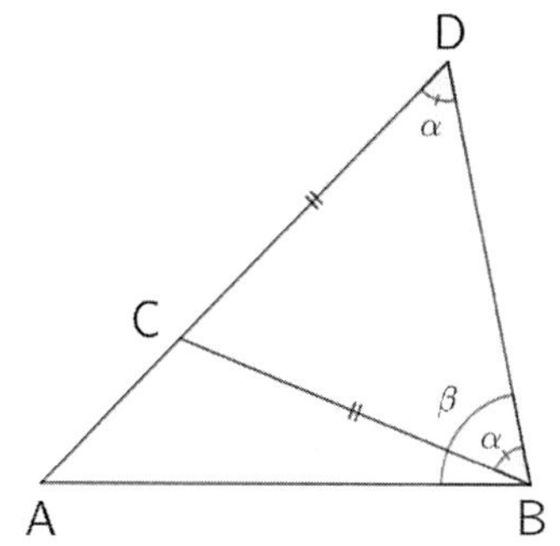

[그림 4.3] Euclid의 증명

역으로, 이 부등식 3개가 모두 성립하면 a, b, c를 각각 세 변의 길이로 하는 삼각형이 하나 결정된다.

삼각형이 결정된다는 의미는 삼각형이 단 하나로 정해진다는 의미이다. 앞에서 살펴보았듯이 삼각형의 임의의 한 변의 길이는 다른 두 변의 길이의 합보다 작다는 조건이 성립하는 세 변은 삼각형을 단 하나 결정한다. 또한, 두 변의 길이와 그 사잇각의 크기를 알 때와 한 변의 길이와 그 양 끝 각의 크기를 알 때도 삼각형이 결정된다. 물론, 사잇각의 크기도, 양 끝 각의 크기의 합도 반드시 180° 보다는 작아야만 한다. 이 세 조건을 '삼각형의 결정 조건'이라 한다. 삼각형의 세 변 중 하나의 길이는 반드시 알아야 한다는 점에 유의하자. 이들 각각의 조건을 만족하는 삼각형은 하나만 존재하므로 이들로부터 삼각형의 합동 조건도 유도할 수 있다.

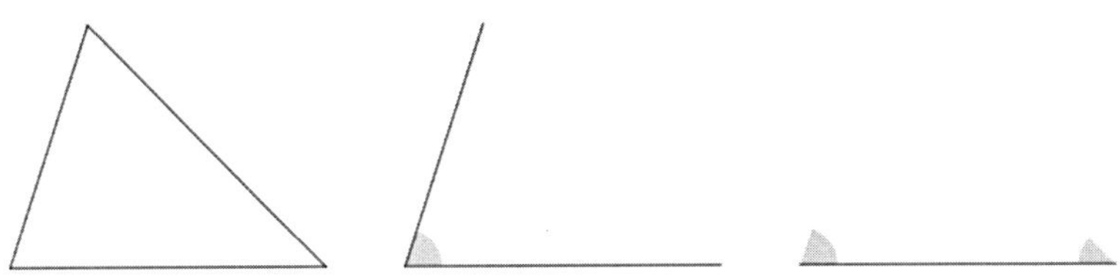

[그림 4.4] 삼각형의 결정 조건

특별히 지정하지 않는 경우, 삼각형 ABC의 세 각 ∠A, ∠B, ∠C의 크기를 각각 A, B, C로 나타내고, 세 변 BC, CA, AB의 길이를 각각 a, b, c로 나타내기로 약속한다. 이 a, b, c, A, B, C를 일반적으로 삼각형의 6요소라 한다. 이 6개의 요소 중에서 3개의 요소가 주어져 있을 때 나머지 3개 요소를 구하는 것을 '삼각형을 푼다(solution of triangle)'라고 한다. 기하학의 고전적인 문제 중의 하나이다. 조건을 만족하는 3요소가 주어지면, 즉 세 변의 길이, 두 변의 길이와 그 사잇각의 크기, 한 변의 길이와 그 양 끝 각의 크기가 주어지면 각각 하나의 삼각형이 결정되므로 나머지 3개의 요소를 구할 수 있다는 의미이다. 고등학교에서 많이(?) 학습한 내용일 것이다.

2) 이등변삼각형과 정삼각형

두 변의 길이가 같은 삼각형을 이등변삼각형, 세 변의 길이가 모두 같은 삼각형을 정삼각형이라 한다.

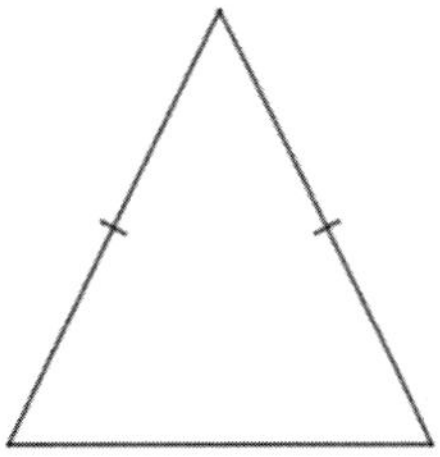

이등변삼각형의 정의

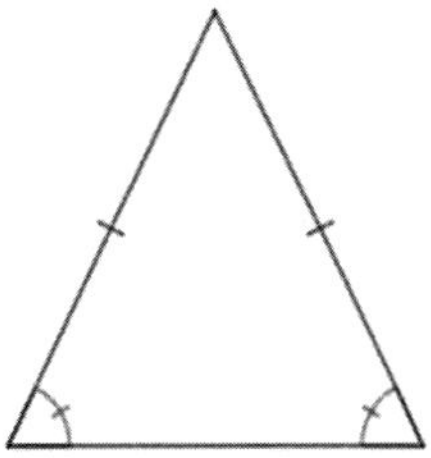

이등변삼각형의 성질

① 이등변삼각형(二等邊-, isosceles -)

이등변삼각형은 구성요소 모두가 자기만의 이름을 가지고 있다. 길이가 같은 두 변을 등변(等邊, leg)이라 하고, 등변이 아닌 한 변을 밑변(base)이라 한다. 그리고 두 등변의 교점을 꼭짓점(apex), 두 등변이 이루는 각을 꼭짓각(vertex angle)이라 하고, 밑변의 양 끝 각을 밑각(base angle)이라 한다.

특별히, 두 등변의 교점인 '꼭짓점'은 교재에 따라 '이등변삼각형의 꼭짓점'으로 소개되기도 한다. 이는 도형에서 일컫는 일반적인 꼭짓점(vertex)과 구별하기 위함인 것으로 생각할 수 있다. 특히, 꼭짓각이 직각인 이등변삼각형을 직각이등변삼각형이라 부르기도 한다.

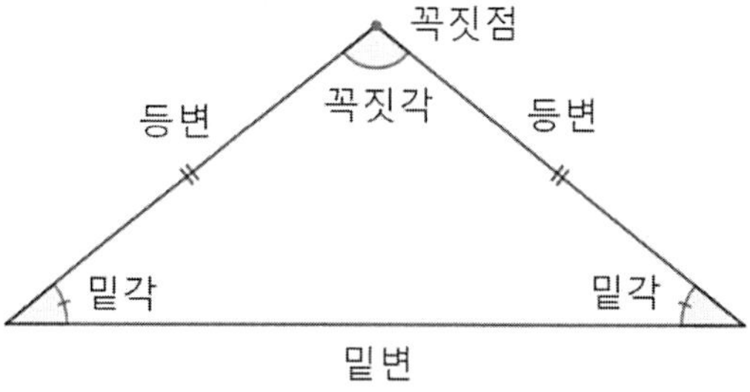

[그림 4.5] 이등변삼각형 각 요소의 이름

이등변삼각형에서 성립하는 성질로는 다음을 들 수 있다. 증명은 중학교 수준의 내용이니 생략하기로 하자.

- 두 밑각의 크기는 같다.
- 꼭짓점(apex)에서 밑변에 내린 수선의 발은 밑변의 중점이다.
- 꼭짓각의 이등분선은 밑변을 수직이등분한다.

대칭축을 가지는 삼각형은 이등변삼각형이 유일하다. 즉, 이등변삼각형은 꼭짓각의 이등분선에 대하여 대칭이다. 이 성질이 초등학교에서는 매우 유용하게 사용된다.

깨알 상식 Golden Triangle

이등변삼각형에서 특별하게 밑변과 등변의 길이의 비가 황금비 즉, $1 : \frac{1+\sqrt{5}}{2}$ 인 것을 황금삼각형(golden triangle)이라 부른다.

이 황금비를 [그림 4.6]에 적용을 해보면 $a : b = 1 : \frac{1+\sqrt{5}}{2}$ 이므로 $\frac{b}{a} = \frac{1+\sqrt{5}}{2}$ 이다. 따라서 $\sin\left(\frac{\theta}{2}\right) = \frac{a}{2b} = \frac{\sqrt{5}-1}{4}$ 이다.

그런데 $\sin 18° = \frac{\sqrt{5}-1}{4}$ 임이 알려져 있으므로 $\theta = 36°$ 이다. 황금삼각형은 세 각의 크기의 비가 $1:2:2\,(36°, 72°, 72°)$ 인 유일한 삼각형이다. 이 관점에서 보면 직각이등변삼각형은 세 각의 크기의 비가 $1:1:2\,(45°, 45°, 90°)$ 인 유일한 삼각형이다.

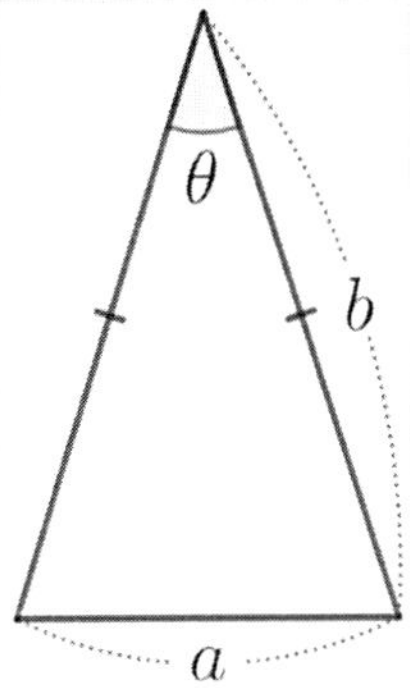

[그림 4.6] 황금삼각형

② 정삼각형(正三角形, regular, equilateral)

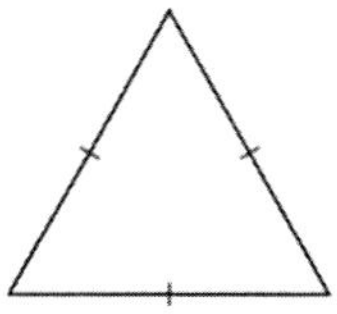

정삼각형의 정의

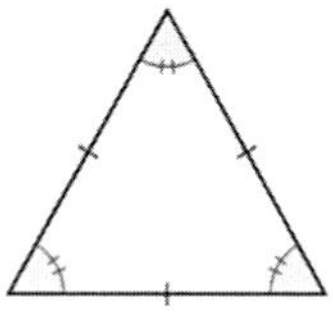

정삼각형의 성질

정삼각형은 세 변의 길이가 모두 같으므로 세 각의 크기도 60° 로 모두 같다. 정삼각형은 이등변삼각형의 특수한 경우이므로 이등변삼각형에서 성립하는 성질 모두가 정삼각형에서도 성립한다.

정삼각형의 한 꼭짓점과 그 대변의 중점을 잇는 선분은 꼭짓각의 이등분선, 중선, 대변의 수직이등분선, 수선도 되므로 정삼각형의 내심, 외심, 무게중심, 수심[32]은 모두 한 점으로 일치한다. 또한, 같은 둘레의 길이를 가진[33] 삼각형 중에서 넓이가 가장 큰 삼각형이 정삼각형이다.

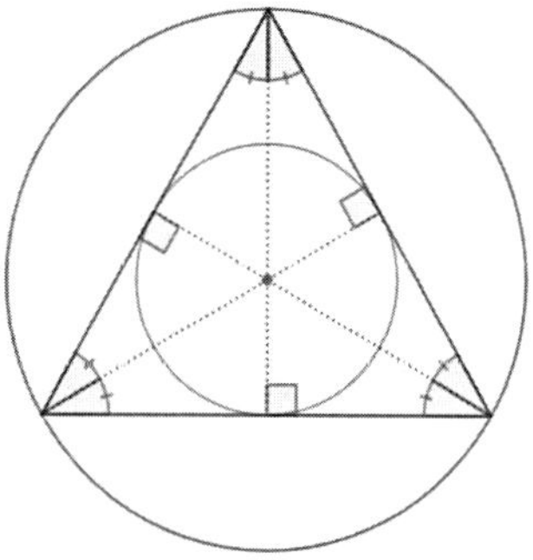

[그림 4.7] 정삼각형

익숙하지 않은 용어를 하나 소개하자. 세 변의 길이가 모두 다른 삼각형을 부등변삼각형(不等邊-, scalene -)이라 부른다. 각 변의 길이가 3, 4, 5 인 직각삼각형은 부등변삼각형의 전형적인 예이다. 교과서 등에서는 잘 사용하지 않는 용어이지만, 지도서 등에서는 삼각형의 분류를 설명하기 위해 항상 사용하는 용어이기도 하다. 이 교재에서도 잠시 후 등장할 것이다.

32) 삼각형의 오심(五心)은 다른 훌륭한 교재를 참고하기 바란다.

33) 둘레의 길이가 일정한 평면도형 중에서 그 내부의 넓이가 가장 큰 것은 어떤 도형일까에 관한 문제를 등주문제(等周-, isoperimetric-)라 한다. 이 문제는 고대 그리스 시대부터 잘 알려진 최적화 문제 중 하나이다.

3. 삼각형의 분류

기하학에서는 삼각형을 변의 길이의 관점에서 이등변삼각형과 정삼각형으로, 각의 크기의 관점에서 예각삼각형, 직각삼각형, 둔각삼각형으로 분류한다.

삼각형의 변의 길이와 각의 크기에 따라 분류하는 두 가지 분류 방법은 Euclid의 기하학원론에까지 거슬러 올라간다. Euclid는 '삼각형 중에서 정삼각형은 세 변의 길이가 같은 삼각형, 이등변삼각형은 두 변만이 같은 삼각형, 부등변삼각형은 세 변의 길이가 모두 다른 삼각형'(정의 20[34])으로 정의하여 분류하였고, '삼각형 중에서 직각삼각형은 한 직각을 가지는 삼각형, 둔각삼각형은 한 둔각을 갖는 삼각형, 예각삼각형은 세 개의 예각을 가지는 삼각형'(정의 21[35])으로 정의하여 분류하였다.

---

34) Definition 19. Rectilinear figures are those which are contained by straight lines, trilateral figures being those contained by three, quadrilateral those contained by four, and multilateral those contained by more than four straight lines.
[곧은 도형은 직선들로 이루어져 있다. 셋으로 이루어진 삼변형, 넷으로 이루어진 사변형, 넷보다 많은 다변형이다.]
Definition 20. Of trilateral figures, an equilateral triangle is that which has its three sides equal, an isosceles triangle that which has two of its sides alone equal, and a scalene triangle that which has its three sides unequal.
[삼변형에서 세 변의 길이가 모두 같으면 정삼각형, 두 변의 길이가 같으면 이등변삼각형, 세 변의 길이가 서로 다르면 부등변삼각형이다.]

35) Definition 21. Further, of trilateral figures, a right-angled triangle is that which has a right angle, an obtuse-angled triangle that which has an obtuse angle, and an acute- angled triangle that which has its three angles acute.
[삼변형에서 직각이 있으면 직각삼각형, 둔각이 있으면 둔각삼각형, 세 각이 모두 예각이면 예각삼각형이다.]
Definition 22. Of quadrilateral figures, a square is that which is both equilateral and right-angled; an oblong that which is right-angled but not equilateral; a rhombus that which is equilateral but not right-angled; and a rhomboid that which has its opposite sides and angles equal to one another but is neither equilateral nor right-angled. And let quadrilaterals other than these be called trapezia.
[사변형에서 등변이고 모두 직각이면 정사각형, 직각이지만 등변이 아니면 직사각형, 등변이지만 직각이 아니면 마름모, 마주 보는 각의 크기가 같지만, 직각이 아니면 평행사변형, 모두 다르면 부등변사변형이다.]

Euclid의 분류 방법은 오늘날의 그것과 사실 같은 개념이지만, 이등변삼각형에 관한 내용에서만은 큰 차이를 보인다. 현대 수학에서 두 변의 길이가 같은 삼각형을 이등변삼각형, 세 변의 길이가 같은 삼각형을 정삼각형이라고 정의하여 정삼각형이 이등변삼각형의 특별한 유형으로 분류되는 포함적 관계로 분류하고 있다. 즉, [그림 4.8]에서처럼 정삼각형 집합을 이등변삼각형 집합의 부분집합으로 생각하고 있다는 의미이다. 그렇지만, Euclid는 [그림 4.9]에서처럼 이등변삼각형은 두 변의 길이만 같은 삼각형으로 정의하여 분할적 관계로 분류를 하고 있는 것이다.

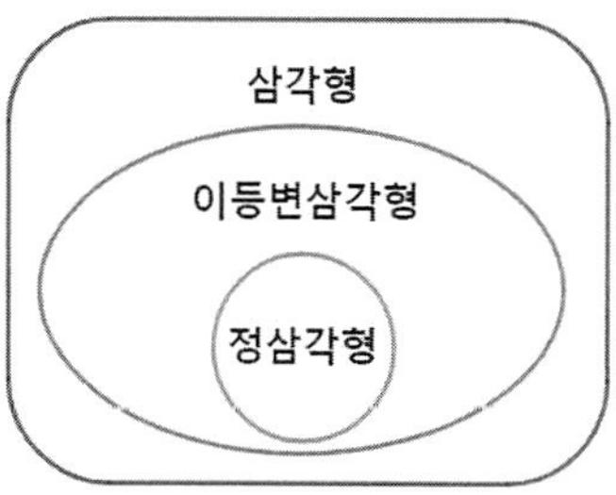

[그림 4.8] 포함적 분류

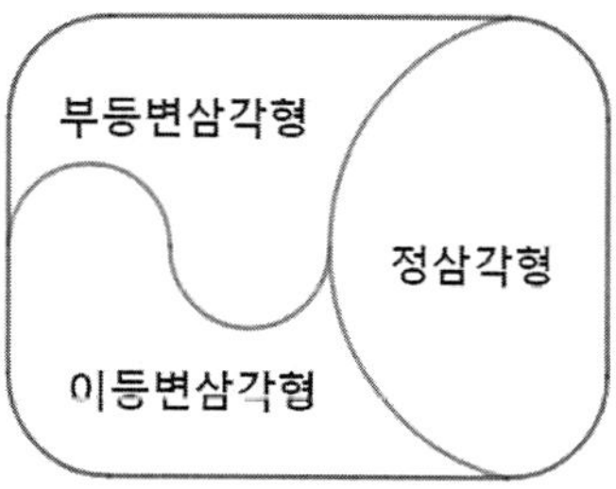

[그림 4.9] 분할적 분류

각의 크기에 따른 분류는 앞 페이지의 (정의 21)에서도 알 수 있듯이 Euclid는 각의 크기에 따른 분류도 분할적 관계로 분류를 하고 있다. 이는 현대 수학의 분류 체계와 동일하다.

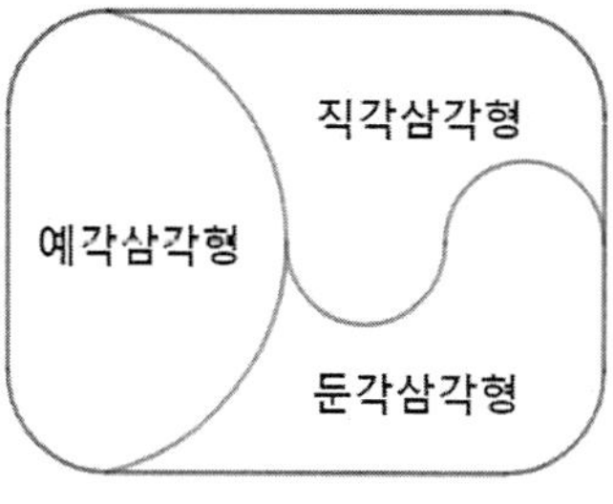

[그림 4.10] 분할적 분류

변의 길이와 각의 크기에 따른 두 가지 분류 방법 중 어느 것을 먼저 다루는 것이 적합한지에 대해서 이전 국정교과서의 지도서(2019)는 관점에 따라 차이가 있을 수 있다고 하면서 다음과 같이 서술하고 있다.

> 각의 크기에 따른 분류를 먼저 다룬다는 입장은 예각삼각형과 둔각삼각형이 직각과 비교하여 측도의 개입 없이 시각적으로 확인이 가능하다는 직관성에 기초한 것인 반면 변의 길이에 따른 분류를 먼저 다룬다는 입장은 변이 각보다 기초 도형에 더 가깝다는 위계성에 근거한 것으로 설명하고 있다. 그렇지만 유클리드 『원론』에서도 변에 따른 분류를 먼저 정의하였기에 수학사적 관점에서는 변의 길이에 따른 분류가 선호된다고 할 수 있을 것이다.

현 검인정 교과서에서는 어떤 순서로 되어 있는지는 여러분들이 직접 확인하기를 바란다.

과제

우리는 이 장에서 '삼각형의 결정 조건'을 학습하였다. 익숙한 표기법을 사용하면 SSS, SAS, ASA 세 가지이다. 그런데 예를 들어, 삼각형 ABC에 대하여, 각의 크기 A, C와 변의 길이 a를 안다면 삼각형을 결정할 수 있다. 즉, AAS도 삼각형을 결정할 수 있다는 의미이다. 이 조건이 '삼각형의 결정 조건'이 아닌 이유에 대하여 살펴보자.

문제

세 변의 길이가 x, x, y이고, 둘레의 길이가 35인 이등변삼각형은 모두 몇 개인지 구하시오. (단, x, y는 서로 다른 자연수이다.)

5. 사각형

1. 사각형(四角形, quadrilateral, quadrangle)

'네 개의 선분으로 이루어진 도형'을 사각형이라 한다. 그리고 사각형을 이루고 있는 4개의 선분을 '변'이라고 하고, 변과 변이 만나는 점을 '꼭짓점'이라고 한다.

각이 4개인 도형을 사각형으로 정의하면 안 된다. 사각형이기 때문에 각이 4개인 것이지, 각이 4개이기 때문에 사각형은 아니라는 의미이다. 용어가 '삼각형', '사각형'이기 때문에 더욱 그렇게 생각하기 쉽다. 실제로 각이 4개인데도 사각형이 아닌 도형들을 무한히 만들 수 있다. 물론, 선분이 4개라고 해서 모두 사각형인 것도 아니다.[36] 이 내용은 다각형에도 똑같이 적용할 수 있다.

사각형에 해당하는 영어 단어는 quadrilateral과 quadrangle이다. 두 단어를 Cambridge Dictionary는 'a flat shape with four straight sides'라 나타낸다. 두 단어가 같은 의미임에는 분명하다. 그러나 어원적으로는 quadrilateral은 '네 변'을, quadrangle은 '네 각'을 의미하고 있다. 따라서 각각을 '사변형(四邊形)', '사각형(四角形)'으로 번역하는 것이 올바르다. 같은 한자권이지만 중국은 사변형을, 일본은 사각형을 사용한다. 우리도 평행사변형에서만은 사변형을 사용하고 있다. 사실은 삼각형에도 trilateral과 triangle이 있다. 같은 맥락에서 '삼변형', '삼각형'으로 번역할 수 있을 것이다.

용어와 정의의 관계를 생각하면 '삼변형', '사변형'의 사용이 권장되어야 한다고 저자는 생각하지만, 이미 토착화된 용어의 변경은 그렇게 쉽지 않다. 배종수(1999)[37]는 "아마 '세 변'을 의미하는 삼각형(trilateral)이 '세 각'을 의미하는 삼각형(triangle)보다 더 유용할 것"이라고 말하고 있다.

---

36) 우리는 정의 속의 '이루어진'이 함의하고 있는 것을 확실히 공부해야만 한다.
37) 배종수(1999), 초등수학교육내용지도법-제7차 교육과정을 중심으로-, 경문사.

1) 사다리꼴(trapezoid)

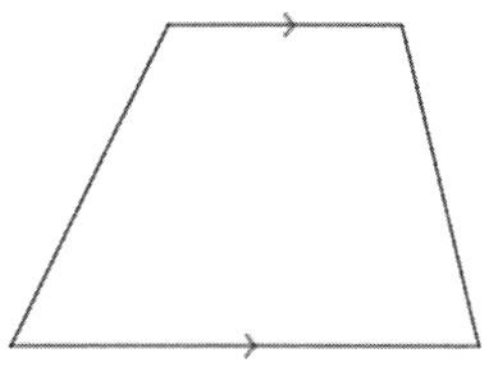

사다리꼴의 정의

마주 보는 한 쌍의 변이 서로 평행한 사각형을 사다리꼴이라고 한다. 초·중등에서는 사다리꼴에 대한 소개가 그다지 많지 않은 대신 강력한 대칭 구조를 가진 등변사다리꼴에 대한 학습에 집중하는 것으로 보인다. 여기서는 사다리꼴의 재미있는 성질 두 가지를 소개하고자 한다.

두 대각선이 서로를 같은 비로 나누는 사각형은 사다리꼴이고, 두 대각선이 만드는 네 개의 삼각형 중에서 한 쌍의 마주하는 두 삼각형의 넓이가 같은 사각형은 사다리꼴이다. 전자는 삼각형의 닮음을 이용하고, 후자는 초등 교육과정에서도 쉽게 증명할 수 있는 내용이다. 그림을 이용하면 직관적으로도 알 수 있다.

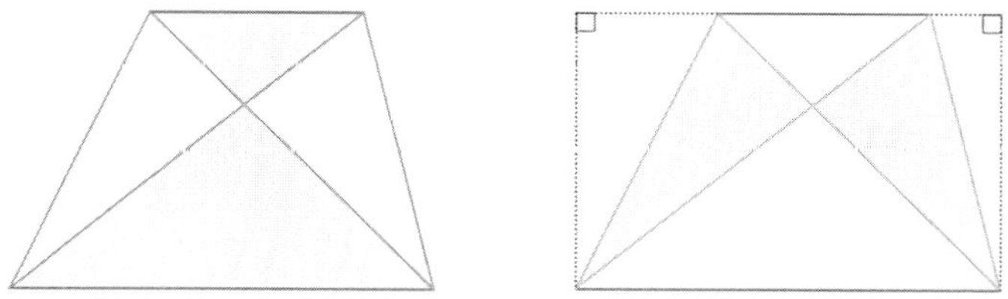

[그림 5.1] 사다리꼴의 동치 명제

사다리꼴에서 평행한 한 쌍의 변을 사다리꼴의 밑변(bases)이라 하고, 다른 두 변을 사다리꼴의 각(脚, legs)이라 한다.

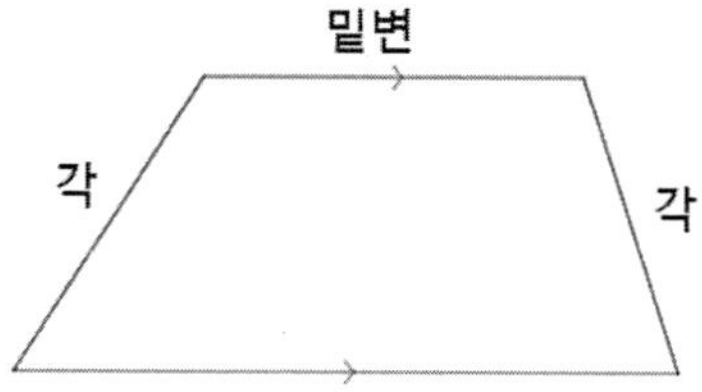

[그림 5.2] 사다리꼴에서의 용어

우리에게 그다지 익숙하지 않은 용어인 '각'을 특별히 소개하는 이유는 따로 있다. 사다리꼴의 정의에 따르면 사다리꼴에는 마주 보는 한 쌍의 평행한 변이 존재해야만 한다. 그리고 이 평행한 변 중 하나의 양 끝 각의 크기가 같은 사다리꼴을 '일반적으로' 등변사다리꼴(等邊 -, isosceles trapezoid)이라고 부른다.

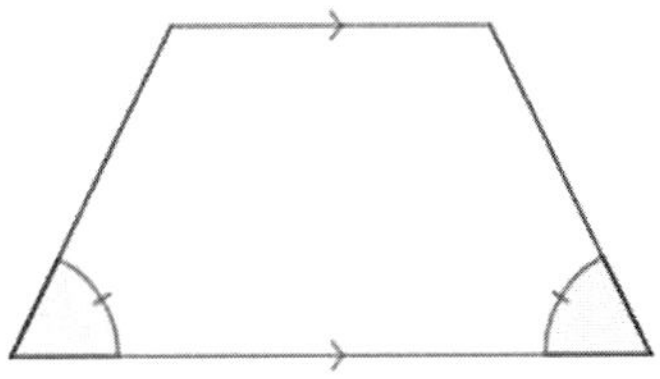

[그림 5.3] 등변사다리꼴의 정의

등변사다리꼴을 때로는 '등각(等脚)사다리꼴'이라고도 부른다. 먼저, 양 끝 각의 크기가 같다고 해서 '등각(等角)사다리꼴'이 아님에 주의하도록 하자. 중학교에서 학습하는 내용이지만, 등변사다리꼴에서 평행한 두 변을 제외한 다른 두 변의 길이가 같음은 잘 알려진 성질 중의 하나이다. 이 성질에서 등각(等脚)사다리꼴이라는 이름이 유래된 것이라고 할 수 있다. 등변사다리꼴을 일본에서는 等脚台形(등각사다리꼴), 중국에서는 等腰梯形(등요사다리꼴)이라 부른다. 즉, 각각 각의 크기가, 도형의 허리가 같다는 의미이다. 梯形(제형), 等脚(등각)의 용어는 한때 우리도 사용한 용어이지만, 교과서에서는 이미 사어(死語)가 된 단어이다.

평행한 변 중 하나의 양 끝 각의 크기가 같으면, 평행한 변 중 나머지 변의 양 끝 각의 크기도 같아지므로 위에서 정의한 등변사다리꼴의 정의에서는 모순이 발생하지 않는다. 그리고 평행한 두 변을 제외한 다른 두 변이 평행한, 즉 평행사변형인 경우, 양 끝 각의 크기가 같으면 직사각형이 되기 때문에 평행한 변을 어떤 변으로 선택하더라도 정의에서 모순이 발생하지 않는다.

그러나 몇몇 BLOG에서 등변사다리꼴을 평행하지 않은 한 쌍의 변의 길이가 같은 사다리꼴이라 정의하고 있다. 이는 명백하게 잘못된 정의이기 때문에 주의가 필요하다. 만약 우리가 이렇게 정의를 한다면 직사각형에는 평행하지 않은 한 쌍의 변이 없으므로 등변사다리꼴의 집합에 직사각형의 집합이 포함되지 않는 아주 이상한 일이 발생한다. 아마도 앞에서 언급한 등각(等脚)의 의미를 확대하여 해석한 결과로 보인다. 정의는 그 도형이 품고 있는 모든 도형에 적용해도 모순이 생기지 않도록 정의해야만 한다.

조어(造語)의 관점에서 isosceles가 '이등변'의 의미임을 참작하여 정의에 등각(等脚)이나 등변(等邊)의 의미를 담아보자. 한 쌍의 평행한 변을 제외한 나머지 두 변의 길이가 같은 사다리꼴을 등변사다리꼴이라고 정의하면 어떨까? 결론적으로 이 또한 잘못된 정의이다. 이렇게 정의하면 평행사변형과 속성을 공유하게 되어 모든 평행사변형이 등변사다리꼴이 되어 버린다. 정의를 해야 할 이유가 없어져 버려 원래 정의가 의도한 것과는 다른 결과를 도출한 셈이다.

등각(等脚)이나 등변(等邊)의 의미를 담지 못한다면 정의에 나타난 등각(等角)의 의미를 담아 용어를 '등각(等角)사다리꼴'로 바꾸면 어떨까? 강의에서 여러분들과 생각을 나누고 싶다. 여기까지.

등변사다리꼴은 사다리꼴의 특수한 경우이므로 사다리꼴의 모든 성질이 성립한다. 평행사변형 중에서 등변사다리꼴인 것은 직사각형뿐이다. 또한, 등변사다리꼴은 평행한 한 쌍의 변의 중점을 이은 선분에 대하여 대칭이라는 강력한 성질을 가지고 있다. 사다리꼴의 성질에 이 대칭의 조건을 덧붙이면 재미있는 성질들을 직관적으로 확인할 수 있다. 그중의 하나가 '두 대각선의 길이가 같다'이다. 중학교 때 사다리꼴의 학습 부분에서 강력한 성질을 가진 등변사다리꼴만을 학습하는 이유가 여기에 있을 것도 같다.

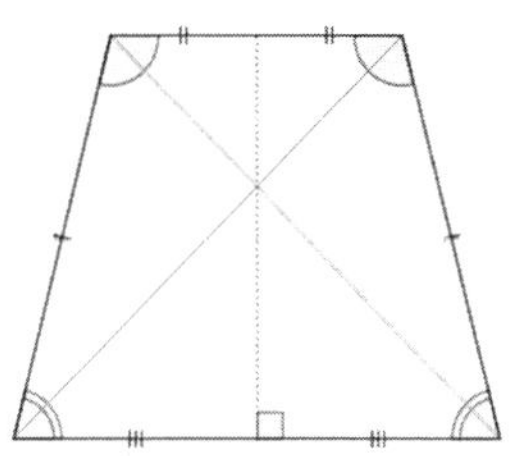

등변사다리꼴의 성질

2) 평행사변형(平行四邊形, parallelogram)

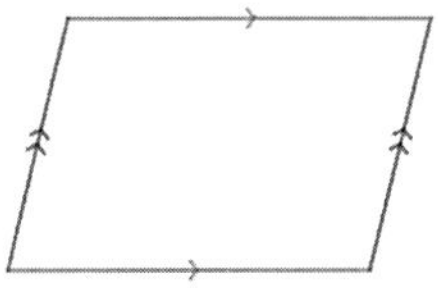
평행사변형의 정의

두 쌍의 대변이 각각 평행한 사각형을 평행사변형이라 한다. 평행사변형에서는 다음과 같은 성질이 성립한다. 증명은 중학교 수준의 내용이므로 생략하고 결과만 소개하기로 한다.

- 두 쌍의 대변의 길이가 각각 같다.
- 두 쌍의 대각의 크기가 각각 같다.
- 한 대각선은 다른 대각선의 중점을 지난다.

위의 성질들을 하나의 그림에 나타내면 [그림 5.4]와 같다.

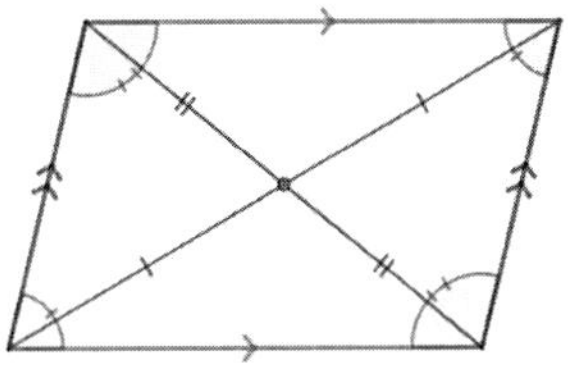
[그림 5.4] 평행사변형의 성질

임의의 사각형이 평행사변형일 필요충분조건들은 다음과 같다.

- 두 쌍의 대변이 각각 평행하다. (정의)
- 두 쌍의 대변의 길이가 각각 같다.
- 두 쌍의 대각의 크기가 각각 같다.
- 두 대각선이 서로의 중점을 지난다.
- 한 쌍의 대변이 평행하고 그 길이가 같다.

위의 필요충분조건들을 그림으로 나타내면 [그림 5.4]와 같다.

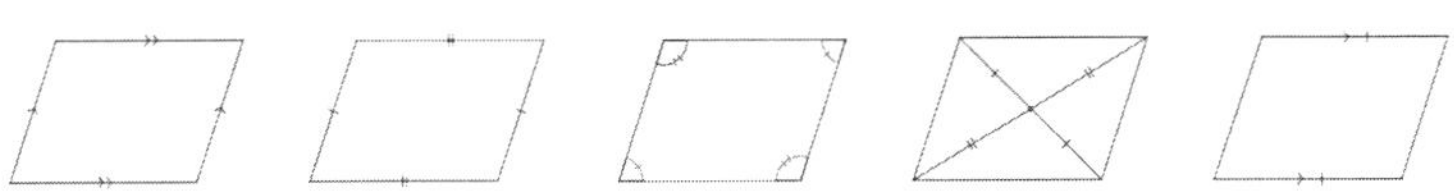
[그림 5.5] 평행사변형일 필요충분조건

이외에도

- 각 대각선은 사각형을 서로 합동인 두 개의 삼각형으로 나눈다.
- 사각형 내부의 임의의 점에서 각 변까지의 거리의 합은 점의 위치와 관계없이 일정하다.

도 사각형이 평행사변형일 필요충분조건들이다.

마지막으로 잘 알려지지 않은 것 하나만 더 소개하고 넘어가도록 하자. 평행사변형의 각 변의 길이의 제곱의 합의 2배는 각 대각선의 길이를 제곱해 더한 것과 같다.

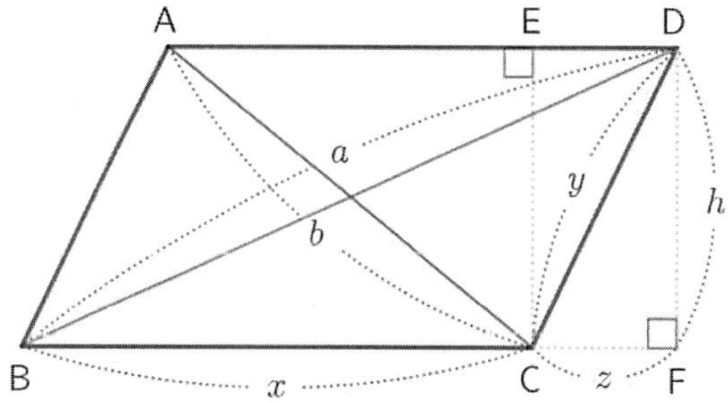

[그림 5.6] 평행사변형일 필요충분조건

[그림 5.6]에서 삼각형 BFD, CFD, ACE 는 모두 직각삼각형이므로 Pythagoras 정리를 적용하면

$$(x+z)^2 + h^2 = a^2, \quad z^2 + h^2 = y^2, \quad (x-z)^2 + h^2 = b^2$$

이다. 따라서 h^2 항을 소거해 주면

$$(x+z)^2 + y^2 - z^2 = a^2, \quad (x-z)^2 + y^2 - z^2 = b^2$$

이므로 양변을 각각 더하면

$$2(x^2 + y^2) = a^2 + b^2$$

을 얻을 수 있다.

3) 마름모(rhombus)

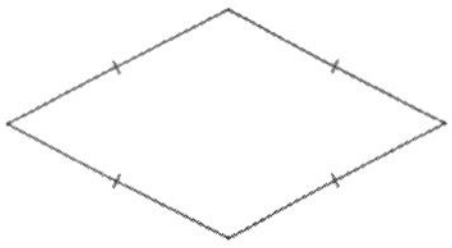

마름모의 정의

네 변이 길이가 모두 같은 사각형을 마름모라 한다. 마름모는 마름이라는 식물의 잎 모양에서 유래된 이름이다. 옛 교육과정에서는 마름을 의미하는 한자 菱을 사용하여 능형(菱形)이라고 불렀다. 중국과 일본에서는 菱形을 사용하고 있다.

마름모는 평행사변형의 특수한 경우이므로 평행사변형의 모든 성질이 성립한다.

임의의 사각형이 마름모일 필요충분조건들은 다음과 같다.

- 네 변이 길이가 모두 같다. (정의)
- 두 대각선이 서로 수직이고 서로를 이등분한다.
- 두 대각선이 각각 마주 보는 내각을 이등분한다.

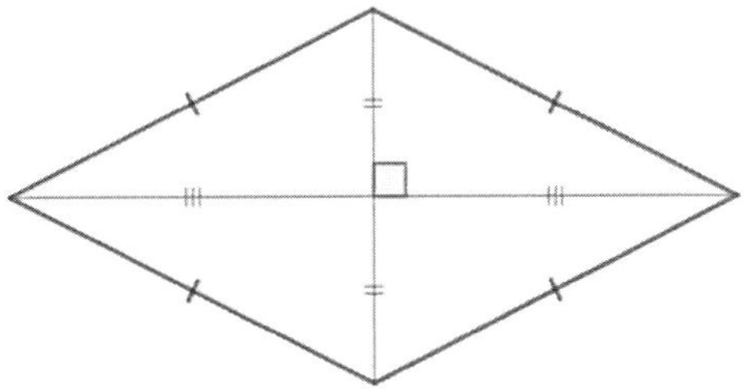

[그림 5.7] 마름모의 성질

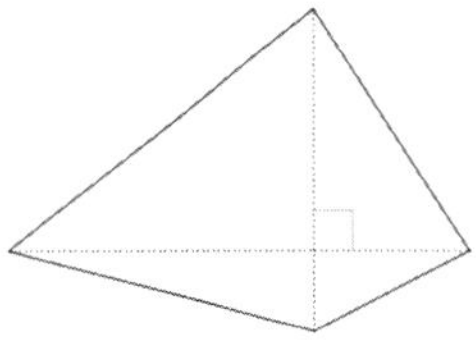

[그림 5.8]
두 대각선이 서로 수직

교재에 따라서는 마름모의 두 대각선은 서로 수직이라 설명한다. 이를 필요충분조건으로 잘못 판단하여 두 대각선이 서로 수직이면 마름모라고 생각하는 경우가 있다. 오른쪽의 [그림 5.8]이나 57페이지에서 소개할 연꼴도 두 대각선이 서로 수직이라는 성질을 가지고 있다. 그러나 [그림 5.8]의 도형도 연꼴도 모두 마름모가 아니다. 우리에게 익숙한(?) 몇몇 도형만으로 주어진 명제의 참과 거짓을 판단하는 것은 아주 위험한 일이다. 주의가 필요하다.

4) 직사각형(直四角形, rectangle)

직사각형의 정의

네 각이 크기가 모두 같은 사각형을 직사각형이라 한다. 따라서 직사각형은 네 각이 크기가 모두 같으므로 한 내각의 크기는 90° 임을 쉽게 알 수 있다. 즉, 직사각형의 모든 내각은 직각이 된다. 그리고 직사각형은 평행사변형의 특수한 경우이므로 평행사변형의 모든 성질이 성립한다. 게다가 직사각형은 두 대각선의 길이가 같다는 성질도 가지고 있다.

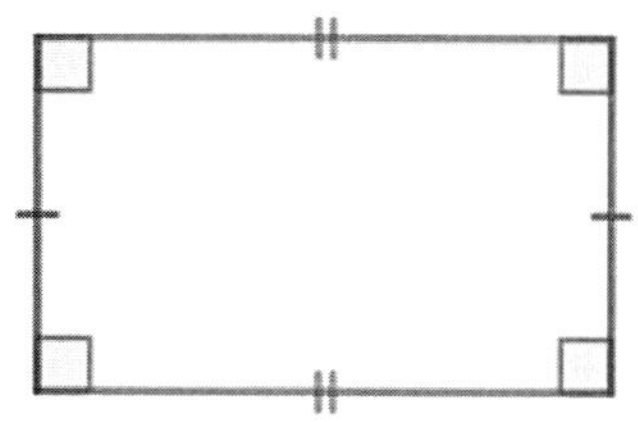

[그림 5.9] 직사각형의 성질

직사각형과 마름모를 다음과 같이 비교할 수도 있다.

직사각형	마름모
네 각의 크기가 같다.	네 변의 길이가 같다.
마주 보는 두 변의 길이가 같다.	마주 보는 두 각의 크기가 같다.
외접원이 존재한다.	내접원이 존재한다.

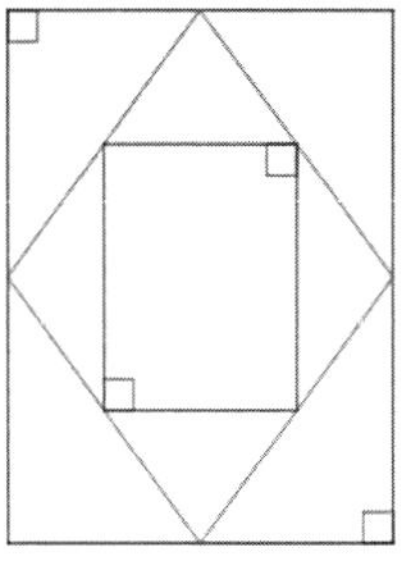

이외에도, 마름모는 마주 보는 꼭짓점을 이은 직선을 대칭축으로 갖지만, 직사각형은 마주 보는 변의 중점을 이은 직선을 대칭축으로 갖는다. 또한, 마름모는 두 대각선이 이루는 각의 크기가 같고, 직사각형은 두 대각선의 길이가 같다. 왼쪽의 그림에서처럼 직사각형의 각 변의 중점을 이어 만든 사각형은 마름모가 되고, 마름모의 각 변의 중점을 이어 만든 사각형은 직사각형이 된다.

5) 정사각형(正四角形, square)

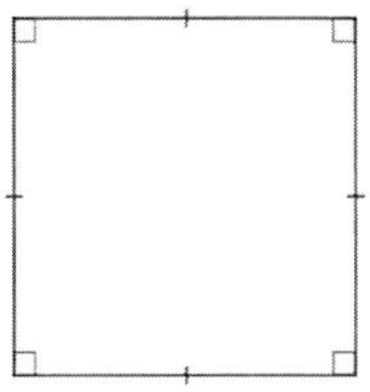

정사각형의 정의

네 변의 길이가 모두 같고, 네 각의 크기가 모두 같은 사각형을 정사각형이라 한다. 따라서 정사각형은 직사각형이면서 마름모인 사각형을 의미한다.

정사각형의 네 각의 크기는 모두 90°이다. 그리고 두 대각선의 길이는 같으며 서로 다른 대각선을 수직이등분하고, 대각선의 길이는 한 변의 길이의 $\sqrt{2}$ 배이다.

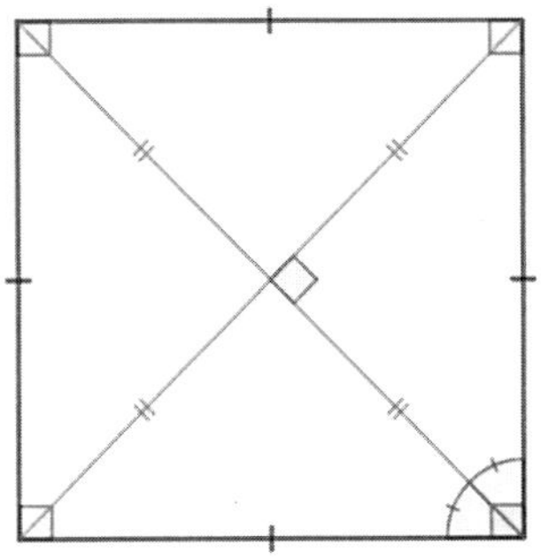

[그림 5.10] 정사각형의 성질

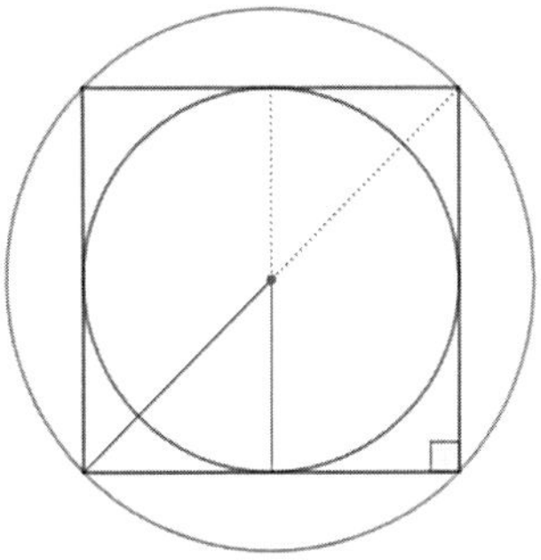

[그림 5.11] 외접원과 내접원

같은 둘레의 길이를 가진 사각형 중에서 넓이가 가장 큰 사각형이 정사각형이다. 또한, 정사각형에 외접하는 원의 넓이는 그 정사각형의 넓이의 $\pi/2$ 배, 내접하는 원의 넓이는 그 정사각형의 넓이의 $\pi/4$ 배이다. 제발 공식처럼 외우지 말자.

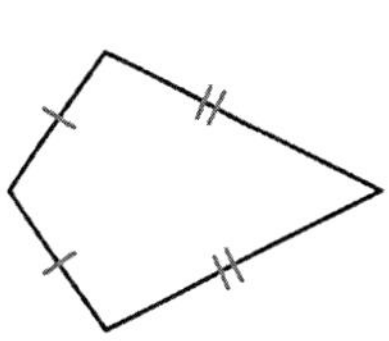

연꼴의 정의

학교 수학에서는 이름이 없는 도형이지만 재미있는 성질을 가진 도형이 있다. 바로 연꼴(kite)이다. 각 변이 이웃한 두 변 중 적어도 하나와 길이가 같은 사각형을 연꼴이라 한다. 하늘에 날리는 연과 닮았다고 하여 붙여진 이름이다. 연꼴의 두 대각선은 서로 수직이고, 마주 보는 한 쌍의 각의 크기가 같다. 정의에 따르면 마름모와 직사각형은 연꼴의 특수한 경우임은 쉽게 알 수 있다.

2. 사각형의 포함 관계

사각형의 포함적 관계는 여러분들이 익히 알고 있는 내용이라 생각하고 각 용어의 사각형들 집합을 사용하여 Venn diagram으로 표현해 보면 [그림 5.12]와 같이 나타낼 수 있다.

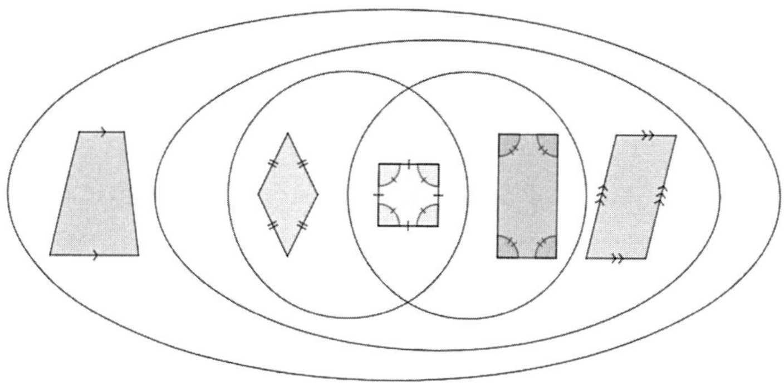

[그림 5.12] 사각형의 포함적 관계

사각형의 분류 방법도 기하학원론에까지 거슬러 올라간다. 잠시 시공을 거슬러 가보자. Euclid는

- 정사각형(square) : 등변이고 직각인 사각형,
- oblong : 직각이지만 등변이 아닌 사각형,
- 마름모(rhombus) : 등변이지만 직각이 아닌 사각형,
- rhomboid : 마주 보는 두 쌍의 변의 길이와 각의 크기가 같지만, 등변도 아니고 직각도 아닌 사각형
- 이들 외의 모든 사각형은 trapezia

로 정의(정의 21)[38]하였다.

---

38) 흔히 사용하지 않는 용어들이 대거 등장했다. 이 용어들을 우리가 사용하는 용어들로 생각해보자. 먼저 oblong은 위의 정의대로 정사각형이 아닌 직사각형을 의미한다. 그리고 rhomboid는 직사각형도 마름모도 아닌 평행사변형을 의미한다. 우리가 사용하고 있는 용어들과는 큰 차이를 보인다. 이후 Próklos(412–485)의 '기하학원론 1권 주해'에서 trapezia를 등변사다리꼴, 사다리꼴, 사각형으로 나누어 제시하고 있다.

Euclid의 분류는 [그림 5.12]에서 제시하고 있는 포함적 관계와는 사뭇 다르다. 전형적인 분할적 관계로 정의하여 분류한 것이다. 이를 Venn diagram으로 표현해 보면 [그림 5.13]과 같다.

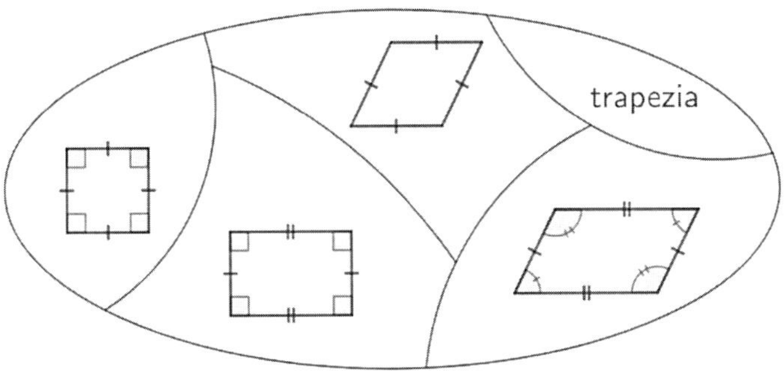

[그림 5.13] Euclid의 사각형 분류

결론적으로 Euclid는 삼각형, 사각형 모두 분할적 관계로 정의하여 분류한 것이다. 그러나 현대의 기하학에서는 두 도형 모두 특별한 유형으로 분류되는 포함적 관계로 정의하여 분류하고 있다.

마지막으로 [그림 5.14]에서 주어진 이상한(?) Venn diagram을 살펴보자. [그림 5.12]를 잘못 Ctrl c + Ctrl v 한 것이 아니다.

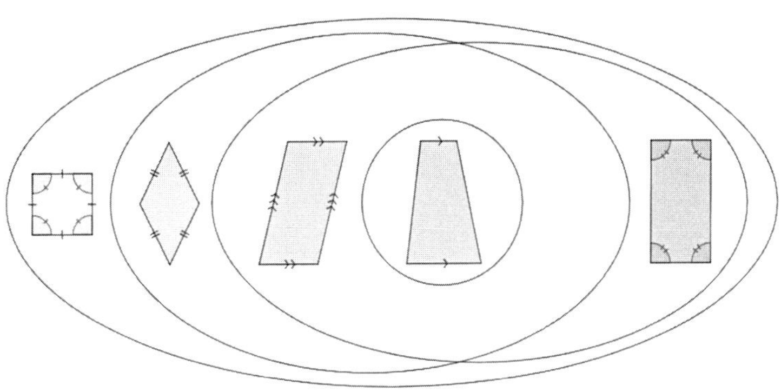

[그림 5.14] 어떤 의미를 담은 Venn diagram일까?

지금까지 우리는 각 도형을 공부하면서 'A 도형은 B 도형의 특수한 경우이므로, B 도형의 성질은 A 도형에서도 모두 성립한다.'라는 구절(句節)을 계속하여 사용해 왔다. 예를 들면, 직사각형은 평행사변형의 특수한 경우이므로, 평행사변형의 성질은 직사각형에서도 모두 성립한다를 들 수 있다. 이 구절의 의미는 포함적 관계에 따라 직사각형은 평행사변형이므로 당연히 평행사변형에서 성립하는 성질이 모두 성립한다를 말한다.

또한 '직사각형이 아닌 평행사변형'에서는 성립하지 않지만, 직사각형에서는 성립하는 성질이 있다. 따라서 '평행사변형에서 성립하는 성질'을 하나의 집합 A로 생각하고 '직사각형에서 성립하는 성질'을 또 다른 하나의 집합 B로 생각한다면 두 집합 사이의 새로운 포함적 관계를 끌어낼 수 있다. 즉,

$$A \subset B$$

라는 관계를 알 수 있다는 의미이다. 그러므로 각 사각형에서 성립하는 성질들을 포함적 관계로 표현한 것이 [그림 5.14]이다.

우리는 삼각형에서도 마찬가지로 'A 도형은 B 도형의 특수한 경우이므로, B 도형의 성질은 A 도형에서도 모두 성립한다.'라는 구절을 사용했다. 아래 여백을 사용하여 각 삼각형에서 성립하는 성질들을 이용해 포함적 관계를 나타내어 보자.

과제

다음과 같이 8개의 도형과 도형에 관한 8개의 성질이 있다. 이 장에서 학습한 내용을 바탕으로 선택한 도형에서 선택한 성질이 성립하면 ○를, 성립하지 않으면 공란으로 하여 [표 5.15]를 완성해보자. 도형은 어떤 순서로, 각 성질은 어떤 순서로 해야 사각형의 전체적인 관계 파악과 두 도형의 관계 파악이 쉬울지 조금의 고민이 필요하다. 두어 번의 시행착오가 필요할 수도 있다. 그러나 이러한 시행착오가 여러분을 더욱 탄탄하게 만들 것이다.

도형	사각형, 사다리꼴, 평행사변형, 마름모, 직사각형, 정사각형, 등변사다리꼴, 연꼴
성질	마주 보는 두 쌍의 변의 길이가 각각 같다. 마주 보는 한 쌍의 변의 길이가 같다. 모든 변의 길이가 같다. 마주 보는 두 쌍의 변이 각각 서로 평행하다. 마주 보는 한 쌍의 변이 서로 평행하다. 두 대각선이 서로 수직이다. 두 대각선의 길이가 같다. 두 대각선이 각각의 중점에서 만난다.

[표 5.15]

6. 다각형

1. 곡선(曲線, curve)

현대 수학에서는 거의 독점적으로 'line'을 직선의 의미로 사용하고 있지만, 역사적으로는 'line'을 '선'이라는 의미로 사용하였다. 이 말은 지금의 용어라면 'curve'를 사용해야 하는 곳에서도 'line'을 사용했다는 의미이다. 이러한 사용 방법으로 인해 곧지 않은 곡선인 'curved line'과의 구별을 위해 '직선'에는 'straight line'이라는 용어를 사용하게 된 것이다. 예를 들어, 기하학원론 1권의 정의 2에서는 선(line)을 정의하였고, 정의 4에서 직선(straight line)은 그 위의 모든 점이 곧게 놓여 있는 선(line)으로 정의하였다. Euclid가 가진 '선'의 개념은 아마도 정의 3에서의 '선(line)의 끝은 점이다.'에 의해 명료해질지도 모르겠다.

우리에게 익숙한 기호를 사용해 '굳이' 곡선을 정의하면 평면($\mathbb{R}^2$)에 대해 실수 구간 $[a, b]$에서 정의되는 함수 $f : [a, b] \rightarrow \mathbb{R}^2$을 '집합 $\mathbb{R}^2$에서의 곡선'이라 한다. 그러나 현대 수학은 각 분야에 따라 약간은 다른 의미로 곡선이라는 용어가 사용되기도 한다. 그래서 곡선의 정확한 의미는 표현된 앞뒤 문맥을 고려하여 생각해야만 한다.[39] 자꾸 다른 길로 가는 듯하다. 여기까지만.

이 교재에서는 곡선의 수학적 정의는 제시하지 않고 Euclid의 아이디어를 빌려 곡선이란 '한 점이 어떤 방향으로 연속적으로 위치를 바꾸어 움직일 때의 점 전체의 집합'이라고 생각하도록 하자. 우리는 평면에서의 곡선의 개념(?)이 필요하기에 조금 더 직관적으로 한 평면에서 연필을 떼지 않고 그린 모든 점의 집합이라고 생각하면 되겠다.

---

39) 그중의 하나가 곡률을 생각하는 것이다. 곡률(曲率, curvature)이란 곡선 또는 곡면의 굴곡의 정도를 나타내는 양이다. 예를 들어, 직선은 직선 위의 모든 점에서 굴곡이 없다. 따라서 곡률이 0인 것이다. 그리고 원은 원 위의 모든 점에서 굴곡이 일정하다. 반지름의 길이가 r인 원의 곡률은 $1/r$인 것이 알려져 있다. 굽은 정도가 심하면 심할수록 곡률이 커진다는 정도로만 소개하기로 하자.

예를 들면, [그림 6.1]의 도형들은 모두 곡선이다.

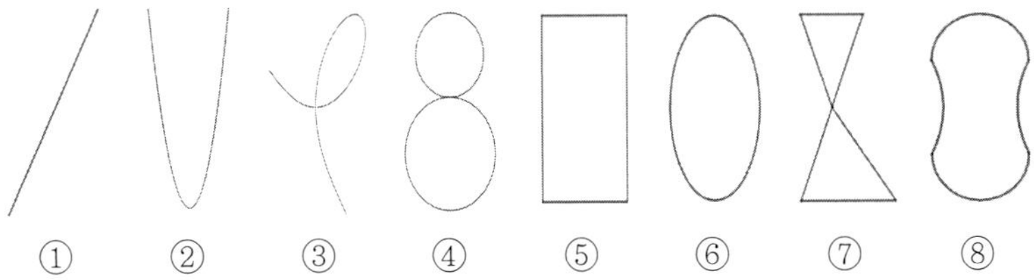

[그림 6.1] 곡선?

알기 쉽게 [그림 6.1]의 곡선들을 연필로 그린다고 생각해보자. 그러면 자연스럽게 곡선들을 분류할 수 있는 기준을 생각할 수 있게 된다. 즉, 그리기 시작한 점으로 돌아오는 경우와 그리는 도중에 만나는 경우 등으로의 분류가 가능하다. 이때 그리기 시작하는 임의의 점을 시점(始點), 끝내는 점을 종점(終點)이라고 하자.

[그림 6.1]의 ①, ②, ③과 같이 '시점과 종점이 만나지 않는 곡선'을 개곡선(開曲線, open curve), ④, ⑤, ⑥, ⑦, ⑧과 같이 '시점과 종점이 만나는 곡선'을 폐곡선(閉曲線, closed curve)이라 부른다. 특히, ⑤, ⑥, ⑧과 같이 '시점과 종점 외에는 만나지 않는 폐곡선'을 단순폐곡선[40](單純閉曲線, simple closed curve)이라 부른다. 삼각형, 사각형, 원 등은 모두 단순폐곡선의 예이다. 이제 우리는 다각형을 정의할 수 있게 되었다.

단순폐곡선을 요르단 곡선(Jordan curve)이라고도 한다. 프랑스 수학자인 Jordan은 아주 유명한 'Jordan curve 정리'를 남겼다. 이 정리를 간단하게 설명하면 평면 위의 Jordan curve가 평면을 '내부'와 '외부'로 나눈다는 내용이다. 우리가 삼각형에서부터 계속 살펴온 내용이다. 직관적으로 매우 당연한 것으로 보이지만 실제 증명은 꽤 어려운 내용이다.

40) 여러분들의 부모님 세대는 초등(?)학교에서 이를 단일폐곡선으로 학습하였다.

2. 다각형(多角形, polylateral, polygon)

이제 우리는 지금까지의 내용을 바탕으로 다각형을 정의할 수 있게 되었다. 일반적으로 선분들의 합집합으로 이루어진 단순폐곡선을 다각형(多角形, polygon)[41]이라 한다. 다각형을 이루는 모든 선분을 다각형의 변이라 하고, 다각형의 변의 개수에 따라 삼각형, 사각형, …, n각형이라 부른다. 그리고 선분들이 만나는 점을 다각형의 꼭짓점이라 한다.

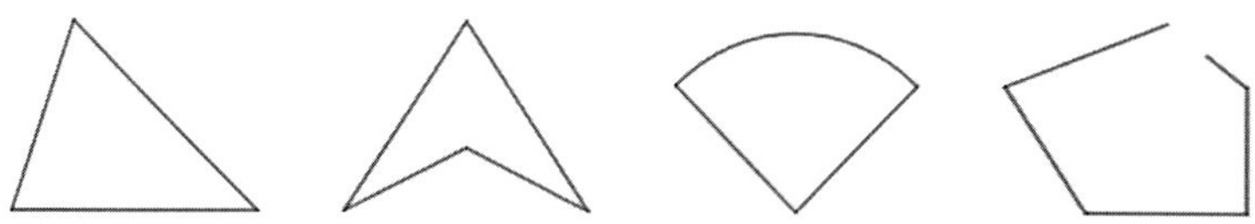

[그림 6.2] 다각형?

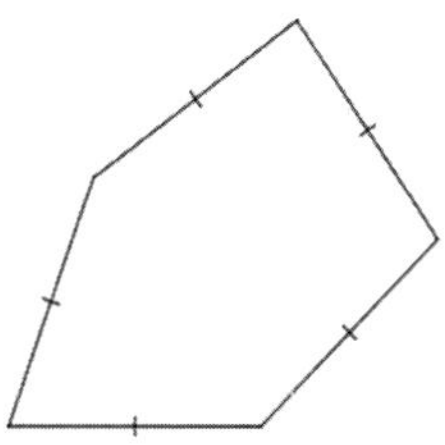

[그림 6.3] 등변다각형

[그림 6.2]의 ㉢은 선분이 아닌 부분이 있고, ㉣은 폐곡선이 아니다. 따라서 ㉠과 ㉡이 다각형이다.

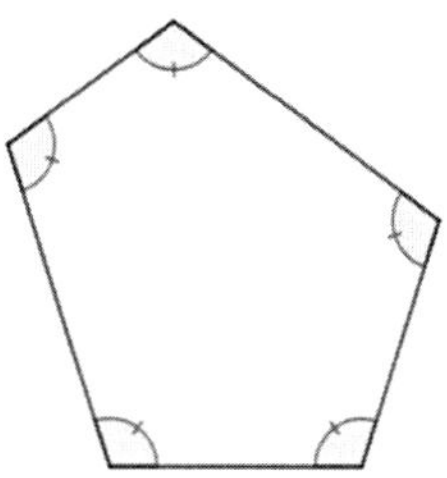

[그림 6.4] 등각다각형

일반적으로 모든 변의 길이가 같은 다각형을 등변다각형(等邊-, equilateral-)이라 한다. 특히, 등변삼각형을 정삼각형, 등변사각형을 마름모라고 부른다. 또한, 모든 각의 크기가 같은 다각형을 등각다각형(等角-, equiangular-)이라 한다. 특히, 등각삼각형을 정삼각형, 등각사각형을 직사각형이라 부른다. 그리고 등변다각형이고 등각다각형인 다각형을 정다각형(正-, regular-)이라 한다.

41) 저자는 이를 다변형(多邊形, polylateral)이라 부른다. 변의 수가 많은 도형이라는 의미이다. 변의 개수에 따라 삼변형, 사변형 등으로 부른다. 그러나 여러분들이 가르칠 도형의 이름은 다각형이므로 오해의 소지를 없애고자 교재에는 다각형으로 표현한 것이다. 다각형을 의미하는 단어 polygon이 '많은'과 '각'을 뜻하는 그리스어 polús와 gōnía에서 유래되었다는 연구가 있지만, gon이 각이 아닌 '무릎'을 뜻하는 gónu가 기원일 수 있다는 연구도 있다.

1) 정다각형(regular polygon)

등변다각형이고 등각다각형인 다각형을 정다각형이라 한다. 변의 개수에 따라 정삼각형, 정사각형, … , 정n각형이라 부른다. 변의 개수가 같은 정다각형끼리는 모두 닮음 도형이다.

정사각형과 정오각형은 모든 대각선의 길이가 같지만, n이 6 이상인 정다각형에는 길이가 다른 대각선이 존재하게 된다. 그리고 모든 정다각형은 원에 내접하고 외접한다. 즉, 내접원과 외접원이 존재한다.

정삼각형에서 성립하는 아주 재미있는 성질이 있다. 바로 '정삼각형 내부의 임의의 점에서 각 변에 내린 수선의 길이의 합은 일정'하다는 것이다. 이탈리아 수학자 Viviani(비비아니)의 정리이다. 정리가 주장하는 내용은 매우 흥미롭지만, 도형의 넓이에 주목하면 증명은 아주 간단하고 명확하다.

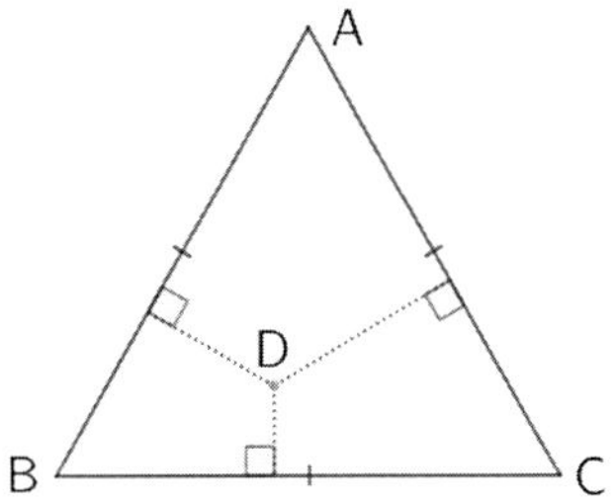

[그림 6.5] Viviani의 정리

[그림 6.5]에서 정삼각형 ABC의 넓이는 삼각형 DAB, DBC, DCA의 넓이의 합임을 이용하면 쉽게 수선의 길이의 합이 일정하다는 것을 유도할 수 있다. 지금 바로 정사각형에 적용해 보면서 '정삼각형이 아니어도 성립하는 것 아닌가?'하고 생각할지도 모르겠다. 그렇다. Viviani의 정리는 정n각형에서도 성립한다.

정n각형의 각 꼭짓점을 반시계 방향으로 A_1, A_2, $\cdots$, A_n이라 하고, 내부의 임의의 한 점을 P라고 하자. 그리고 점 P로부터 각 변 A_1A_2, A_2A_3, $\cdots$, $A_{n-1}A_n$, A_nA_1에 내린 수선의 발을 각각 B_1, B_2, $\cdots$, B_n이라 하자. 정n각형에서 Viviani 정리를 증명하기 위해서는 $PB_1 + PB_2 + \cdots + PB_n$이 점 P에 의존하지 않는 상수임을 보이면 된다. 편의를 위해 정n각형의 한 변의 길이를 a, 넓이를 S라 하고, $A_{n+1} = A_1$이라 하자.

$$S = \sum_{k=1}^{n} (\text{삼각형 } PA_kA_{k+1}\text{의 넓이}) = \sum_{k=1}^{n} \frac{1}{2} \cdot \overline{A_1A_2} \cdot \overline{PB_k}$$

그러므로 $\sum_{k=1}^{n} \overline{PB_k} = \frac{2S}{a}$임을 쉽게 알 수 있다. 따라서 수선의 길이의 합은 점 P의 위치에 의존하지 않고 항상 일정하다.

통계에서 사용하는 그래프 중에 ternary(triangle) plot이라 불리는 것이 있다. ternary plot은 정삼각형의 각 변을 세 요소라 생각하고 각 요소가 차지하고 있는 비율을 정삼각형 내부의 점으로부터 각 변까지의 수선의 길이로 표현한 그래프이다. 그런데 세 요소가 차지하는 비율을 이렇게 표현하는 것이 적절할까? 이 물음에 대한 해답을 제공하는 것이 바로 Viviani의 정리이다. 당연히 각각의 요소들이 차지하고 있는 비율의 합은 100%로 일정하기 때문이다.

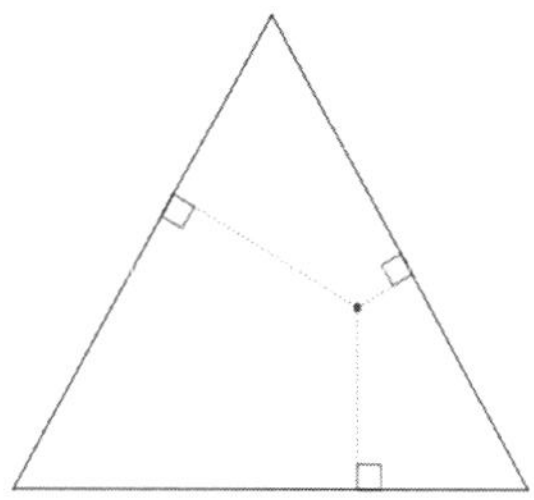

[그림 6.6] ternary plot

2) 볼록다각형과 오목다각형

어떤 평면에 단순폐곡선이 주어지면 이 단순폐곡선은 그 평면을 자기 자신, 내부, 외부 이렇게 세 부분으로 분할한다. 이 단순폐곡선의 내부를 영역(領域, region)이라 부르고, 단일폐곡선 자기 자신을 경계(境界, boundary)라고 부른다. 이 단순폐곡선의 영역의 크기를 수치화한 것이 바로 그 단순폐곡선의 넓이이다.

볼록과 오목에 대한 수학적인 정의는 매우 다양하다. 이 교재에서는 위에서 정의한 영역과 경계로 정의하기로 하자. 주어진 단순폐곡선의 영역 또는 경계 위에 있는 임의의 서로 다른 두 점을 연결한 선분을 생각할 때, 이 선분 위의 모든 점이 영역 내에 있는 단순폐곡선을 볼록(convex)이라 하고, 볼록이 아닌 단순폐곡선을 오목(concave)이라 한다.

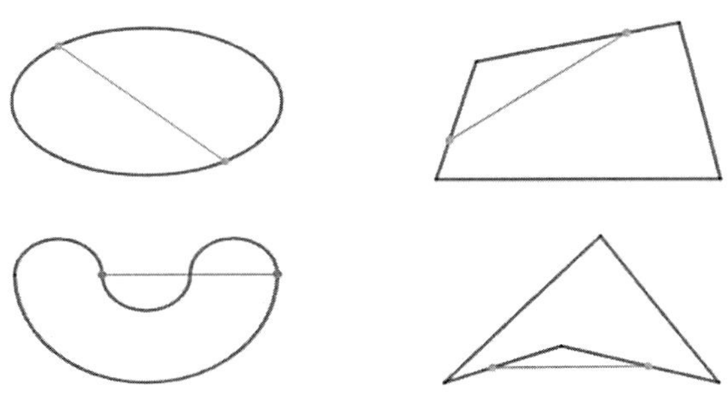

[그림 6.7] 볼록과 오목의 예

다각형에서 위의 정의를 적용해 보자. 다각형의 영역 또는 경계 위에 있는 서로 다른 두 점을 연결한 선분을 생각할 때, 이 선분 위의 모든 점이 다각형의 영역 내에 있을 때 이를 볼록다각형이라 하고, 볼록다각형이 아닌 것을 오목다각형이라 한다. 예를 들면, [그림 6.7]에서 오른쪽에 있는 두 다각형 중 위는 볼록사각형이고 아래는 오목사각형이다.

오목다각형의 특징으로는 이 도형 외부에 대각선이 있고, 각의 크기가 180° 보다 큰 내각이 존재한다. 직관적으로도 안쪽으로 오목하게 들어간 부분이 있으려면 각의 크기가 180° 보다 큰 내각이 있어야 함을 알 수 있다.

삼각형은 세 내각의 크기의 합이 180° 이고, 오목다각형은 180° 보다 큰 내각을 하나 이상 가지고 있으므로 삼각형은 항상 볼록할 수밖에 없음을 알 수 있다. 그러나 변이 4개 이상인 다각형에서는 쉽게 오목한 다각형을 찾을 수 있다. [그림 6.7]에서도 그 예를 쉽게 찾을 수 있었다. 그리고 변이 5개 이상일 경우, 오목인 다각형도 등변다각형이 될 수 있다. [그림 6.8]은 오목한 등변오각형의 예이다. 그렇지만 등각다각형은 모든 각의 크기가 같다는 조건 때문에 항상 볼록한 등각다각형만 존재할 뿐이다.

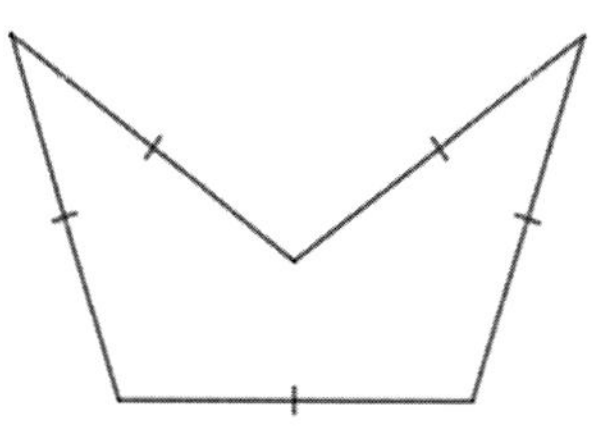

[그림 6.8] 오목 등변다각형

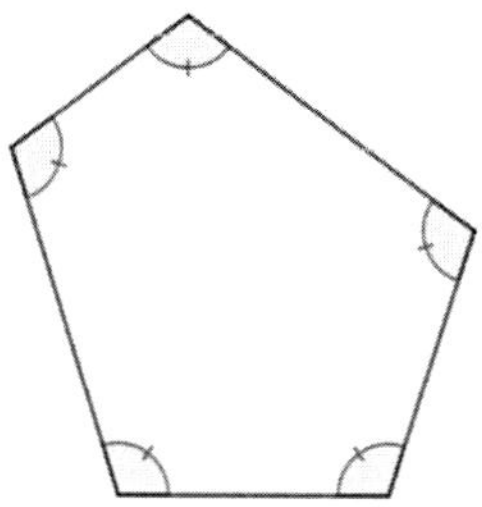

[그림 6.9] 등각다각형

아마도 지금까지 여러분들이 학습한 도형들의 '대부분'은 볼록다각형이었을 것이고, 앞으로 여러분들이 가르칠 도형들의 대부분도 볼록다각형일 것이다. 여기서 '대부분'이 의미하는 것은 교과서에 오목다각형이 한 번씩 등장한다는 것을 말한다. 바로 다각형의 넓이를 학습할 때이다. 그렇지만, 교과서에는 등장하지만, 오목다각형을 수면 위에 올려서 특별하게 다루지는 않는다고 생각하면 된다.

3. 대각선(對角線, diagonal)

다각형에서 서로 이웃하지 않은 두 꼭짓점을 이은 선분을 대각선이라 한다. 삼각형에서는 꼭짓점이 모두 서로 이웃하고 있으므로 대각선이 존재하지 않는다.

n이 3 이상의 자연수라 할 때, n각형에서 대각선의 개수를 구해보자. 한 꼭짓점에서 그을 수 있는 대각선의 개수는 자기 자신과 이웃한 두 꼭짓점을 제외하면 $(n-3)$개이고, 그런 꼭짓점이 n개이므로 $n(n-3)$이다. 그러나 이는 같은 대각선을 두 번씩 센 결과이므로 $n(n-3)$을 2로 나누면 다음을 얻을 수 있다.

$$n\text{각형의 대각선의 개수} = \frac{n(n-3)}{2}$$

여러분들은 아마도 서로 다른 n개의 꼭짓점에서 2개를 선택하는 조합으로부터 변의 개수 n을 빼 다음과 같이 유도할 것이다.

$$n\text{각형의 대각선의 개수} = {}_nC_2 - n = \frac{n(n-3)}{2}$$

사각형에서 대각선의 성질을 정리하면 다음과 같다.

등변사다리꼴	두 대각선의 길이가 같다.
평행사변형	두 대각선의 교점은 각 대각선의 중점.
직사각형	두 대각선의 길이가 같다.
	두 대각선의 교점은 각 대각선의 중점.
마름모	두 대각선은 서로 수직이등분.
	두 대각선은 내각의 이등분선.
정사각형	두 대각선의 길이가 같다.
	두 대각선은 서로 수직이등분.

[표 6.10] 사각형에서 대각선의 성질

Pentagram

정오각형의 대각선에는 재미있는 성질들이 곳곳에 숨어있다. 고대 Pythagoras 학파는 정오각형에 특별한 관심을 두었고, 정오각형의 각 대각선을 이어 만든 pentagram(펜타그램)을 그들의 상징으로 사용했을 정도이다.

정오각형에서는 황금비를 쉽게 발견할 수 있다. 바로 한 변과 대각선의 길이에서 황금비를 찾을 수 있다. 먼저, [그림 6.11]에서처럼 두 대각선 AC 와 BE 의 교점을 F 라 하자. 정오각형의 한 내각의 크기는 $108°$ 이므로 삼각형 ABE, BCA, FAB 는 모두 세 내각의 크기가 $36°$, $36°$, $108°$ 인 이등변삼각형이다.

또한, 삼각형 EAF 와 CFB 는 세 내각의 크기가 $36°$, $72°$, $72°$ 인 이등변삼각형임을 확인할 수 있다. 따라서 정오각형의 한 변의 길이를 1, 대각선 BE 의 길이를 x 라 하고 황금비의 정의(2장)에 따라 비례식을 세워 계산하면 $x = \dfrac{1+\sqrt{5}}{2}$ 를 얻을 수 있다.

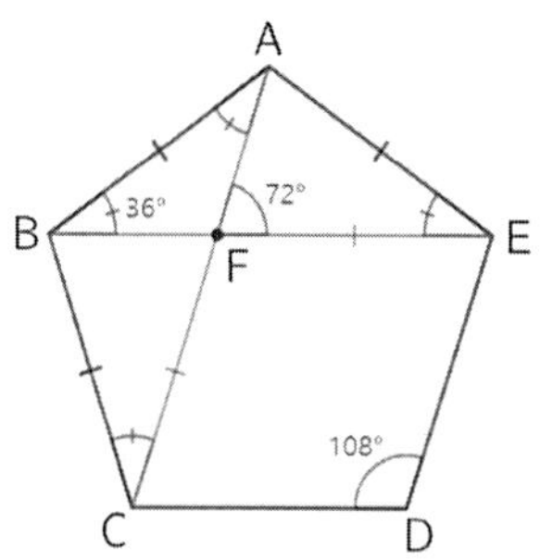

[그림 6.11] 정오각형

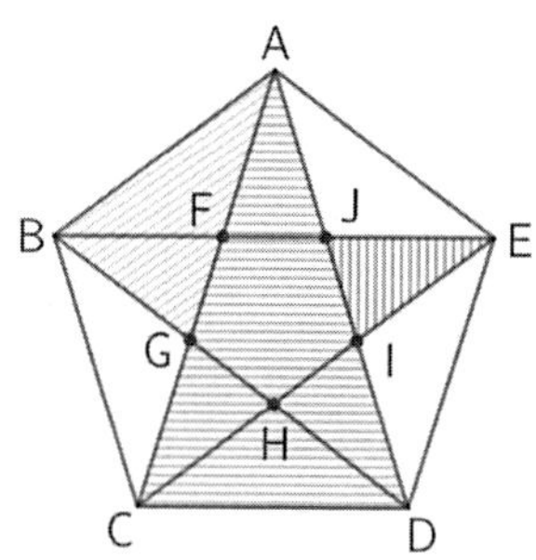

[그림 6.12] 황금삼각형

[그림 6.12]에서처럼 대각선 모두를 그어 보자. 꼭짓각의 크기가 $36°$ 인 이등변삼각형이 곳곳에서 보인다. 예를 들어, 삼각형 ACD, ABG, EJI 는 세 내각의 크기가 $36°$, $72°$, $72°$ 인 이등변삼각형이다. 4장에서 공부한 황금삼각형이다. 정오각형은 금광이다!

과제

정삼각형에서 Viviani의 정리를 증명할 때 이미 나온 결론이겠지만, 정삼각형에서는 수선의 길이의 합이 정삼각형의 높이이다. 아래 그림들은 이 사실을 증명해 가고 있는 그림이다. 오른쪽 빈칸에 이 증명의 과정을 채워보라. Visual Proof이라고 잘 알려진 증명이니 보이는 것을 문자로 전환하는 것일 뿐이다. 변, 꼭짓점 등에 기호를 사용하면 아주 편하다.

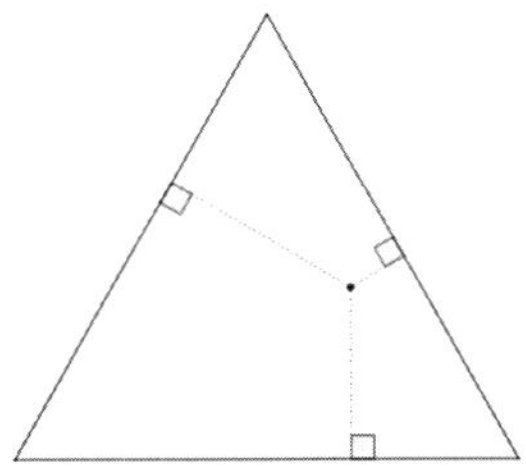

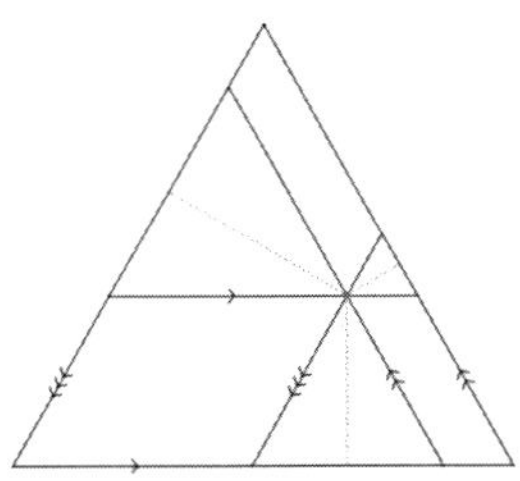

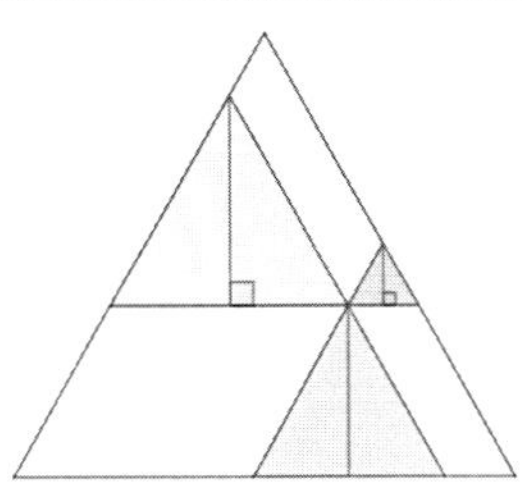

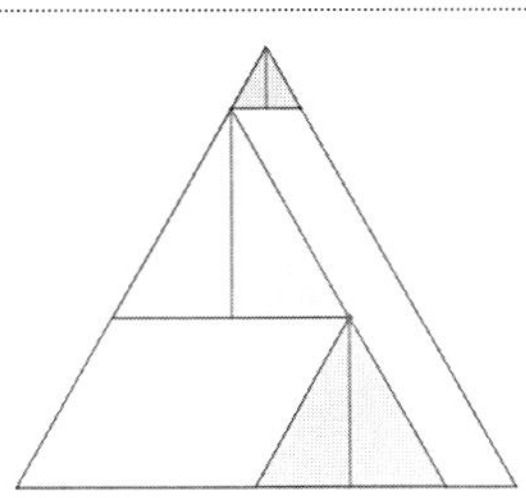

깨알 상식 대각선

TV나 노트북을 소개하는 광고에서 우리는 모니터 화면의 크기를 나타내는 65 inch, 14 inch 등을 보게 된다. 물론 우리는 metre법을 사용하고 있어 각 제조사의 정식 광고에서는 69 cm(27 inch) 등으로 나타난다. 이전에 inch를 사용하였기 때문에 inch와 cm를 병행하여 사용하고 있는 것으로 보인다. 휴대전화기의 액정 때문에 더욱 우리 가까이에 있다.

화면의 크기는 실제 화면이 출력되는 액정 부분의 대각선의 길이를 말한다. 일상에서는 보통 제품의 크기를 가로와 세로의 길이를 곱한 2차원의, 또는 가로와 세로의 길이, 높이를 곱한 3차원의 크기로 표기하지만, 유독 TV나 모니터 등의 화면 크기만은 대각선의 길이로 표기한다. 적혀 있는 수치만으로 실제 크기를 짐작하기 쉽지 않은 이유가 여기에 있다.

[그림 6.13] 모니터의 크기

화면의 실제 크기의 Aspect Ratio는 가로와 세로의 길이의 비로 표시된다. 일반적으로 4:3이나 16:9의 비를 가진 액정들이 많다고 한다. 그런데 같은 크기라도 이 Aspect Ratio에 따라 그 넓이가 다르다. 16:9 화면은 같은 크기(?)의 4:3 화면의 넓이의 89% 정도만 차지할 뿐이다.

그런데, 왜 대각선의 길이일까? 이 측정 방법은 브라운관이 일반적이었던 초대 TV의 방법을 따른 것이다. 당시 브라운관이 원형이었기에 지름의 길이를 사용한 것이다. 이 내장품이 직사각형의 화상을 표기하는 데 사용되어 직사각형의 최대 지름(diameter)을 그 크기로 나타내게 된 것이다.

7. 원

기원전 1650년경의 것으로 생각되는 Rhind Mathematical Papyrus에는 84개의 수학 문제와 그 해답이 적혀 있다. 당시에 원주율을 256/81로 사용할 만큼 원의 역사는 유구하다. 약 3.16049…이다.

1. 원(圓, circle)

평면에서 원은 한 정점에서 같은 거리에 있는 점들의 집합을 말한다. 이 정점을 원의 중심(中心, center)이라 하고, 원의 중심과 원 위의 임의의 한 점을 연결하는 선분을 반지름(radius)이라 한다. 특별히 반지름의 길이가 1인 원을 단위원(單位圓, unit circle)이라 부른다. 원은 같은 길이의 둘레를 갖는 폐곡선 중에서 그 넓이가 가장 넓다.

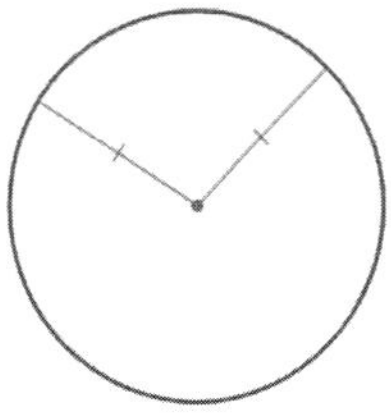

원의 정의

원은 단순폐곡선이다. 따라서 그 평면을 자기 자신, 내부, 외부 이렇게 세 부분으로 분할한다. 그러므로 원의 내부를 포함하고 있는 도형을 언급할 때는 원판(圓板, disc)이라는 용어를 사용해야 한다. 고등학교에서 학습한 '부등식의 영역'의 힘을 빌려보자. 즉,

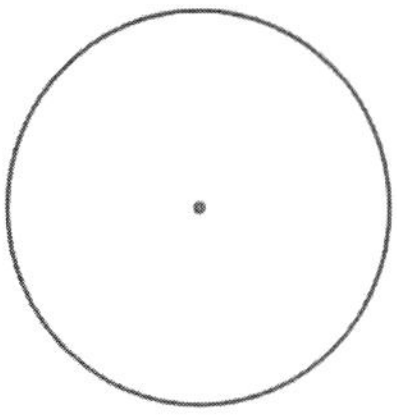

[그림 7.1] circle

[그림 7.2] disc

임을 생각하면 된다. 따라서 좌표평면에서 원의 중심이 원점이고, 반지름의 길이를 r이라 하면 다음과 같이 적을 수 있다.

$$\text{circle} : \{(x, y) \in \mathbb{R}^2 \mid x^2 + y^2 = r^2\}$$
$$\text{disc} : \{(x, y) \in \mathbb{R}^2 \mid x^2 + y^2 \le r^2\}$$

원 위의 두 점을 양 끝점으로 하는 원의 일부를 호(弧, arc)라 하며, 반원보다 짧은 호를 열호(劣弧), 반원보다 긴 호를 우호(優弧)라고 한다. 예를 들어, 원 위의 두 점 A , B 를 양 끝점으로 하는 호를 기호로 $\overset{\frown}{AB}$ 라 나타내고, 호 AB 라 읽는다. 그렇지만, 이것으로는 우호와 열호의 어느 쪽인지를 지정할 수 없는 단점이 있어, 한쪽을 특정하고 싶은 경우에는 그 호 위의 임의의 점(예, 점 P)을 이용해 $\overset{\frown}{APB}$ 와 같이 표기한다.

원 위의 두 점을 이은 선분을 원의 현(弦, chord)이라 하고, 원의 중심을 지나는 현을 지름(diameter)이라 한다. 따라서 임의의 원에서 길이가 가장 긴 현이 지름이다.

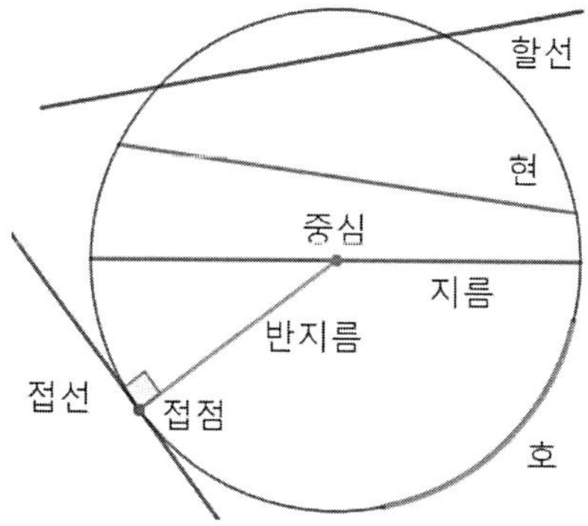

[그림 7.3] 원에서의 여러 용어

원과 직선의 위치 관계는 만나지 않는 경우, 한 점에서 만나는 경우, 두 점에서 만나는 경우로 나눈다. 즉, 도형의 측면에서 보면 원의 중심에서 직선까지의 거리와 반지름의 길이와의 대소관계로 모든 위치 관계가 결정되는 것임을 알 수 있다. 이때, 원과 한 점에서 만나는 직선을 이 점에서의 원의 접선(接線, tangent line), 그 점을 접점(接點)이라 한다. 접선은 접점과 원의 중심을 이은 반지름과 서로 수직이다. 한편, 원과 두 점에서 만나는 직선을 원의 할선(割線, secant line)이라 한다.

[그림 7.4]에서처럼 원 위의 두 점이 정하는 호와 현으로 이루어진 도형을 활꼴(circular segment)이라 하고, 두 반지름과 그 원 위의 양 끝점이 정하는 호로 이루어진 도형을 부채꼴(circular sector)이라 한다. 활과 부채의 모양을 따서 만든 용어이다.

[그림 7.4] 활꼴과 부채꼴

두 원의 위치 관계는 [그림 7.5]에서처럼 한 원이 다른 원의 외부에 있거나, 서로 외접하거나, 서로 다른 두 점에서 만나거나, 한 원이 다른 원에 내접하거나, 한 원이 다른 원의 내부에 있거나의 다섯 가지를 들 수 있다. 외접 또는 내접하고 있는 경우는 접점을 가지게 된다. 두 원의 위치 관계는 각 원의 반지름의 길이와 두 원의 중심 사이의 거리로 모든 경우를 결정할 수 있다.

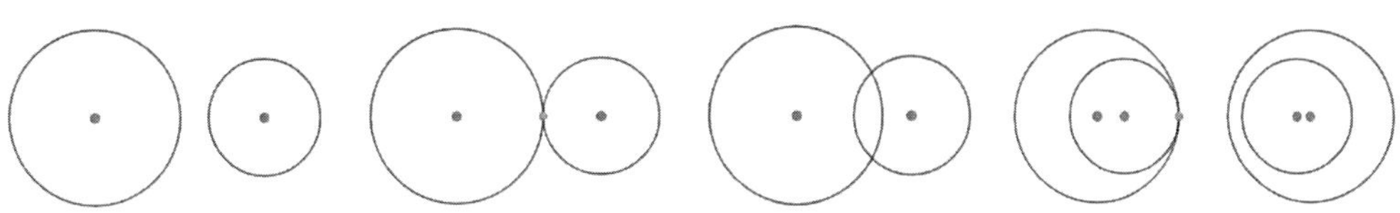

[그림 7.5] 두 원의 위치 관계

특별히, 한 원이 다른 원의 내부에 있는 때 같은 중심을 가지는 원들을 동심원(同心圓, concentric circle)이라 부른다.

서로 다른 두 점 A, B 를 지나는 원은 무수히 많이 존재하지만, 두 점 A, B 를 지름의 양 끝점으로 하는 원은 하나로 결정된다. 이때, 선분 AB 의 중점이 원의 중심이고, $\frac{|\overline{AB}|}{2}$ 가 원의 반지름의 길이이다.

일반적으로 한 직선 위에 있지 않은 세 점을 지나는 원은 유일하게 존재한다. [그림 7.6]에서처럼 한 직선 위에 있지 않은 세 점을 지나는 원은 이 세 점을 꼭짓점으로 하는 삼각형의 외접원으로 유일하게 존재한다.

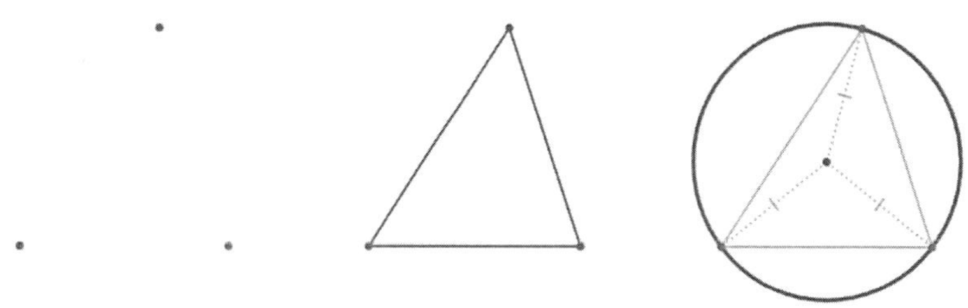

[그림 7.6] 세 점을 지나는 원

2. 정폭도형

맨홀[42](manhole) 뚜껑이 원 모양인 이유는? 이것은 아주 오래전부터 원과 관련한 하나의 학습 주제이다. 지금도 '맨홀 뚜껑이 둥근 이유' 등으로 검색을 하면 아주 많은 내용을 접할 수 있다. 그때 나오는 용어가 정폭도형(定幅圖形)이다. 여기서 '정폭'은 도형의 폭(幅)이 일정(一定)하다는 의미[43]이다. 2차원의 경우는 정폭곡선, 3차원의 경우는 정폭곡면으로 나누어 부르기도 한다. '폭이 일정한'이라는 의미에서, 직관적으로도 정폭곡선으로는 원, 정폭곡면으로는 구를 쉽게 생각할 수 있을 것이다. 우리는 2차원에서만 '정폭'의 의미를 다루기로 하자. 폭(width)의 정의만 알면 된다.

어떤 곡선 C의 받침선(supporting line) l이란, [그림 7.7]에서처럼, 곡선 C와 적어도 한 점에서 만나면서 곡선 C를 직선 l에 의해 결정된 하나의 닫힌반평면에 완전히 놓이게 하는 선을 말한다.

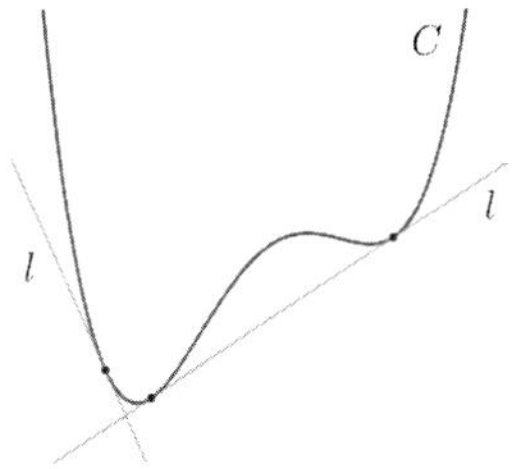

[그림 7.7] 받침선

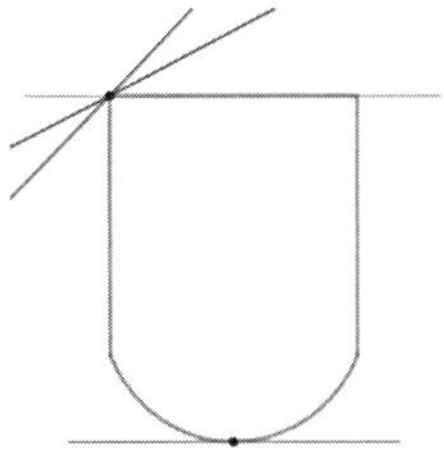
[그림 7.8] 받침선

따라서 [그림 7.8]에서처럼 곡선의 어떤 점에서는 무수히 많은 받침선이 존재할 수도 있다. 그러나 만약 어떤 한 점에서 접선이 존재하여 받침선의 역할을 한다면 그 점에서의 받침선은 이 접선이 유일하다.

---

42) 표준국어대사전에 맨홀은 '땅속에 묻은 수도관이나 하수관, 배선(配線) 따위를 검사하거나 수리, 청소하기 위하여 사람이 드나들 수 있게 만든 구멍'으로 나온다.

43) 한자를 正幅으로 사용하는 블로그들이 있는데 이것은 잘못된 표현이다.

볼록한 도형에서 평행한 두 받침선 사이의 거리를 폭(width)이라 부르고, 폭이 가장 길 때를 이 도형의 지름(diameter)이라 부른다.

한 변의 길이가 1 인 정사각형으로 예를 들어 보자. [그림 7.9]에서처럼 정사각형 ABCD 의 경우, 점 E 를 지나는 받침선과 서로 평행인 받침선은 선분 CD 위의 임의의 점(양 끝점을 제외한)을 지나는 받침선이다. 따라서 점 E 에서 정사각형 ABCD 의 폭은 1이다. 한편, 점 B 에서의 폭은 선분 BD와 서로 수직인 두 받침선의 거리인 $\sqrt{2}$ 이다. 따라서 각 꼭짓점 A , B , C , D 에서의 폭은 $\sqrt{2}$ 이고, 그 외 모든 점에서의 폭은 1 임을 알 수 있다. 그리고 한 변의 길이가 1 인 정사각형의 지름의 길이는 $\sqrt{2}$ 임도 알 수 있다.

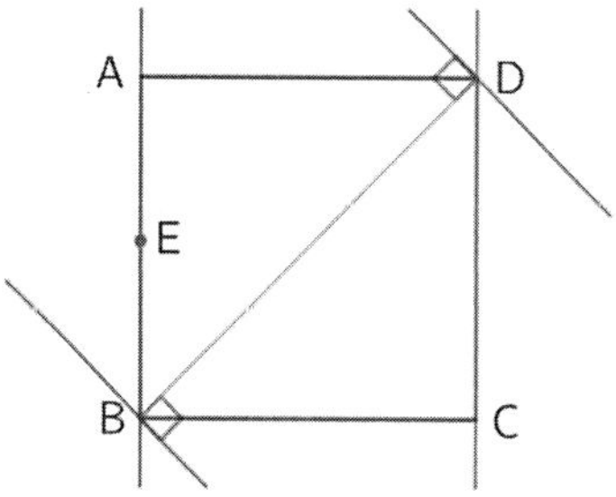

[그림 7.9] 정사각형

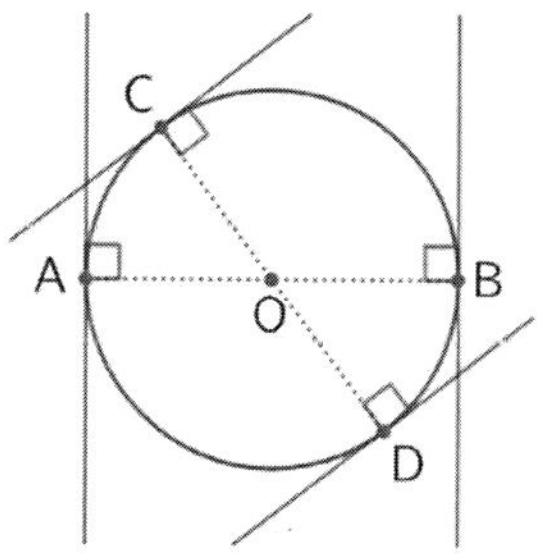

[그림 7.10] 원

[그림 7.10]에서처럼 중심이 O 인 원에서도 살펴보자. 점 A 를 지나는 받침선과 서로 평행인 받침선은 점 B 를 지나는 받침선이다. 이 두 받침선 사이의 거리가 점 A (또는 점 B)에서 이 원의 폭이다. 점 A 에서의 폭이 원의 지름의 길이와 같다. 같은 방법으로 점 C 를 지나는 받침선과 평행인 받침선은 점 D 를 지나는 직선이다. 점 C 에서의 폭도 원의 지름의 길이와 같다. 원 위의 임의의 짐에서 생각해도 두 평행선 사이의 거리가 일정함을 알 수 있다. 따라서 원은 정폭곡선이다. 원의 경우, 폭은 항상 자신의 지름의 길이와 같다.

1) 릴로 삼각형

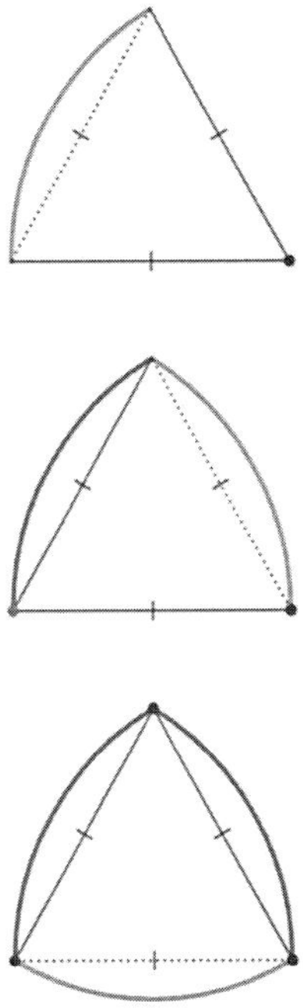

작도 과정

이제 원은 정폭곡선이고, 교과서에 등장하는 다른 대부분의 도형은 정폭곡선이 아니라는 것을 직관적으로도 알 수 있을 것이다. 만약, 원만 정폭곡선이라면 정폭곡선을 공부해야 할 의미가 없다. 그리고 우리는 원을 구태여 정폭곡선이라 부르지도 않는다. 이 말은 원 외에도 있다는 의미이다.

폭이 일정한 평면도형으로 릴로 삼각형(Reuleaux triangle)[44]이 있다. [그림 7.11]에서처럼 정삼각형의 각 꼭짓점을 중심으로 하고 중심각의 크기가 60°, 반지름의 길이가 정삼각형의 한 변의 길이인 부채꼴들로 이루어진 도형이라 설명할 수 있다.

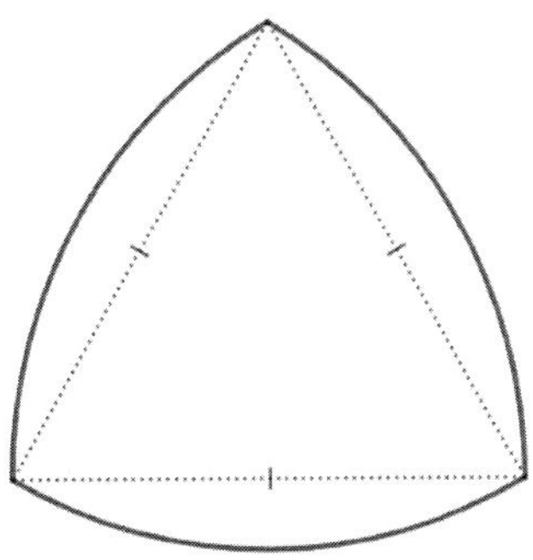

[그림 7.11] Reuleaux triangle

이 도형의 폭과 지름은 모두 이 도형을 만들 때 이용한 정삼각형의 한 변의 길이이다. 따라서 릴로 삼각형은 어떤 방향이든 두 받침선 사이의 거리가 일정한 정폭곡선임을 쉽게 알 수 있다. 그러므로 릴로 삼각형은 '원 외에 맨홀 뚜껑이 맨홀로 떨어지지 않도록 어떤 모양으로 만들 수 있을까?'라는 질문에 대한 하나의 대답이 될 수 있을 것이다.

---

44) 많은 교재와 BLOG 등에서는 '뢸로 삼각형'으로 사용하고 있지만, 대한수학회의 공식 용어로는 '릴로 삼각형'이다. 따라서 이 교재에서는 이를 채용하기로 한다.

앞선 률로 삼각형을 만드는 방법과 같은 방법으로 n이 홀수일 때, 정n각형으로부터도 정폭 곡선을 만들 수 있다. 즉, [그림 7.12]에서처럼 정n각형의 각 꼭짓점을 중심으로 하고, 반지름의 길이를 마주 보는 변의 꼭짓점까지의 거리로 하는 부채꼴로 이루어진 도형을 만들면 이 도형은 정폭곡선이 된다. 이 도형을 일반적으로 '정폭 다각형(Reuleaux polygon)'이라 부른다.

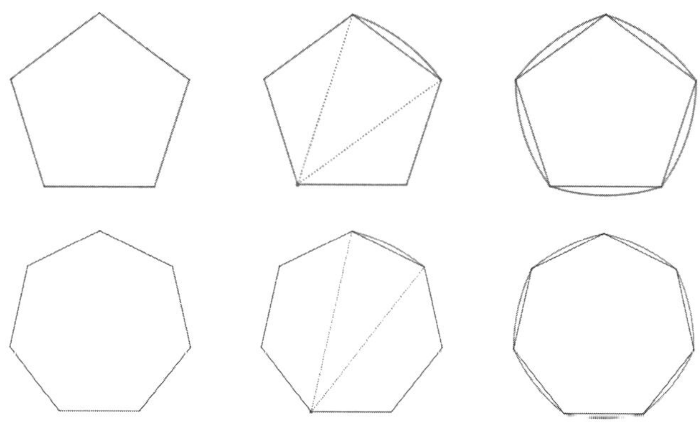

[그림 7.12] 정오각형과 정칠각형에서 Reuleaux polygon의 작도

이처럼 률로 다각형을 그릴 수 있는 도형은 변과 꼭짓점이 서로 마주하는 홀수 개의 변을 가진 정다각형[45]일 때 가능하다. 변과 꼭짓점이 아니라 변과 변, 꼭짓점과 꼭짓점이 서로 마주하고 있는 짝수 개의 변을 가진 정다각형에서는 만들 수 없다.

원은 둘레의 길이가 같은 도형 중에서 넓이가 최대이므로, 폭 w의 정폭곡선 중에서도 최대로 그 넓이는 $(\pi/4)w^2$이고, 최소의 넓이를 가지는 도형은 률로 삼각형으로 그 넓이는 $\frac{(\pi-\sqrt{3})}{2}w^2$이다.

45) 꼭짓점의 개수가 홀수 개인 다각형도 각 꼭짓점을 중심으로 하는 적당한 반지름의 부채꼴로 이루어진 정폭곡선을 만들 수 있다. 이 내용은 더 좋은 교재에 미루자.

깨알 상식 The Archer

The Archer라는 제목의 책이 있다. 활 쏘는 사람, 궁수라는 의미의 단어이다. 그 유명한 소설책 '연금술사(The Alchemist)'의 저자인 Paulo Coelho(파올로 코엘료)의 작품이다. 뜬금없이 책 소개라고 생각하겠지만, 우리는 이 장에서 활꼴이라는 용어를 살펴보았다. 활은 있는데 화살은? 있다면 예상되는 그림이 그려질 것이다.

기하학에서 Sagitta는 활꼴의 높이를 말한다. 즉, [그림 7.13]에서처럼 활꼴에서 현의 중점과 호의 중점을 이은 선분의 길이를 말한다. 활에서의 화살의 모양으로 볼 수도 있을 것이다. 예상한 그림과 일치했는지 궁금하다.

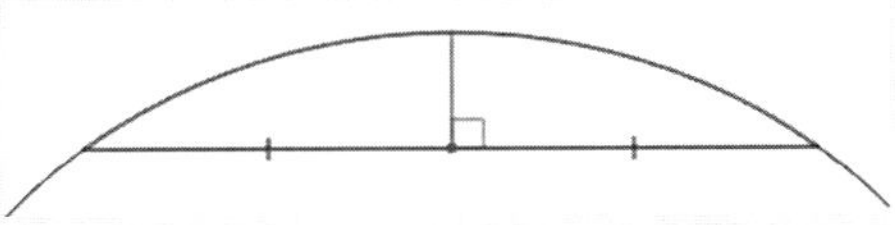

[그림 7.13] Sagitta

반지름의 길이와 현의 길이를 알면 Pythagoras 정리를 이용해 손쉽게 Sagitta를 구할 수 있다. Sagitta가 불필요해 보이거나 기하학자들의 유희로 보일지 모르겠지만, 아치형을 계산하는 건축이나 구면렌즈의 깊이를 구하는 광학(光學)에 널리 사용된다. 단지 우리가 몰랐을 뿐.

The Archer 63쪽에 다음과 같은 내용이 있다. 혹 지금의 여러분들에게 필요한 글이 아닐지 문득 떠올라 인용해 본다. 도움이 되기를.

> 따라서 표적을 직접 선택하고, 명중시키기 위해 최선을 다하며, 항상 겸손한 마음으로 스스로 존엄을 잃지 않고 바라보아라. 표적이 네게 어떤 의미인지, 얼마만큼의 노력과 수련과 직관이 필요한지 알아야 한다.

문제

[그림 7.14]와 같이 서로 평행하거나 수직인 직선들에 접하는 원 A, B, C, D 가 있다. 원 A 와 B 의 지름의 길이의 합은 16 이고, 원 A 와 D 의 넓이의 차가 24π 일 때, 원 A 의 지름의 길이를 구하시오. 또한, 이 문항이 초등학교 학생들에게 적당한 문제인지 아닌지를 판단하고, 그렇게 판단한 이유를 적으시오.

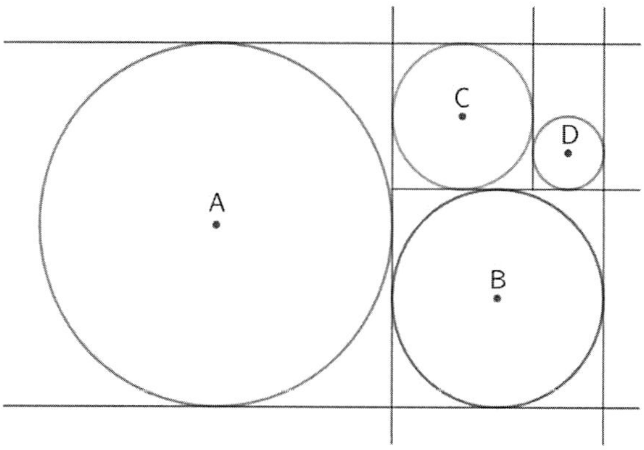

[그림 7.14]

과제

정폭곡선과 관련해서 아주 유명한 정리가 있다. 1860년 프랑스의 수학자 Barbier(1839-1889)가 처음으로 밝혀 Barbier 정리라고 불린다.

'정폭곡선 둘레의 길이는 그 폭의 ( )배이다.'

증명은 어렵다. 그러나 아래 정삼각형, 정오각형, 정칠각형에서 계산해보면 결과는 만들어낼 수 있다. 오른쪽 빈칸에는 이 계산의 과정으로 채워보라. 단, 각 도형의 폭은 w 라 하자.

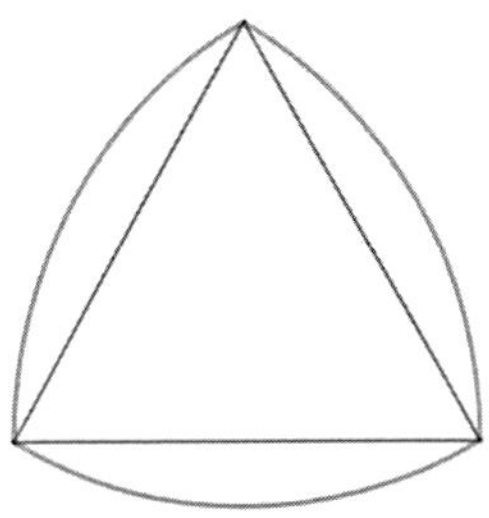	
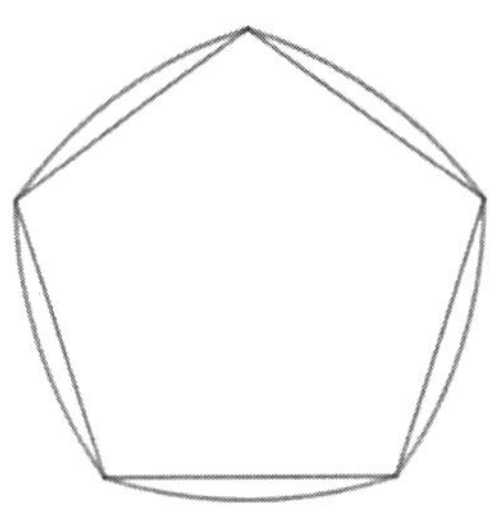	
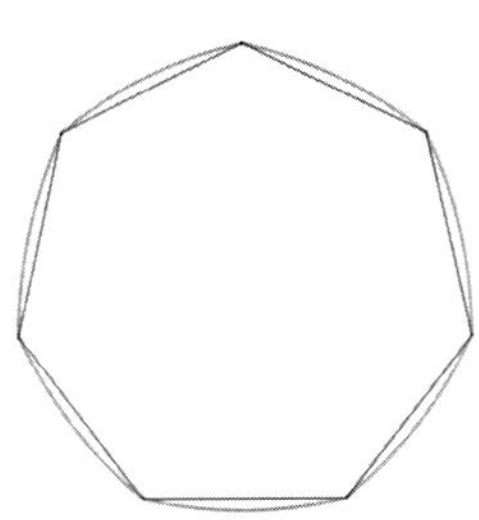	

8. 작도

1. 작도(作圖, ruler and compass construction)

기하학에서 작도는 눈금 없는 자와 컴퍼스만을 이용해 여러 가지 도형을 그리는 것을 말한다. 작도의 유래는 고대 그리스 시대에까지 거슬러 올라간다. 기하학원론의 공준 1, 2, 3이 작도와 관련이 있고, 4권은 주어진 원에 내접·외접하는 경우의 작도와 정다각형의 작도 등을 담고 있다. 이 사실은 작도가 이미 당시 수학자들의 관심의 대상이었다는 방증일 것이다. 그런데 왜 Euclid는 직선과 원으로 한정했을까? 그것은 직선이나 원이 작도가 간단하다는 단순한 이유[46]때문이라고 한다.

작도에서 눈금 없는 자와 컴퍼스는 그 용도가 제한된다. 눈금 없는 자는 무한한 길이를 가지고 있고, 주어진 두 점을 이어서 선분을 만들거나 선분을 연장하여 직선을 긋는 용도로만 사용된다. 한편, 컴퍼스는 원하는 만큼 넓게 벌릴 수 있고, 주어진 선분에 대하여 그 선분의 한 끝점이 중심이고 반지름이 그 선분인 원을 그리거나 선분의 길이를 옮기는 데에 사용된다.

무한한 길이를 가지고 있는 자나, 원하는 만큼 넓게 벌릴 수 있는 컴퍼스이므로 우리의 삶 속에서는 발견할 수 없는 가상적인 도구들이다. 또한 그 용도마저 정해져 있다. 따라서 작도는 사고 실험[47]에 속하는 수학 영역으로서 크기에 관해서는 현실적으로 있을 수 없는 것도 그릴 수 있는 대신, 실제로 할 수 있는 것의 일부는 금지되어 할 수 없는 상황에서 도형을 그려 내는 방법을 찾는 것으로 설명할 수 있을 것이다.

---

46) F. Cajori(1897), A History of Elementary Mathematics with Hints on Methods of Teaching, New York, The Macmillan company.

47) 대한수학회가 제공하는 '수학 백과'는 작도를 '사고 실험에 속하는 수학 영역'으로 소개하고 있다. 여기서 '사고 실험(思考 實驗, thought experiment)'이란 실제로 실험 장치를 사용하지 않고 이론적인 가능성을 따라 머릿속에서 진행하는 실험을 말한다. 대표적인 것으로 G. Galileo의 관성의 개념 발견을 들 수 있다.

박세희(2006)는 '작도의 도구로서는 자와 컴퍼스만이 신의 도구라 하여 우아한 것으로 받아들여졌고, 그 밖의 수단은 철학자의 생각에 어울리지 않는 것이라 하여 배격되었는데, 이는 그리스 철학이 플라톤 이후 귀족주의를 취한 것과 발맞춘 것이다. 그에 따라 여러 가지 기구를 사용하는 기술자의 방법은 비속하고 진부한 것으로 생각되었다'라고 밝히고 있다. 자의 편리한 기능이 있음에도 불구하고 일부러 사용하지 않는 것이 조금은 아깝다는 비속하고 진부한 생각(?)이 들 수도 있지만, 기하학에서의 작도는 지정한 도형을 그리는 것이 목적이 아니라 여러 가지 도형의 성질을 이해하거나 그것을 응용하는 것이 목적이라고 말할 수 있다. 우리가 길이나 각의 크기를 요구하는 문제에서 자나 각도기를 사용하지 않는 것과 비슷한 이유라고 쉽게 생각하자.

작도는 넓은 의미로 작도문제라고 말하기도 한다. 즉, 작도문제는 눈금 없는 자와 컴퍼스만을 이용해 여러 가지 도형을 그리는 기하학의 여러 가지 문제들을 가리킨다. 여러분들이 이미 잘 알고 있는 선분의 수직이등분선, 각의 이등분선, 각의 이동, 삼각형, 평행선, 선분의 내·외분점, 90°의 3등분과 같은 작도들은 그리스 시대의 산물이다. 그러나 그리스 시대에 이미 작도에 어려움이 있는 문제들이 속속 등장하게 된다. 그 유명한 3대 작도불능문제이다. ① 임의의 각의 삼등분선의 작도, ② 주어진 정육면체의 2배의 부피를 갖는 정육면체의 한 변의 작도, ③ 주어진 원과 넓이가 같은 정사각형의 작도이다. 그러나 이 문제들이 자와 컴퍼스만으로는 작도할 수 없다는 사실이 밝혀진 것은 19세기에 이르러서이다. 아주 오랜 시간 수학자들과 사투를 벌인 셈이다. 그러나 그 오랜 시간 동안의 시행착오로부터 만들어진 또 다른 많은 아이디어는 수학을 계속해서 발전시켜 왔다. 실제로 작도불능문제는 기하적이 아니라 1882년 대수적으로 증명이 되었다.

2. 기본적인 작도

작도에서는 주어진 조건에 맞는 도형을 그리기 위한 순서와 방법을 밝혀야 한다. 이것을 좁은 의미의 작도라고도 한다. 이후 작도한 방법이 바르다는 논증(論證)도 해야 한다. 잘 알고 있는 내용이겠지만, 서로 합동인 각의 작도를 예로 들어 살펴보자

[그림 8.1]과 같이 각 A와 반직선 PQ가 주어져 있다.

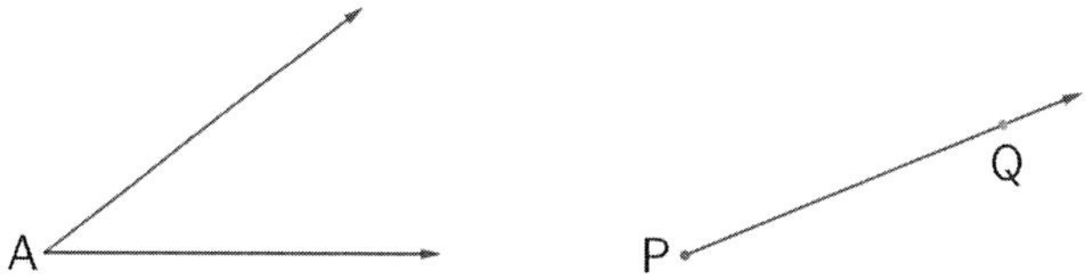

[그림 8.1] 서로 합동인 각의 작도 1

이때 ∠QPR ≡ ∠A가 되도록 점 R의 위치를 정해보자.

가. 작도 순서 및 방법

① 각의 꼭짓점 A를 중심으로 하고 각 A의 두 변과 만나도록 원을 작도[48]하고, 그 교점을 각각 B, C라고 한다. [그림 8.2].

② 점 P를 중심으로 하고 반지름의 길이가 |AB|인 원을 작도하고, 그 교점을 S라 한다. [그림 8.2] 오른쪽.

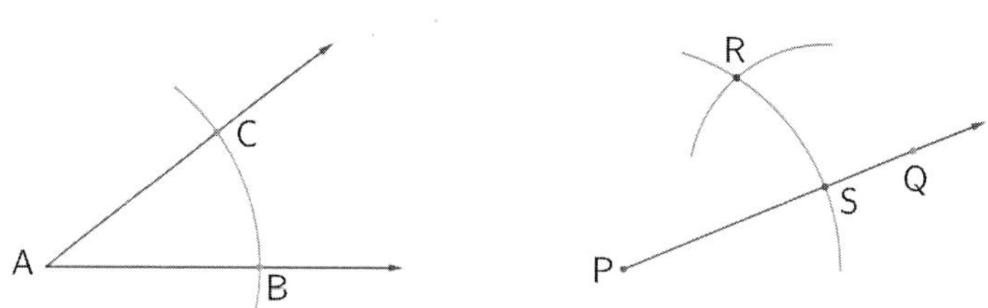

[그림 8.2] 서로 합동인 각의 작도 2

48) 원의 일부 즉, 호를 작도해도 된다. 그러나 직선과 원으로 여러 도형을 탐구했다는 의미를 담아 이 교재에서는 원으로 표현하고 지면 관계로 호로 작도하였다.

③ 점 S를 중심으로 하고 반지름의 길이가 $|CB|$인 원을 작도하고, 그 교점을 R이라 한다. [그림 8.3] 오른쪽.

④ 반직선 PR을 작도한다. [그림 8.3]. 그러면 $\angle BAC \equiv \angle SPR$이다.

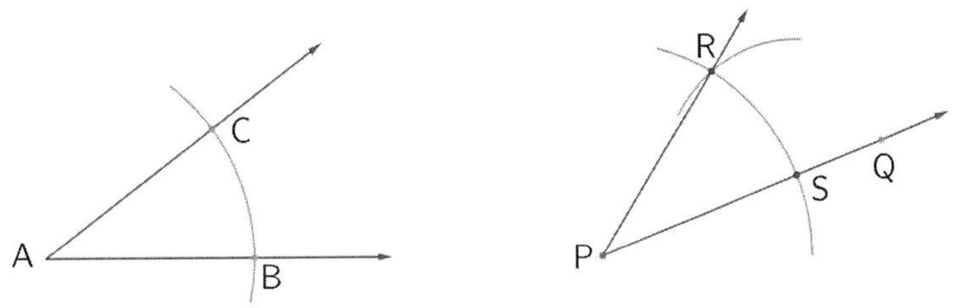

[그림 8.3] 서로 합동인 각의 작도 3

나. 작도의 확인

[그림 8.4]에서처럼 선분 BC와 SR을 작도하고 삼각형 ABC와 PSR을 생각해보자.

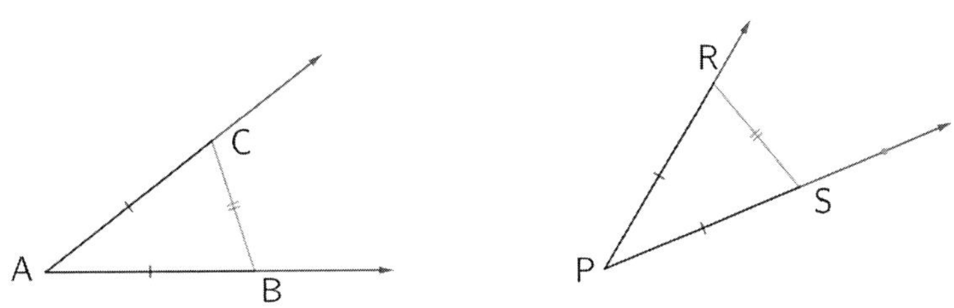

[그림 8.4] 서로 합동인 각의 작도 4

작도 과정으로부터

$$\overline{AB} = \overline{AC} = \overline{PS} = \overline{PR}, \ \overline{BC} = \overline{RS}$$

임은 쉽게 알 수 있다. 그러므로 삼각형 ABC와 PSR에서 대응하는 세 변의 길이가 같으므로 삼각형의 합동 조건인 SSS 합동에 의하여 $\triangle ABC \equiv \triangle PSR$임을 알 수 있다. 따라서 $\angle BAC \equiv \angle SPR$이다.

1) 선분의 수직이등분선 작도

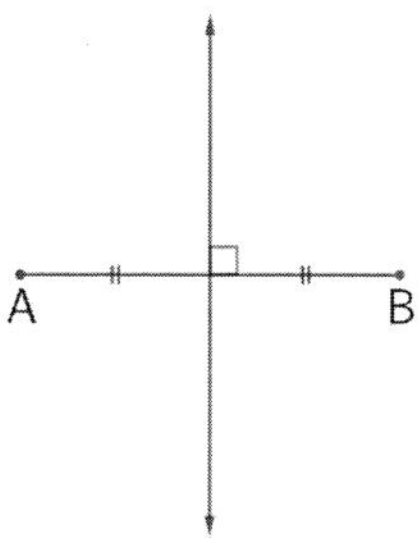

선분의 수직이등분선 작도는 왼쪽 그림과 같이 주어진 선분 AB 에 수직이고 선분 AB 의 중점을 지나는 직선의 작도이다.

가. 작도 순서 및 방법

① 점 A 를 중심으로 하는 원을 작도한다. 그리고 컴퍼스의 폭을 바꾸지 않고 점 B 를 중심으로 하는 원을 작도한다. 두 원의 교점을 각각 P , Q 라고 하자. [그림 8.5]의 왼쪽.

② 직선 PQ 를 작도한다. [그림 8.5]의 오른쪽. 그러면 직선 PQ 는 선분 AB 의 수직이등분선이다.

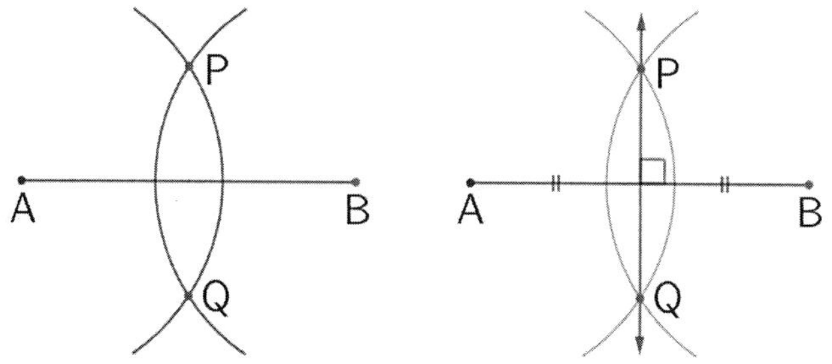

[그림 8.5] 선분의 수직이등분선 작도

나. 작도의 확인

[그림 8.6]에서처럼 선분 AP , BP , AQ , BQ 를 작도한다. 작도 과정으로부터

$$\overline{AP} = \overline{BP} = \overline{AQ} = \overline{BQ}$$

임은 쉽게 알 수 있다. 따라서 삼각형 APQ 와 BPQ 는 모두 이등변 삼각형이고, 대응하는 세 변의 길이가 같으므로 SSS 합동에 의하여 $\triangle APQ \equiv \triangle BPQ$ 이다. 따라서 다음을 알 수 있다. [그림 8.6].

$$\angle APQ \equiv \angle BPQ \equiv \angle AQP \equiv \angle BQP$$

그리고 삼각형 ABP 와 ABQ 는 이등변삼각형이고, 대응하는 세 변의 길이가 같으므로 **SSS** 합동에 의하여 $\triangle ABP \equiv \triangle ABQ$ 이다. 그러므로 $\angle BAP \equiv \angle PBA \equiv \angle QAB \equiv \angle QBA$ 이다. [그림 8.7].

선분 PQ 와 AB 의 교점을 R 이라 하면 위의 결과로 네 삼각형 ARP , ARQ , BRP , BRQ 는 모두 **ASA** 합동임을 알 수 있다. 그러므로 $\angle ARP \equiv \angle BRP$ 이고 직각이다. 또한, $\overline{AR} = \overline{RB}$ 이다. 따라서 직선 PQ 는 선분 AB 의 수직이등분선이다.

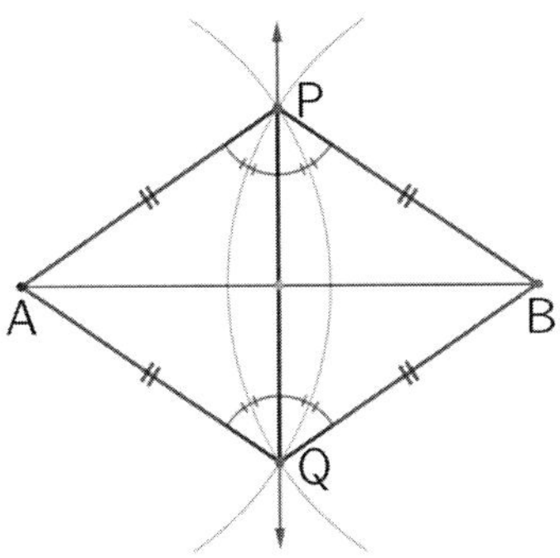

[그림 8.6]

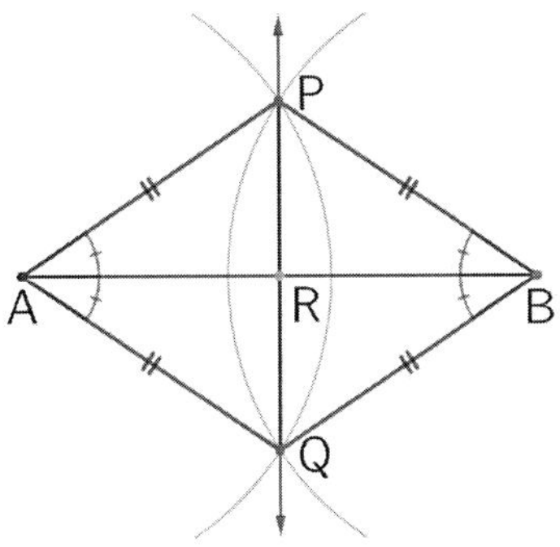

[그림 8.7]

저자의 얕은(?) 경험에 따르면 학생들이 선분의 수직이등분선 작도는 다 할 수 있었지만, 수직이등분선 위의 한 점과 두 점 A 와 B 의 관계를 아는 학생은 극소수였다. 소위 협의의 작도는 가능하나 광의의 작도에 대해서는 학습이 되지 않은 것이다. 과하게 말하면 수직이등분선이 무엇인지 모르는 상태에서 학습이 끝나버리는 것이다. 이런 결과는 주어진 여러 문제상황에서 수직이등분선의 응용과 적용을 요원한 것으로 만들어 버린다. 자신의 작도가 바르게 되었는지를 살펴보는 것이어야 말로 본질적인 작도의 의미라는 사실을 간과해서는 안 된다. 전술하였듯이 기하학에서의 작도는 지정한 도형을 그리는 것이 목적이 아니라 여러 가지 도형의 성질을 이해하거나 그것을 응용하는 것이 목적이다.

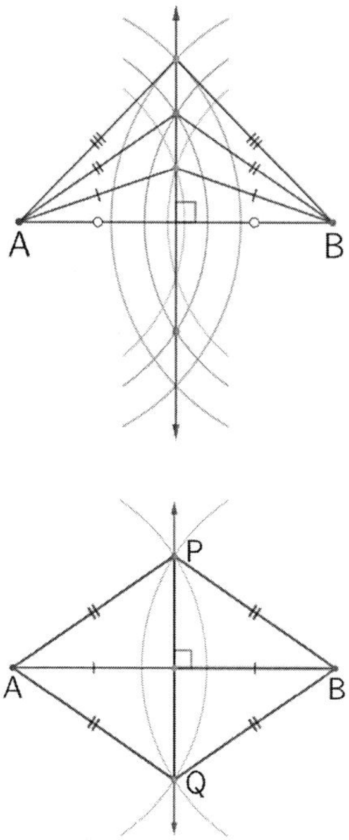

[그림 8.8]

수직이등분선은 '두 정점 A, B 로부터 같은 거리에 있는 점의 자취'이다. 즉, 작도의 순서 및 방법 ①에서 '컴퍼스의 폭을 바꾸지 않고'가 이를 함의하고 있다. 이것은 두 원을 작도할 때 반지름의 길이에 따라 두 원의 교점 위치가 하나의 직선 위에서 달라진다는 사실을 깨달아야 하거나 누군가가 위에서 언급한 수직이등분선의 정의를 소개해야 알 수 있는 내용이다. 그러나 작도의 확인 과정을 거치면 알 수 있다.

수직이등분선의 작도는 초등학교 교육과정의 내용으로도 확인할 수 있다. 왜냐하면 두 원을 같은 반지름의 길이로 그렸기 때문에 [그림 8.8]과 같이 선분 AP, AQ, BP, BQ 의 길이가 모두 같아 사각형 AQBP 가 마름모가 되기 때문이다. 마름모는 두 대각선이 서로 수직이고 서로를 이등분하는 성질이 있다. 그러므로 직선 PQ 는 선분 AB 의 수직이등분선이다. 간단하다.

예제

[그림 8.9]처럼 두 점 A, B 와 직선 l 이 있다. 직선 l 위에 있는 점 P 는 $\overline{AP} = \overline{BP}$ 를 만족시킨다. 점 P 의 위치를 작도하시오.

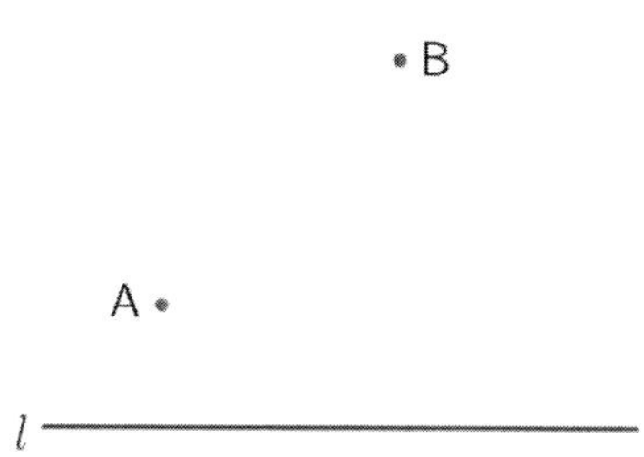

[그림 8.9]

2) 각의 이등분선 작도

각의 이등분선 작도는 [그림 8.9]와 같이 주어진 각 A 의 크기를 이등분하는 직선의 작도이다.

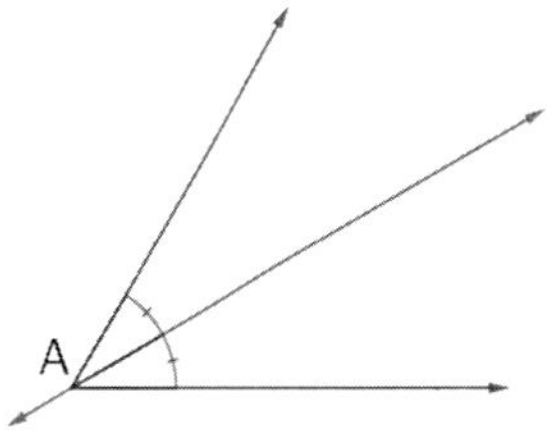

[그림 8.9]

가. 작도 순서 및 방법

① 점 A 를 중심으로 하는 원을 작도한다. 각의 두 변과 원의 교점을 각각 P , Q 라고 하자. [그림 8.10]의 왼쪽.

② 점 P 를 중심으로 하는 원을 작도한다. 그리고 컴퍼스의 폭을 바꾸지 않고 점 Q 를 중심으로 하는 원을 작도한다. 두 원의 교점을 R 이라 하자. [그림 8.10]의 가운데.

③ 직선 AR 을 작도한다. 그러면 직선 AR 는 각 A 의 이등분선이다. [그림 8.10]의 오른쪽.

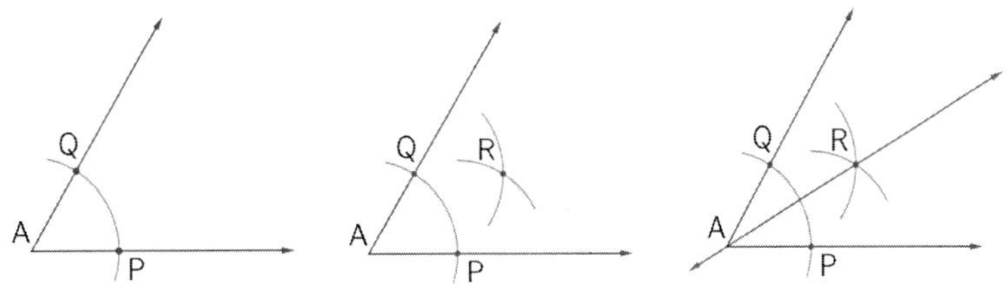

[그림 8.10]

나. 작도의 확인

[그림 8.11]에서처럼 선분 PR , QR 을 작도한다. 작도 과정으로부터

$$\overline{AP} = \overline{AQ}, \quad \overline{PR} = \overline{QR}$$

이다. 그러므로 삼각형 ARQ 와 삼각형 ARP 는 대응하는 세 변의 길이가 각각 같으므로 SSS 합동에 의하여 $\triangle ARQ \equiv \triangle ARP$ 이다. 따라서 $\angle RAQ \equiv \angle PAR$ 이다.

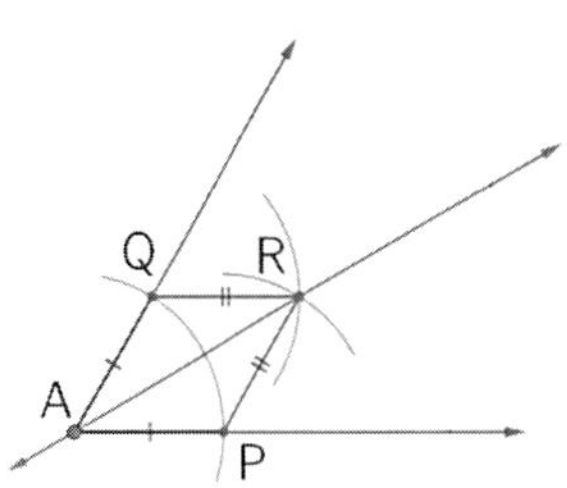

[그림 8.11]

3) 선분의 수직이등분선 작도와 유사한 작도

주어진 직선 위의 한 점을 지나고 이 직선에 수직인 직선의 작도, 주어진 직선 위에 있지 않은 한 점을 지나고 이 직선에 수직인 직선의 작도에 대하여 살펴보자. 각각 [그림 8.12]와 [그림 8.13]을 참고하자.

직선 l 위에 한 점 A 가 주어졌을 때, 점 A 를 지나면서 직선 l 과 수직인 직선의 작도이다. 점 A 를 중심으로 하는 적당한 크기의 원을 작도하고 이 원과 직선의 교점을 각각 P , Q 라고 하자. 그러면 선분 PQ 의 수직이등분선의 작도로 귀착한다. 따라서 작도의 확인도 수직이등분선의 작도에서와 같다. 참고로 각 QAP 가 평각이므로 각의 이등분선 작도 방법을 이용해도 된다.

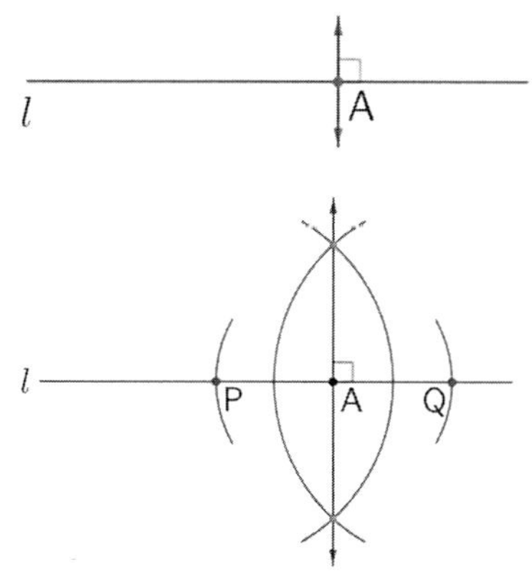

[그림 8.12]

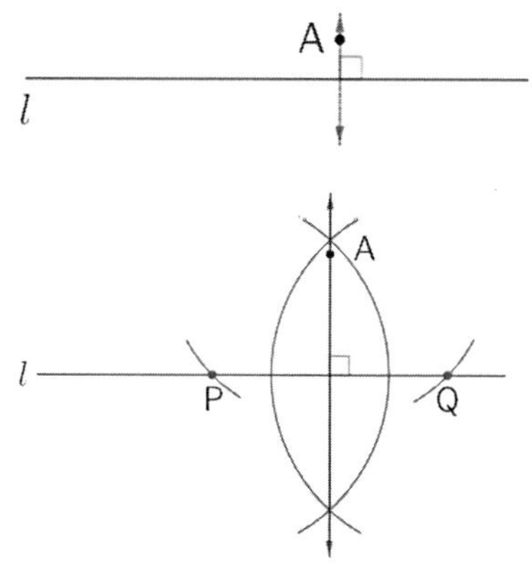

[그림 8.13]

직선 l 과 이 직선 위에 있지 않은 한 점 A 가 주어졌을 때, 점 A 를 지나면서 직선 l 과 수직인 직선의 작도이다. 점 A 를 중심으로 하는 적당한 크기의 원을 작도하고 이 원과 직선의 교점을 각각 P , Q 라고 하자. 그러면 이 또한 선분 PQ 의 수직이등분선의 작도로 귀착한다.

깨알 상식 각의 삼등분선 작도 가능?

첫 항이 1/4이고, 공비도 1/4인 등비급수를 생각해보자. 즉,

$$x = \frac{1}{4} + \frac{1}{16} + \frac{1}{64} + \cdots$$

우리는 $x = 1/3$임을 알고 있다. 이 식을 참고해서 각의 이등분선의 이등분선인 사등분선을 차례로 그려가면 결국에는 삼등분선이 될 것이다. [그림 8.14]에서처럼 각의 크기가 θ인 각의 사등분선을 그리고, 또 사등분선을 그리면 각의 16등분선, 64등분선, …을 차례로 그릴 수 있다. 결국 이 각의 크기를 모두 더하면 $\theta/3$이 되고 이 때의 선이 '각의 삼등분선'이라고 말할 수 있다. 쉽게 작도할 수 있다. 대단한 발견(?)이다.

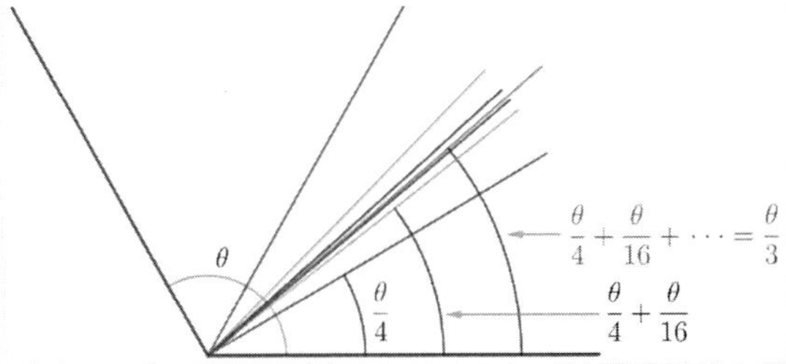

[그림 8.14] 각의 삼등분선?

그러나 이 방법은 '작도'의 관점에서 말하면 반칙이다. 왜냐하면, 무한 번의 조작을 하고 있기 때문이다. 작도는 반드시 유한 번의 단계에서 끝내야만 하는 것을 전제로 하고 있다. 이 내용은 아마 처음 본 것이리라. 우리나라의 교육과정에서는 초등학교와 중학교에서 작도에 대해 학습한다. 초·중에서 무한의 개념을 가르치지도 않으며 실제로 무한 번 그린다는 생각조차 하지 않았을 것이다.

작도는 '눈금 없는 자'와 '컴퍼스'를 '유한 번' 사용해서 조건에 맞는 도형을 그리는 것이다.

문제

그림과 같이 선분 AB 와 반직선 AC , BD 가 있다. 이때 직선 AC , AB , BD 까지의 거리가 같은 점 P 를 작도하시오.

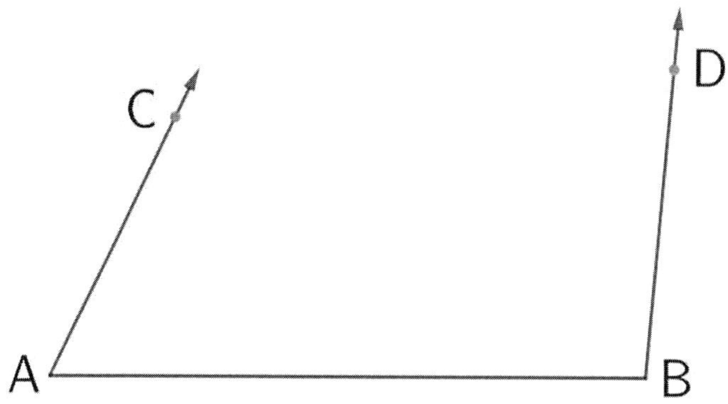

과제

그림과 같이 원의 일부인 호 AB 가 주어져 있다. 이 원의 중심을 점 O 라 할 때, 점 O 를 작도하시오.

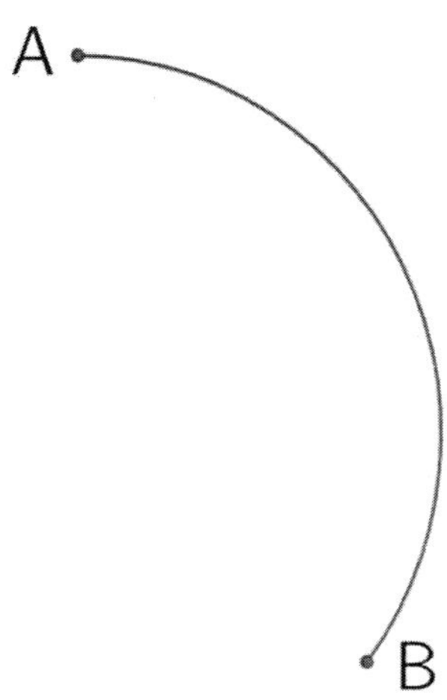

제 III 부

도형의 변환

The description of right lines and circles, upon which geometry is founded belongs to mechanics. Geometry does not teach us to draw these lines, but requires them to be drawn.

– Isaac Newton

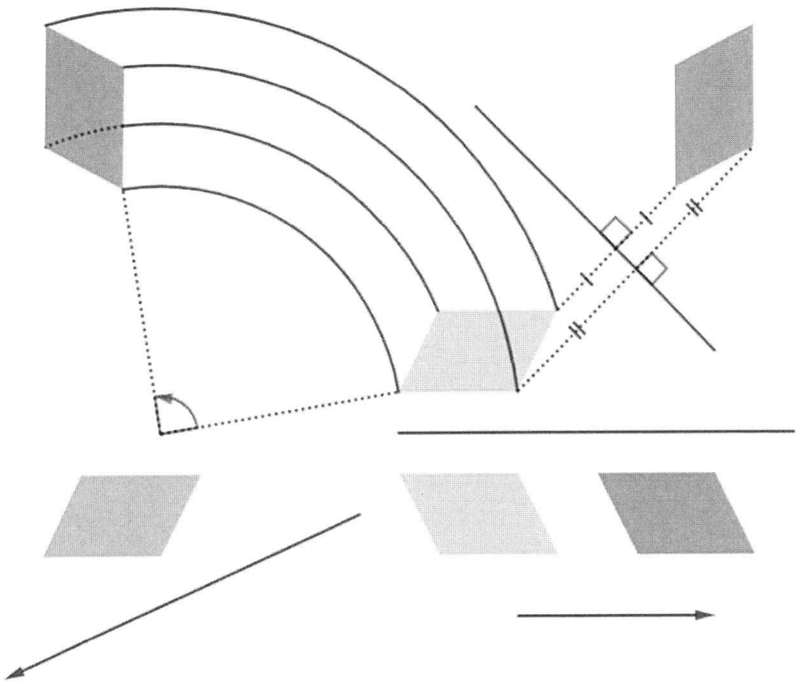

9. 합동

1. 합동(合同, congruence)

합동은 두 도형 사이의 관계를 나타내는 용어 중 하나이다. 두 도형 중 한 도형을 이동하여 다른 도형에 완전히 겹칠 수 있을 때 두 도형을 서로 합동이라 한다. 여기서 이동이란 평행이동, 회전이동, 선대칭이동의 3종류와 이들을 반복하여 행할 수 있는 이동을 말한다. 입체도형의 경우에는 면대칭이동이 여기에 추가가 된다.

두 도형이 서로 합동이면 그 크기와 모양이 같다. 따라서 합동이란 두 도형의 모양과 크기가 같다는 것을 수학적으로 나타낸 개념이라 말할 수 있다. 합동의 개념은 유클리드 기하학에서 중요한 개념이다. 합동인 도형을 언급할 때는 대부분 평면 위에 있는 도형을 말한다. 예를 들면 두 선분이 합동이라는 것은 선분의 길이가 같다는 의미이고, 두 각이 서로 합동이라는 것은 각의 변의 길이는 고려하지 않고 각의 크기가 같다는 의미이다. 또한, 두 원이 서로 합동이라는 것은 두 원의 반지름의 길이가 같다는 의미이다. 이러한 의미에서 두 평면도형이 서로 합동이라는 것은 두 도형이 가지는 특징이라 할 수 있는 변의 길이나 대각선의 길이, 둘레의 길이, 각의 크기, 넓이 등이 모두 '같다'를 의미한다.

두 도형 P 와 Q 가 서로 합동일 때 기호로 $P \equiv Q$ 와 같이 나타낸다. 예를 들어 두 선분 AB 와 CD , 두 각 $\angle EFG$ 와 $\angle HIJ$ 가 서로 합동이면 각각 $\overline{AB} \equiv \overline{CD}$, $\angle EFG \equiv \angle HIJ$ 와 같이 나타낸다.

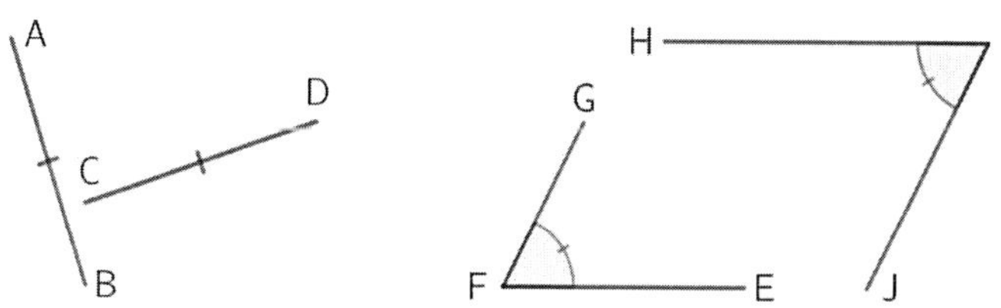

[그림 9.1] 선분과 각의 합동

초등학교는 '모양과 크기가 같아서 포개었을 때 완전히 겹치는 두 도형'을 서로 합동이라 하고 있다. 모양과 크기가 같아서 포개어지는지의 판단은 오롯이 시각적 인식에 따른다고 할 수 있다.

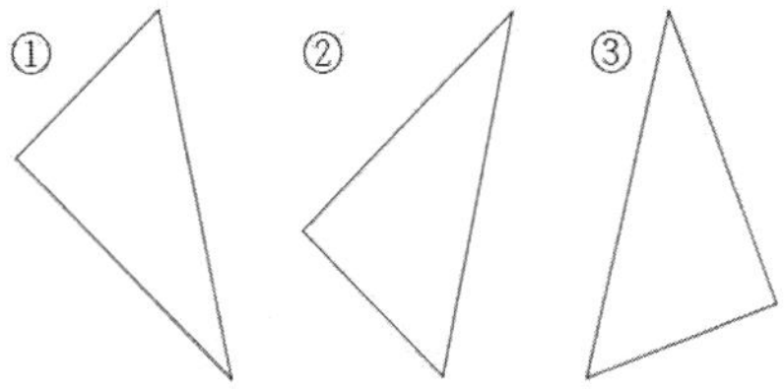

[그림 9.2] 합동?

[그림 9.2]에서 서로 합동인 두 삼각형을 찾아보자. 실제로 ①과 ③의 두 삼각형은 서로 합동이고, ②의 삼각형은 다른 삼각형과 닮음 도형이다.[49] 이처럼 길이에 아주 미세한 차이를 둔 도형들의 합동 여부를 시각적으로 판단하기에는 무리가 따른다. 따라서 합동에 대한 수학적으로 엄밀한 정의가 필요하다. 그렇지만 이 내용은 이 교재에서는 다루지 않고 다른 좋은 교재에 미루기로 하자.

두 다각형이 서로 합동이 되기 위해서는 변의 개수가 같아야만 한다. 따라서 꼭짓점의 개수도 같아야만 한다. 두 n각형 A, B에 대하여 다음의 두 조건을 만족하면 A와 B는 서로 합동이다.

- A, B에 대하여, 시계방향(또는 반시계방향)으로의 순서대로 변의 길이를 각각 $(l_1, l_2, \cdots, l_n)$, $(m_1, m_2, \cdots, m_n)$이라 하면 $l_1 = m_1,\ l_2 = m_2,\ \cdots,\ l_n = m_n$이 성립한다.
- A, B에 대하여, 시계방향(또는 반시계방향)으로의 순서대로 각의 크기를 각각 $(\alpha_1, \alpha_2, \cdots, \alpha_n)$, $(\beta_1, \beta_2, \cdots, \beta_n)$이라 하면 $\alpha_1 = \beta_1,\ \alpha_2 = \beta_2,\ \cdots,\ \alpha_n = \beta_n$이 성립한다.

49) 합동 여부의 시각적 판단을 위해 의도적으로 이런 결과가 나오도록 작도하였다.

지금까지 한 번도 본 적이 없는, 그렇지만 잘 살펴보니 이해할 수 있는 다각형의 합동 조건이다. 더욱이 변의 길이와 각의 크기로 된 각 조건에서의 순서를 꼭짓점의 관점에서 시계방향 또는 반시계방향으로 같은 순서가 되도록 재순서화시킬 수 있다. 그러면 두 다각형의 꼭짓점들의 쌍(pair)을 생각할 수 있다. 이때 우리는 n각형 A와 B 사이에 대응(對應, correspondence)을 형성한다고 한다.

이를 우리의 교육과정은 중학교에서 서로 합동인 두 도형에서 포개어지는 꼭짓점과 꼭짓점, 변과 변, 각과 각을 서로 대응한다고 정의한다. 이후 대응점, 대응변, 대응각을 [그림 9.3]에서처럼[50] 정의하고, 합동인 두 도형에서 '대응하는 변의 길이가 서로 같다.'와 '대응하는 각의 크기가 서로 같다.'라는 성질을 학습하게 된다.

오른쪽 그림의 $\triangle ABC$와 $\triangle DEF$가 서로 합동일 때, 점 A와 점 D, 점 B와 점 E, 점 C와 점 F는 각각 대응점이고, $\overline{AB}$와 $\overline{DE}$, $\overline{BC}$와 $\overline{EF}$, $\overline{CA}$와 $\overline{FD}$는 각각 대응변이며, $\angle A$와 $\angle D$, $\angle B$와 $\angle E$, $\angle C$와 $\angle F$는 각각 대응각이다.

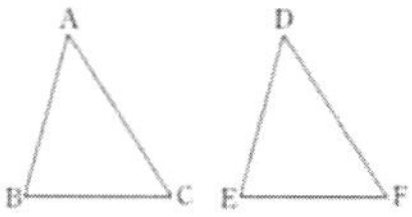

[그림 9.3] 중학교 교과서의 한 장면

초등학교에서는 [그림 9.4]에서처럼[51] 서로 합동인 두 도형을 포개었을 때 겹치는 점을 대응점, 겹치는 변을 대응변, 겹치는 각을 대응각이라 정의하고 있다. 이후 합동인 두 도형의 성질은 중학교 때와 같다.

서로 합동인 두 도형을 포개었을 때 완전히 겹치는 점을 대응점, 겹치는 변을 대응변, 겹치는 각을 대응각이라고 합니다.

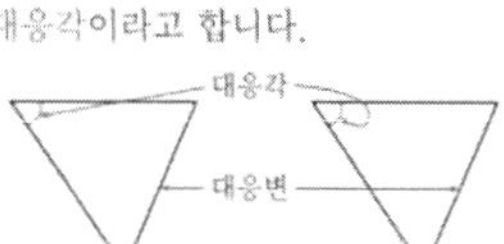

[그림 9.4] 초등학교 교과서의 한 장면

---

50) 강옥기 외(2020). 중학교 수학 1 교과서. 서울: 동아출판㈜.

51) 교육부(2020). 수학 5-2 교사용 지도서. 서울: ㈜비상교육.

1) 삼각형의 합동 조건

다각형의 합동 조건에서 $n=3$ 일 때, 즉 삼각형의 합동 조건을 살펴보자. 두 삼각형이 서로 같은 길이의 변을 갖고, 대응하는 각의 크기도 모두 같으면, 두 도형은 서로 합동인 것을 알 수 있다.

합동은 각 꼭짓점과 짝을 이루는 대응으로 이루어진다. 따라서 두 삼각형이 합동임을 증명하기 위해서는 꼭짓점 사이에 명확한 대응이 주어져야 하고 이를 바탕으로 대응하는 변과 대응하는 각이 합동임을 밝혀야 한다. 즉, 두 삼각형 ABC와 DFE에서 꼭짓점 A와 D, B와 E, C와 F가 대응을 이루고 대응하는 모든 변이 합동이고 대응하는 모든 각이 합동일 때, 삼각형 ABC와 삼각형 DEF는 서로 합동이라고 하고, 기호로 $\triangle ABC \equiv \triangle DEF$ 라고 나타낸다. 따라서 우리는 모든 변과 모든 각이 합동인 두 삼각형 사이의 대응에 특별한 관심을 가져야만 한다. 합동의 기호 ≡[52]는 '~에 대응한다'를 의미한다고 생각하자.

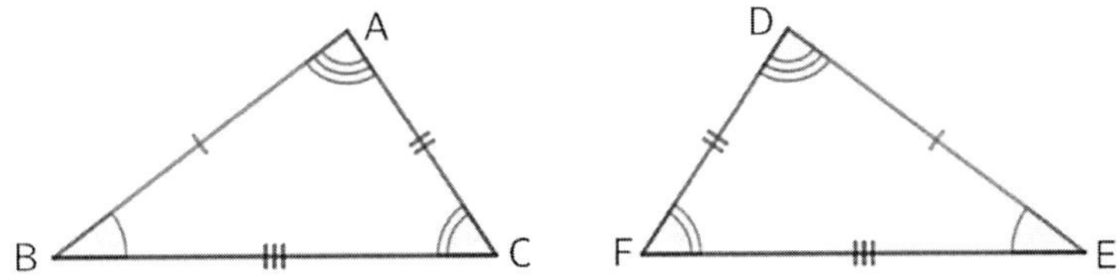

[그림 9.5] 두 삼각형의 합동

두 삼각형의 합동을 증명하는데 위의 정의보다 조금 더 간단한 조건을 생각할 수 있다. 이미 학습한 '삼각형의 결정 조건'이 합동 조건과 연결된다. 즉, 삼각형의 결정 조건이 같은 두 삼각형은 삼각형이 유일하게 결정되기 때문이라는 서로 합동이라는 의미로 이해하자.

---

52) 우리나라와 일본은 합동의 기호로 ≡ 을 사용하지만, 미국과 중국을 비롯한 대부분의 나라에서는 ≃ 을 사용한다.

① SSS 합동

두 삼각형의 세 변의 길이가 각각 같으면 두 삼각형은 서로 합동이다. 이를 SSS 합동이라고 한다. S는 변(side)을 의미한다.

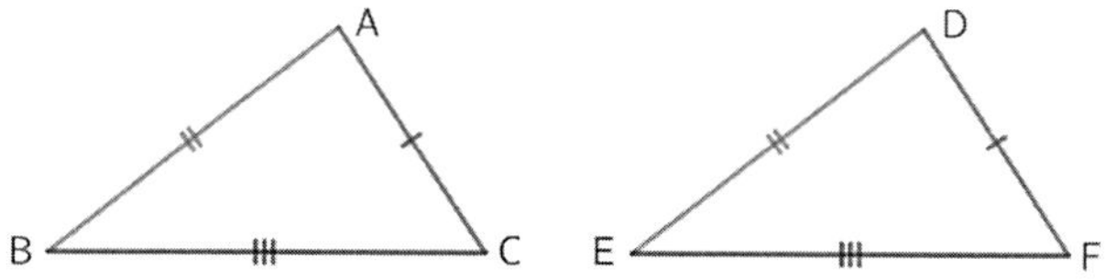

[그림 9.6] SSS 합동

② SAS 합동

두 삼각형의 두 변의 길이가 각각 같고, 그 사잇각의 크기가 같으면 두 삼각형은 서로 합동이다. 이를 SAS 합동이라고 한다. A는 각(angle)을 의미한다.

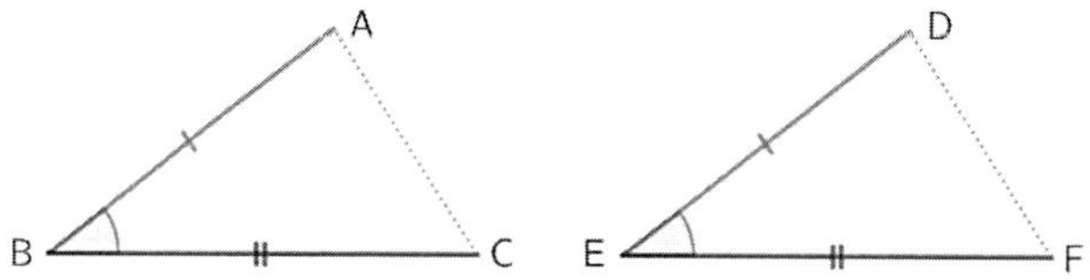

[그림 9.7] SAS 합동

③ ASA 합동

두 삼각형의 한 변의 길이가 같고, 그 양 끝 각의 크기가 각각 같으면 두 삼각형은 합동이다. 이를 ASA 합동이라고 한다.

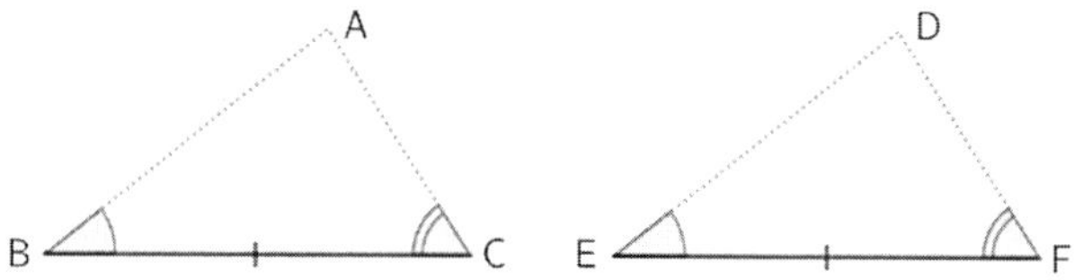

[그림 9.8] ASA 합동

④ AAS의 경우

두 삼각형의 두 각의 크기가 각각 같고, 이 두 각이 공유하는 변이 아닌 변의 길이가 같으면 두 삼각형은 합동이다. 그러나 일반적으로 이 경우를 합동 조건으로 제시하지 않는다. 삼각형의 세 각 중 두 각의 크기가 같다면, 나머지 한 각의 크기는 결정되고, 이 각의 크기는 필연적으로 같아지기 때문에 결국 ASA 합동에 귀착하게 된다. 즉, ASA 합동 조건과 같은 조건으로 간주하는 것이다.

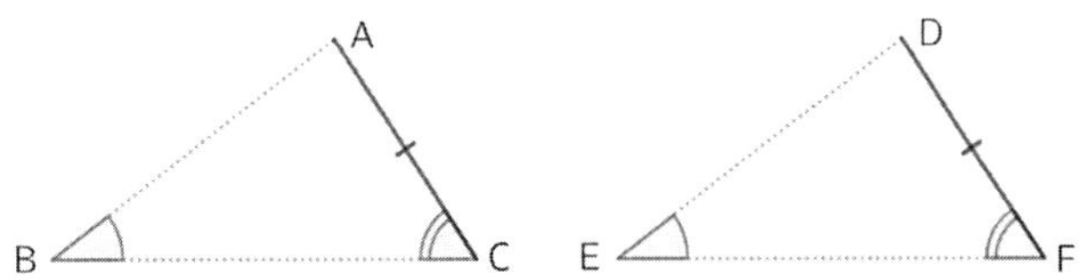

[그림 9.9] AAS의 경우

⑤ SSA의 경우

두 삼각형의 두 변의 길이가 각각 같고, 그 사잇각이 아닌 각의 크기가 같은 경우 삼각형이 하나로 정해지지 않는다.

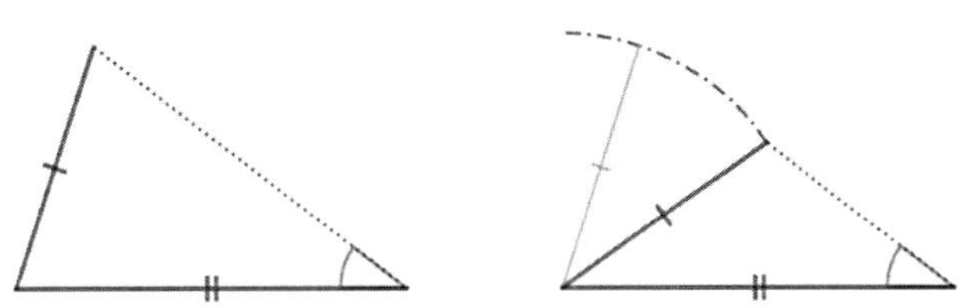

[그림 9.10] SSA의 경우

⑥ AAA의 경우

세 각의 크기가 각각 같다는 조건만으로는 '닮음'이라고는 할 수 있어도 합동이라고는 할 수 없으므로 주의가 필요하다. 이 내용은 잠시 후 다시 다루기로 하자.

⑦ 특별한 삼각형의 합동 조건

두 직각삼각형에 대한 합동 조건은 다음과 같다. 증명은 간략히 언급만 하고 구체적인 사항은 생략하기로 하자.

· RHA: 두 직각삼각형의 빗변의 길이가 같고 한 각의 크기가 같으면 두 직각삼각형은 서로 합동이다. R는 직각(right angle)을 의미하고, H는 직각삼각형의 빗변(hypotenuse)을 의미한다.

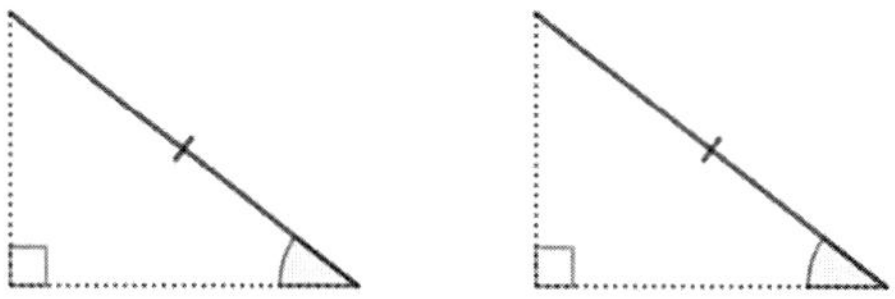

[그림 9.11] RHA 합동

직각삼각형에서 하나의 예각의 크기를 알면 다른 예각의 크기도 결정된다. 즉, 빗변과 그 양 끝 각의 크기가 정해지므로 삼각형은 유일하게 결정된다. 따라서 H가 S가 되는 ASA 합동으로 증명할 수 있다.

· RHS 합동: 두 직각삼각형의 빗변의 길이가 같고 한 변의 길이가 같으면 두 직각삼각형은 서로 합동이다.

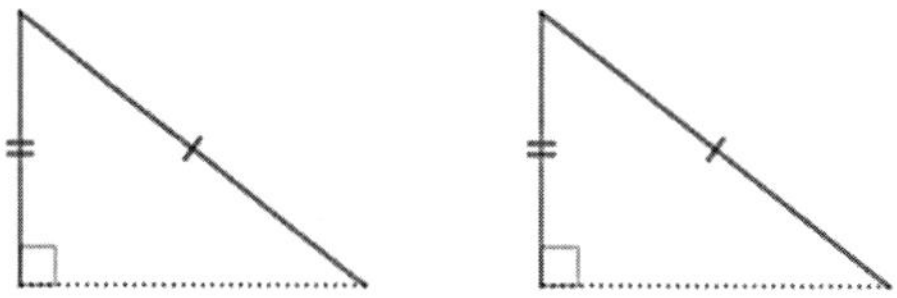

[그림 9.12] RHS 합동

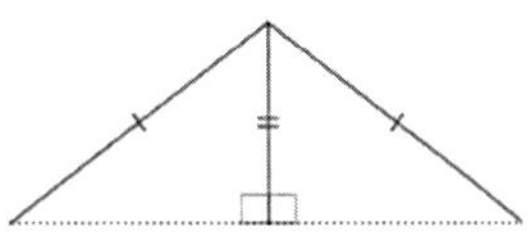

두 직각삼각형 중 하나를 뒤집어 왼쪽의 그림과 같이 길이가 같은 한 변을 겹치도록 놓으면 이 삼각형은 이등변삼각형이다. 이등변삼각형의 밑각의 크기는 같아 결국 RHA 합동으로 귀결된다.

2. 닮음(similarity)

두 도형에서 한 도형을 일정한 비율로 확대 또는 축소한 도형이 다른 도형과 합동일 때 두 도형 사이의 관계를 닮음이라고 한다. 따라서 명확하게 두 도형의 닮음에 대하여 알려면 한 도형을 얼마만큼 확대 및 축소하는지에 대한 추가적인 정보가 필요하다.

삼각형으로 예를 들어 보자. 직관과 빠른 계산을 위해 모눈종이에서 작도하였다. [그림 9.13]에서처럼 한 삼각형을 같은 크기로 스크린에 확대한다고 생각하면 삼각형 DEF 의 각 변의 길이는 그에 대응하는 삼각형 ABC 의 각 변의 길이의 2배이다. 이때 점 O 를 변환의 중심, 2를 배율(scale factor)이라고 한다. 같은 방법으로 삼각형 ABC 의 각 변의 길이는 그에 대응하는 삼각형 DEF 의 각 변의 길이의 1/2 배라고도 할 수 있다. 여기서 주목해야 할 것은 세 점 O , A , D 는 같은 직선 위에 있고, $\overline{OD} = 2\overline{OA}$ 라는 것이다.

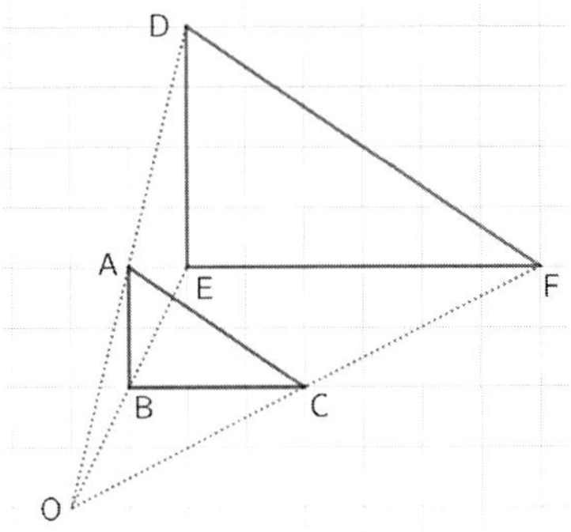

[그림 9.13] 도형의 확대(축소)

삼각형 DEF 의 각각의 변은 주어진 삼각형 ABC 의 대응하는 변과 서로 평행이고, 각각의 각은 대응하는 각과 서로 합동이다. 이러한 확대나 축소의 변환에서 이와 같은 성질들은 참이라고 알려져 있다.

1) 다각형의 닮음 조건

두 다각형이 서로 닮음이 되기 위해서는 변의 개수가 같아야만 한다. 따라서 당연히 꼭짓점의 개수도 같아야만 한다. 두 n각형 A, B에 대하여 다음의 두 조건[53)]을 만족하면 A와 B는 서로 닮은 도형이다.

・ A, B에 대하여, 시계방향(또는 반시계방향)으로의 순서대로 변의 길이를 각각 $(l_1, l_2, \cdots, l_n)$, $(m_1, m_2, \cdots, m_n)$이라 하면 어떤 상수 k에 대하여 $l_1 = km_1$, $l_2 = km_2$, $\cdots$, $l_n = km_n$이 성립한다.

・ A, B에 대하여, 시계방향(또는 반시계방향)으로의 순서대로 각의 크기를 각각 $(\alpha_1, \alpha_2, \cdots, \alpha_n)$, $(\beta_1, \beta_2, \cdots, \beta_n)$이라 하면 $\alpha_1 = \beta_1$, $\alpha_2 = \beta_2$, $\cdots$, $\alpha_n = \beta_n$이 성립한다.

첫 조건은 서로 닮음인 두 도형에 대하여, '두 도형의 대응하는 선분의 길이의 비는 일정'으로 설명할 수 있다. 예를 들어, 두 삼각형 ABC와 DEF가 서로 닮음이면

$$\overline{AB} : \overline{DE} = \overline{BC} : \overline{EF} = \overline{CA} : \overline{FD}$$

이다. 이때 이 비를 두 도형의 닮음비라고 한다. 닮음비의 예로는 지도의 축척을 들 수 있다. 따라서 닮음비가 1 : 1인 경우는 두 도형이 서로 합동임을 의미하므로 두 도형의 닮음은 두 도형의 합동을 확장한 개념이라 말할 수 있다. 즉, 두 도형의 합동은 두 도형의 닮음의 특수한 경우라고 말하는 것과 같은 의미이다.

두 도형이 서로 닮음이면 일반적으로 기호 '$\sim$'을 사용하여 나타낸다. 그러나 이 기호 역시 우리나라와 일본에서는 Similarity의 머리글자 S를 옆으로 눕힌 것으로 설명하면서 $\backsim$을 사용한다.

---

53) 이것이 다각형의 닮음 조건이다. 실제로 어떤 모양의 도형에 대해서도 닮음을 생각할 수 있지만, 학교수학에서는 삼각형의 닮음 조건을 주로 학습한다.

[그림 9.14]에서처럼 서로 닮음인 두 도형에서 각각 대응하는 점을 연결한 직선이 한 점에서 만나고, 이 점으로부터 대응하는 점까지의 거리의 비가 모두 같을 때 이 점을 닮음의 중심이라고 한다. [그림 9.14]에서는 점 O 가 두 도형의 닮음의 중심이다. 그리고 그때의 도형을 닮음의 위치에 있는 도형이라고 한다.

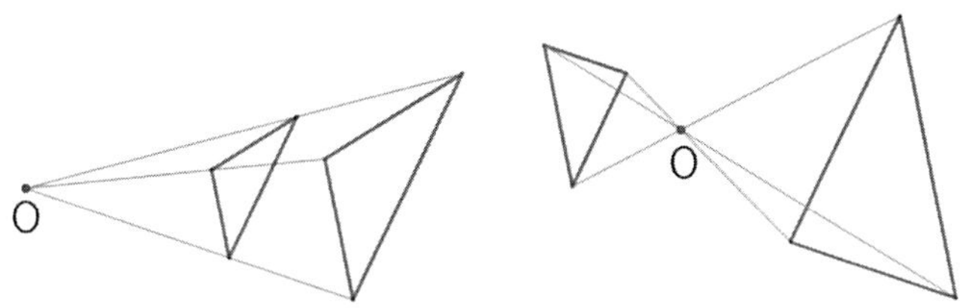

[그림 9.14] 닮음의 중심

모든 정삼각형은 서로 닮은 도형이다. 모든 정사각형도 서로 닮은 도형이다. 일반적으로 변의 개수가 같은 모든 정다각형은 서로 닮은 도형이다. 실제로 하나의 길이만 결정되면 모양이 결정되는 도형들은 서로 닮은 도형이라 할 수 있다. 이러한 의미에서 반지름의 길이가 주어진 원은 하나로 결정된다. 따라서 두 원은 서로 닮은 도형이다. 이때의 닮음비는 두 원의 반지름의 길이의 비이다.

한편, 두 직각이등변삼각형도, 중심각의 크기가 같은 두 부채꼴도 서로 닮은 도형이다.

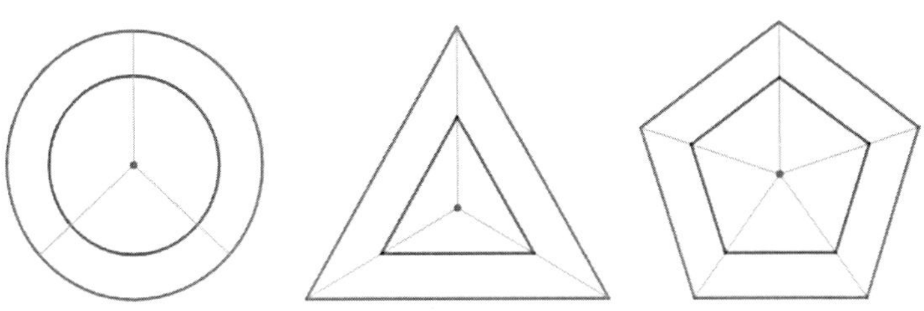

[그림 9.15] 원, 정삼각형, 정오각형 그리고 닮음의 중심

2) 삼각형의 닮음 조건

두 다각형에서 대응변, 대응각이 결정되면, 두 도형이 닮음이 되기 위한 조건은 대응변의 길이의 비가 모두 같고, 대응각의 크기가 각각 같다는 것으로 바꿔 말해도 된다. 이 두 조건 중 하나만 만족하면 일반적으로 닮음이라 말할 수 없다. 정사각형과 마름모, 정사각형과 직사각형 등의 반례를 쉽게 찾을 수 있다. 그러나 삼각형의 경우에 한해서는 조건이 약해질 수 있다. 구체적으로 두 삼각형 ABC와 DEF가 서로 닮음이면, 길이의 비 조건인

$$\overline{AB} : \overline{DE} = \overline{BC} : \overline{EF} = \overline{CA} : \overline{FD}$$

와 각의 크기 조건인

$$\angle A = \angle D,\ \angle B = \angle E,\ \angle C = \angle F$$

가 모두 성립해야만 하지만, 이 4개의 조건 가운데 일부만 성립해도 두 삼각형은 닮음의 관계에 있다고 말할 수 있다는 의미이다. 그 이유는 일부의 조건을 만족하면 다른 삼각형의 모양이 결정되기 때문이다.

삼각형의 닮음 조건은 다음과 같다.

① SSS 닮음 : 두 삼각형에서 대응하는 세 쌍의 변의 길이의 비가 같으면 두 삼각형은 서로 닮음이다.

② SAS 닮음 : 두 삼각형에서 대응하는 두 쌍의 변의 길이의 비가 같고, 사잇각의 크기가 같으면 두 삼각형은 서로 닮음이다.

③ AA 닮음 : 두 삼각형에서 대응하는 두 쌍의 각의 크기가 각각 같으면 두 삼각형은 서로 닮음이다.

학교 수학에서는 이 닮음 조건에 정당성을 제시하지 않고 직관적인 것에 의존하게 하는 것으로 보인다. 이 교재에서는 SSS 닮음의 경우만 간략히 증명해 보기로 하자.

오른쪽의 그림은 아주 익숙하고 그 결과도 잘 아는 내용일 것이다. 이것은 기하학원론 6권 명제 2에서 제시하고 있는 내용이다. 사실 이 그림을 통해서 삼각형의 닮음 조건 모두 증명이 가능하다.

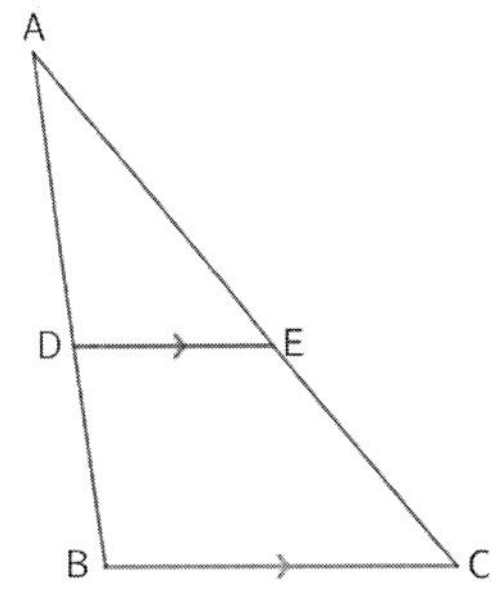

$\dfrac{\overline{AB}}{\overline{AD}} = \dfrac{\overline{AC}}{\overline{AE}} = \dfrac{\overline{BC}}{\overline{DE}}$

[그림 9.16]에서 주어진 두 삼각형 ABC와 FGI가 SSS 닮음 조건을 만족한다고 하자. 즉, $\dfrac{\overline{AB}}{\overline{FG}} = \dfrac{\overline{AC}}{\overline{FI}} = \dfrac{\overline{BC}}{\overline{GI}}$ 라 하자. 그리고 [그림 9.17]에서처럼 선분 AB 위에 $\overline{FG} = \overline{AD}$ 를 만족하도록 하는 점 D를 잡고, 이 점 D를 지나면서 선분 BC에 평행한 직선과 선분 AC의 교점을 E라 하자.

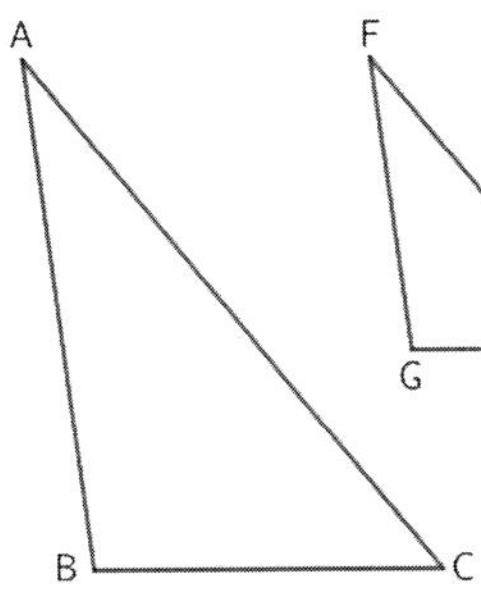

[그림 9.16]

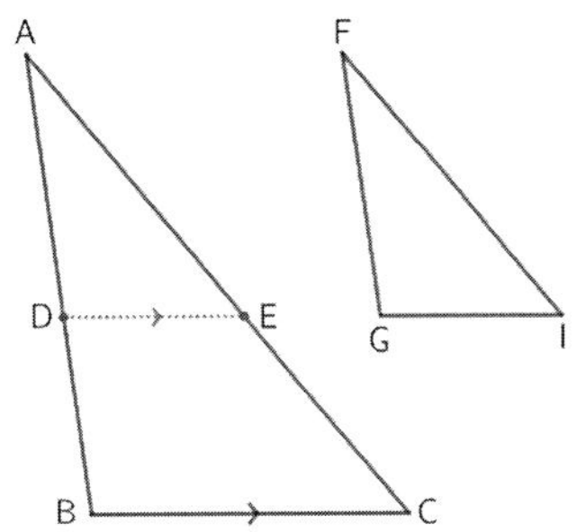

[그림 9.17]

그러면 $\dfrac{\overline{AB}}{\overline{AD}} = \dfrac{\overline{AC}}{\overline{AE}} = \dfrac{\overline{BC}}{\overline{DE}}$ 이 성립하고, $\overline{AB} = \dfrac{\overline{AC}}{\overline{FI}} \cdot \overline{FG}$ 와 $\overline{AB} = \dfrac{\overline{AC}}{\overline{AE}} \cdot \overline{AD}$ 로부터 $\overline{AE} = \overline{FI}$ 임을 알 수 있다. 같은 방법으로 $\overline{BC} = \dfrac{\overline{AC}}{\overline{FI}} \cdot \overline{GI}$ 와 $\overline{BC} = \dfrac{\overline{AC}}{\overline{AE}} \cdot \overline{DE}$ 로부터 $\overline{DE} = \overline{GI}$ 임을 알 수 있다. 그러므로 $\triangle ADE \equiv \triangle FGI$ 이다. 또한, $\angle A$ 는 공통이고 동위각을 생각하면 $\angle D = \angle B$, $\angle E = \angle C$ 이다.

그러므로 길이의 비와 각의 크기에 대한 4개의 조건이 모두 성립한다. 따라서 $\triangle ABC \sim \triangle FGI$ 이다.

④ 직각삼각형의 닮음

두 직각삼각형에서 한 예각의 크기가 같으면 두 직각삼각형은 서로 닮음이다. 직각삼각형의 닮음에서는 아주 유명한(?) 그림만 소개하는 것으로 하자.

다음은 [그림 9.8]에 대한 설명이다.

㉠ 삼각형 ABC 에서 직각이 아닌 두 예각의 크기를 α 와 β 라 하자. ㉡ 점 B 에서 빗변에 내린 수선의 발을 H 라 하자. ㉢ 만들어진 두 직각삼각형에서 두 예각의 크기가 α, β 로 결정된다. ㉣ 3개의 직각삼각형을 동시에 그리면 서로 닮음을 바로 알 수 있다.

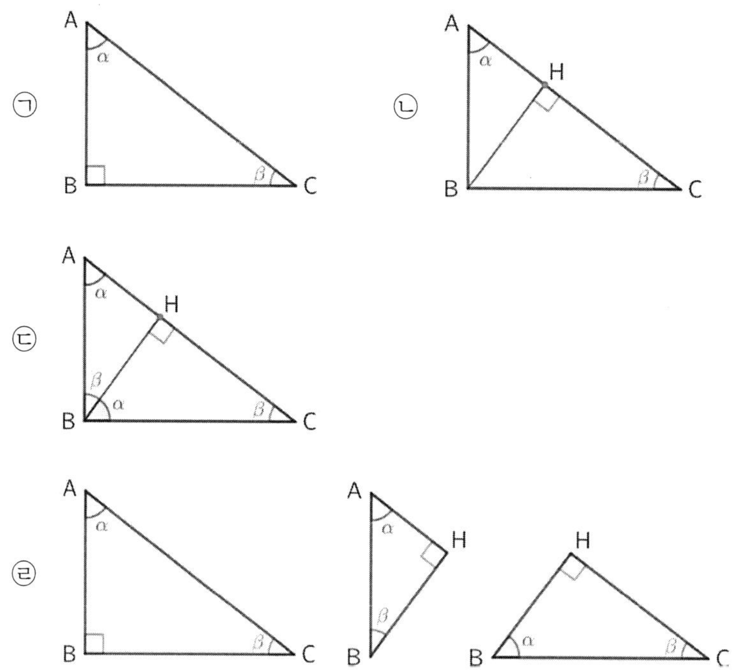

[그림 9.18]

결론적으로 $\triangle ABC \sim \triangle AHB \sim \triangle BHC$ 이다.

깨알 상식 ISO 216 & A series

ISO 216은 오늘날 세계 여러 나라에서 사용되는 종이의 크기를 규정하는 국제 규격을 말한다. 1975년에 규정된 ISO 216은 A와 B 계열의 종이 크기를 정하고 있다.

A 계열 종이는 가로와 세로의 길이 비가 $1:\sqrt{2}$ 로 정의되어 있으나, 실제 크기는 반올림한 $1:1.4142$이다. A0용지는 넓이가 1m^2이며, A1, A2, ···, A10 등의 용지 크기는 각각 그 이전 크기의 용지를 짧은 변에 평행하도록 이등분하여 자른 것이다. 우리가 가장 많이 사용하는 A4용지는 210 × 297의 크기이다. 단위는 mm이다.

직사각형 종이의 짧은 변의 길이를 x, 긴 변의 길이를 y로 두고, 이 종이의 긴 변이 반이 되도록 접어서 만든 새로운 직사각형 종이의 두 변의 길이는 x와 $y/2$이다. 이때 두 도형(종이)이 서로 닮음이 되기 위해서는 $y:x=x:(y/2)$를 만족해야 한다. 이 비례식으로부터 $y/x=\sqrt{2}$를 얻을 수 있다. A 계열 종이의 두 변의 길이의 비와 같다. 즉, 닮음에 기반을 두고 만들어진 것이 A 계열 종이라는 의미이다.

A0용지는 넓이가 1m^2이므로 이 닮음비를 통해 A0용지의 가로와 세로의 길이를 다음과 같이 구할 수 있다.

$$xy=x(\sqrt{2}x)=1 \quad \Rightarrow \quad x=1/\sqrt[4]{2}\,,\ y=\sqrt{2}x=\sqrt[4]{2}$$

우리가 흔히 사용하는 A4용지의 가로와 세로의 길이도

$$\frac{x}{2^2}=\frac{1}{4\sqrt[4]{2}}\approx 0.210\,,\quad \frac{\sqrt{2}\,x}{2^2}=\frac{\sqrt[4]{2}}{4}\approx 0.297$$

와 같이 구할 수 있다. '한글' 프로그램에서 작업을 할 때, 대화 상자의 용지 종류에 있는 A4(국배판)이 바로 210 × 297의 크기이다.

마지막으로 '삼각형의 합동 조건'과 '삼각형의 닮음 조건'을 다음과 같이 비교할 수도 있다.

합동		닮음	
SSS 합동	세 변의 길이가 같다.	SSS 닮음	세 변의 길이의 비가 같다.
SAS 합동	두 변의 길이가 같고, 사잇각의 크기가 같다.	SAS 닮음	두 변의 길이의 비가 같고, 사잇각의 크기가 같다.
ASA 합동	한 변의 길이가 같고, 양 끝 각의 크기가 같다.	AA 닮음	두 각의 크기가 같다.

10. 합동변환

기하학적 문제를 해결하기 위해 수학자들이 발견한 여러 가지 방법 중에 주어진 도형에 관한 연구를 더욱 편하게 할 수 있도록 익숙한 도형으로 변환시키는 방법이 있다. 그렇다면 여기에서 말하는 '변환'이라는 것은 무엇일까?

수학에서 변환이라는 것은 한 점을 다른 점으로 옮기거나, 도형을 다른 도형으로 옮기거나, 식을 다른 형태의 식으로 바꾸거나 하는 것 모두를 변환이라 한다. 예를 들어, 좌표변환은 하나의 좌표를 다른 좌표로 옮기는 것이고, 닮음변환은 하나의 도형을 그것과 닮은 도형으로 옮기는 것을 말한다.

이 교재에서는 변환(變換, transformation)을 '도형을 이동하거나 모양이나 크기를 바꾸는 것'으로 하자. 특히 이 장에서는 우리에게 아주 익숙한 용어인 평행이동, 대칭이동, 회전이동에 대하여 학습하도록 한다. 이 평행이동, 대칭이동, 회전이동의 어떤 조작도 주어진 도형의 변의 길이와 각의 크기를 바꾸지 않고 이동시킨다. 이런 까닭에 이들을 합동변환이라고 부른다. 즉, 합동변환은 '주어진 도형의 모양이나 크기는 변하지 않고 위치만을 이동하는 것'으로 대신할 수 있다. 조금 더 수학적으로 정의하면 합동변환은 두 점 사이의 거리를 보존하는 변환을 일컫는 것을 말한다.

잘 아는 내용이겠지만 조금의 설명을 덧붙이면, 합동변환에는 도형을 이루고 있는 모든 점이 일정한 방향으로 일정한 거리만큼 움직이는 평행이동(translation), 도형을 이루는 모든 점을 주어진 점·선·면에 대해 뒤집는 대칭이동(reflection), 도형이 그 평면 위의 고정된 한 점에 대해 일정한 각의 크기만큼 회전하여 이동하는 회전이동(rotation), 대칭이동과 평행이동을 조합한 것으로 대칭축에 대하여 뒤집고, 다시 대칭축에 평행한 방향으로 같은 거리만큼 움직이는 미끄럼 대칭이동(glide reflection)으로 구분된다.

1. 평행이동(平行移動, translation)

평행이동이란 도형을 일정한 방향으로 일정한 거리만큼 이동하는 조작을 말한다. 따라서 평행이동은 도형 위의 모든 점을 일정한 방향으로 일정한 거리만큼 이동시키는 기하학적 변환을 의미한다. 일반적으로, 일정한 방향은 벡터[54]로 결정되고, 일정한 거리는 이 벡터의 크기를 의미한다. 그러므로 '방향'과 '거리'가 결정되면 평행이동이 결정된 것과 다름이 없다.

[그림 10.1]은 삼각형 ABC를 삼각형 DEF로 옮기는 평행이동을 나타낸 그림이다. 이 평행이동은 벡터 $\overrightarrow{\mathrm{MN}}$에 의하여 모든 것이 결정된다. 이 벡터 $\overrightarrow{\mathrm{MN}}$의 크기를 d라 할 때,

$$\overline{\mathrm{AD}} = \overline{\mathrm{BE}} = \overline{\mathrm{CF}} = d, \quad \overline{\mathrm{AD}} \parallel \overline{\mathrm{BE}} \parallel \overline{\mathrm{CF}}$$

이다.

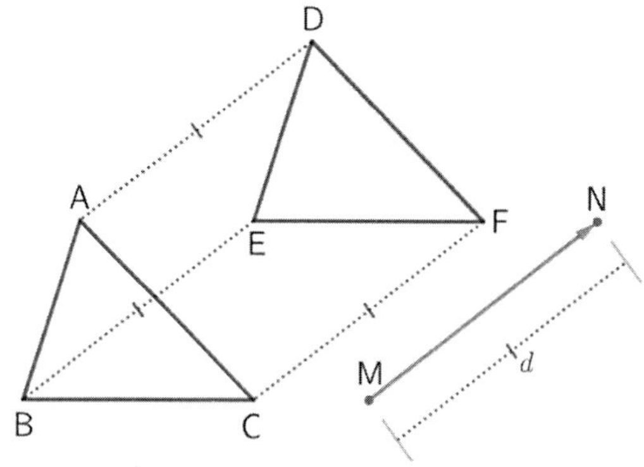

[그림 10.1] 평행이동

54) 크기와 방향을 동시에 가지는 물리적 양을 벡터(vector)라고 한다. 벡터를 표시하기 위해 방향이 있는 선분이라는 의미로 $\overrightarrow{\mathrm{AB}}$를 사용한다. 이때 $\overrightarrow{\mathrm{AB}}$의 방향은 시점 A에서 화살표가 가리키는 끝점 B를 바라보는 방향이고, 벡터의 크기는 선분 AB의 길이 $|\mathrm{AB}|$로 나타낸다. 벡터는 크기와 방향에 의해 결정되는 것이므로 시점이 다르더라도 크기와 방향이 같으면 같은 벡터로 본다. 여기까지만.

2. 대칭이동

주어진 도형을 한 점, 한 선, 한 면에 대하여 서로 합동인 도형으로 옮기는 조작을 각각 점대칭이동, 선대칭이동, 면대칭이동이라 하고, 이들을 통칭해 대칭이동이라 한다. '점대칭의 위치에 있는 도형'과 '선대칭의 위치에 있는 도형'의 의미도 이 절을 통해 잘 학습하여 이 용어들과 '점대칭도형', '선대칭도형'의 용어들을 구별할 수 있도록 하자.

1) 점대칭이동(point reflection)

주어진 도형을 한 정점(定點)에 대하여 대칭인 도형으로 옮기는 변환을 점대칭이동이라고 한다. 즉, [그림 10.2]에서처럼 어떤 공간[55] 위의 한 점 A 에 대하여, 점 P 에 다음 조건을 만족하는 점 Q 를 대응시키는 일대일 대응이 점 A 에 대한 점대칭이동이다.

[조건] 선분 PQ 의 중점은 점 A 이다.

이때, 점 A 가 대칭의 중심이다.

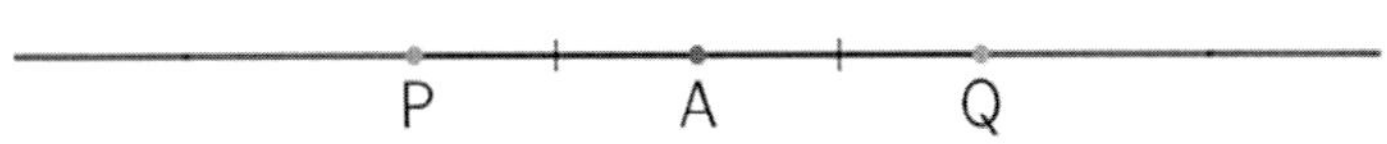

[그림 10.2] 점대칭이동

① 1차원 직선에서의 점대칭이동

[그림 10.3]에서처럼 점 A 에 대한 점대칭이동을 하면 점 B 와 점 C 는 점 B′과 점 C′으로 보내진다.

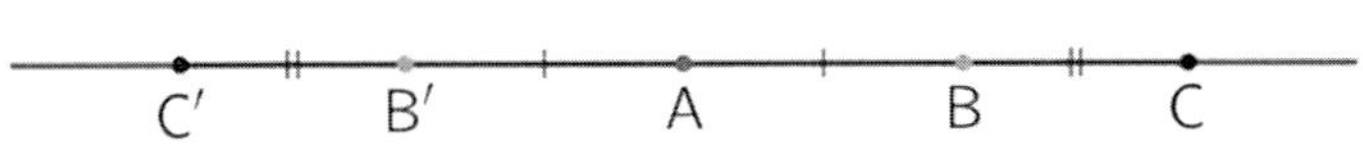

[그림 10.3] 1차원 직선에서의 점대칭이동

55) 이 절에서는 Euclid 공간 즉, 2차원 평면과 3차원 공간을 함께 다루기로 한다.

② 2차원 평면에서의 점대칭이동

2차원 평면에서 점 A 에 대한 점대칭이동을 하면 [그림 10.4]에서처럼 점 B는 점 C로 보내진다.

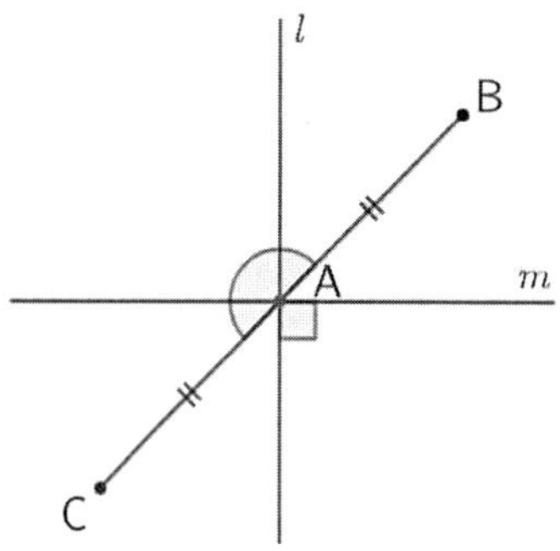

[그림 10.4] 2차원 점대칭이동

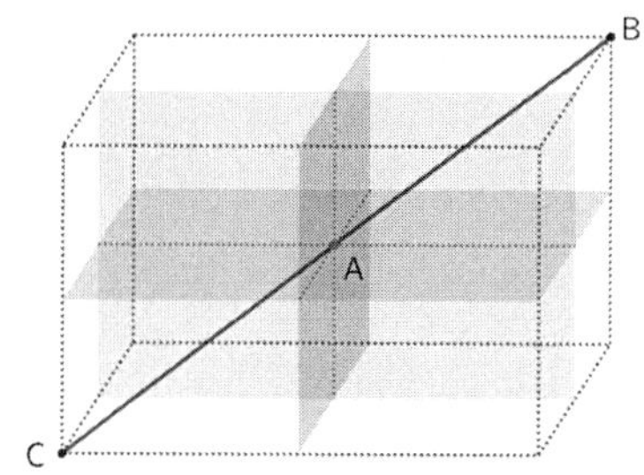

[그림 10.5] 3차원 점대칭이동

③ 3차원 공간에시의 점대칭이동

3차원 공간에서 점 A 에 대한 점대칭이동을 하면 [그림 10.5]에서처럼 점 B는 점 C로 보내진다.

이러한 사고를 바탕으로 하나의 도형, 예를 들어 삼각형 위의 모든 점을 점 A 에 대한 점대칭이동을 하면 [그림 10.6]과 같다.

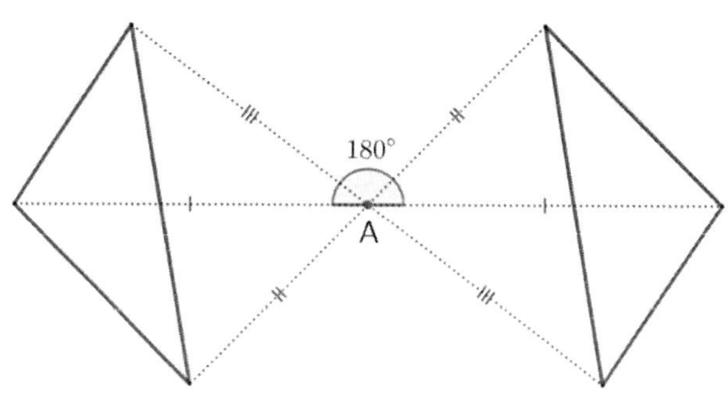

[그림 10.6] 도형의 점대칭이동

2) 선대칭이동(line reflection)

주이진 도형을 한 직선에 대하여 대칭인 도형으로 옮기는 변환을 선대칭이동이라고 한다. 즉, [그림 10.7]에서처럼 어떤 공간 위의 한 직선 l에 대하여, 점 A 에 다음 조건을 만족하는 점 B 를 대응시키는 일대일 대응을 직선 l에 대한 선대칭이동이라고 한다.

[조건] 직선 l은 선분 BC 의 수직이등분선이다.

이때, 직선 l을 대칭축이라고 한다.

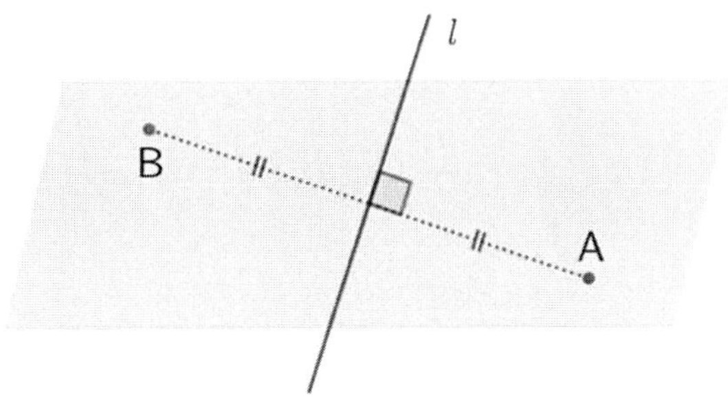

[그림 10.7] 평면에서의 선대칭이동

이러한 사고를 바탕으로 하나의 도형, 예를 들어 사각형 위의 모든 점을 한 직선에 대하여 선대칭이동을 하면 [그림 10.8]과 같다.

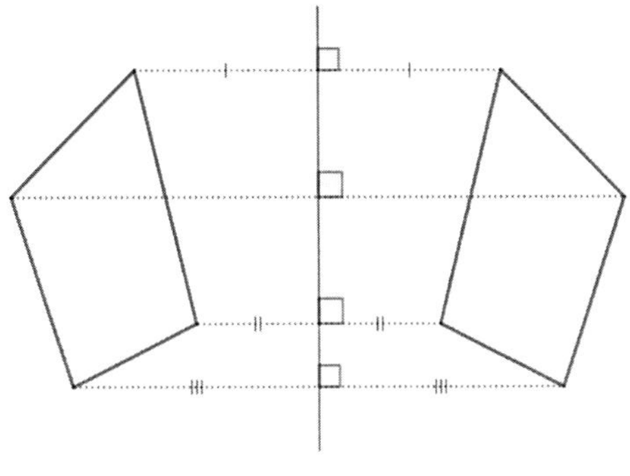

[그림 10.8] 선대칭이동

① 3차원 공간에서의 선대칭이동

3차원 공간에서 한 직선에 대하여 한 점을 옮기는 사고는 평면에서와 다를 것이 없다. 한 직선에 수직인 평면 중에 옮기고자 하는 점이 놓여 있는 평면에서의 선대칭이동을 생각하면 된다는 의미이다. [그림 10.9]에서처럼 3차원 공간에서 직선 l 에 대하여 선대칭이동을 하면 점 A 는 점 B 로 보내진다. 의미 파악을 위해 수직 기호는 생략하였음에 주의!

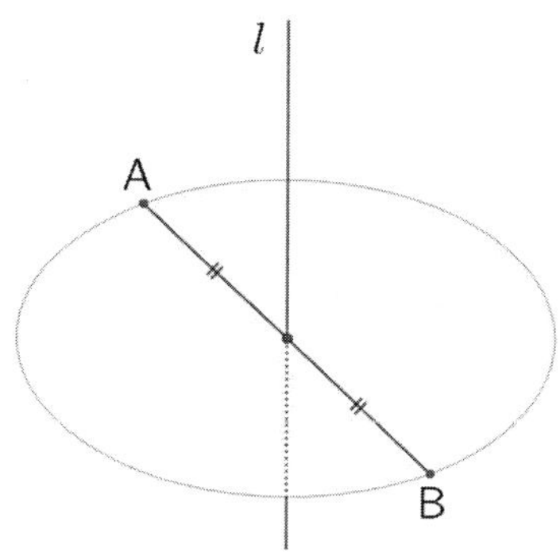

[그림 10.9] 공간에서 선대칭이동

한편, 평면에서 [그림 10.10]에서처럼 주어진 삼각형을 직선 l 에 대한 선대칭이동을 한 후, 직선 m 에 대한 선대칭이동을 하면 이 삼각형을 직선 l 에서 직선 m 방향으로 두 직선 사이의 거리의 두 배만큼 이동하는 평행이동과 같은 결과를 얻는다.

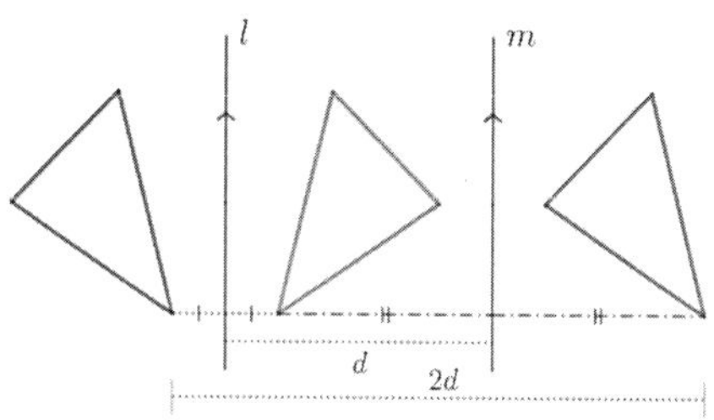

[그림 10.10] 선대칭이동의 합성

[그림 10.11]에서처럼 평면에서의 점대칭이동은 서로 수직인 두 직선 l과 m에 대한 선대칭이동의 합성이다. 즉, 2차원 평면에서 점대칭이동은 직선에 대한 대칭이동 두 개의 합성으로 표현된다. 예를 들어, 원점에 대한 점대칭이동은 x축인 직선 $y=0$에 대한 선대칭이동과 y축인 직선 $x=0$에 대한 선대칭이동의 합성이라는 의미이다.

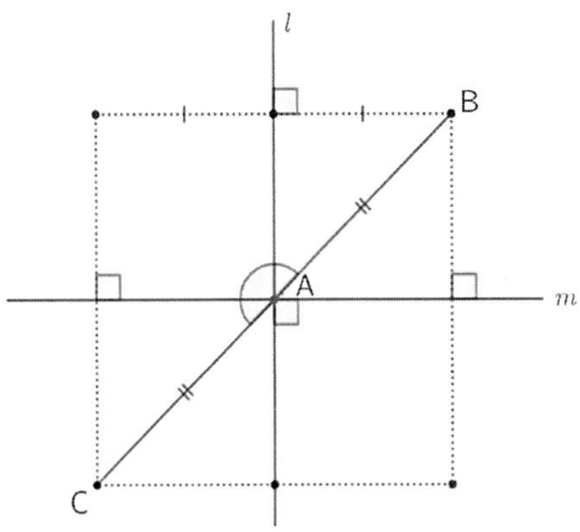

[그림 10.11] 선대칭이동의 합성

두 도형이 한 정점을 중심으로 '점대칭의 위치에 있다'라는 의미는, 한 도형의 모든 점을 이 정점을 중심으로 점대칭이동을 시행한 도형이 나머지 도형일 때를 말한다. 따라서 한 도형은 다른 도형을 한 점을 중심으로 180° 회전이동한 것이라고도 말할 수 있다. 이전 초등학교 교육과정에서는 점대칭의 위치에 있는 도형을 '도형을 한 정점을 중심으로 180° 회전이동하여 다른 도형에 완전히 겹칠 수 있을 때의 두 도형'으로 학습하였다. 한편, 두 도형이 한 직선에 대하여 '선대칭의 위치에 있다'라는 의미는, 한 도형의 모든 점을 이 직선에 대하여 선대칭이동을 시행한 도형이 나머지 도형일 때를 말한다. 이전 초등학교 교육과정에서는 선대칭의 위치에 있는 도형을 '도형을 어떤 직선을 중심으로 대칭이동하여 다른 도형에 완전히 겹칠 수 있을 때의 두 도형'으로 학습하였다.

3) 면대칭이동(plane reflection)

3차원 공간에서 주어진 도형을 한 평면에 대하여 대칭인 도형으로 옮기는 변환을 면대칭이동이라고 한다. 즉, [그림 10.12]에서처럼 어떤 공간 위의 한 평면 α와 이 평면 α 위에 있지 않은 임의의 점 A 에 대하여, 점 A 에 다음 조건을 만족하는 점 B 를 대응시키는 일대일 대응을 평면 α에 대한 면대칭이동이라고 한다.

[조건] $\overline{\mathrm{AB}} \perp \alpha$, 선분 AB 의 중점이 평면 α 위에 있다.

이때, 평면 α를 대칭면이라고 한다.

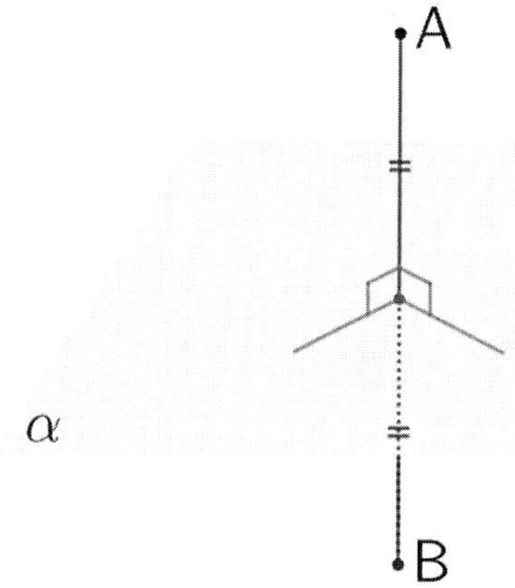

[그림 10.12] 면대칭이동

[그림 10.10] 선대칭이동의 합성에서처럼 2차원 평면에서 얻을 수 있는 결과를 3차원 공간에서도 도출할 수 있다. 차원이 다른 만큼 서로 평행한 두 직선 대신에 서로 평행한 두 평면을 생각하면 된다. 즉, 임의의 한 점을 평면 α에 대한 면대칭이동을 한 후, 평면 β에 대한 면대칭이동을 하면 이 점을 평면 α에서 평면 β 방향으로 두 평면 사이의 거리의 두 배만큼 이동하는 평행이동과 같은 결과를 얻는다. 이 내용을 왼쪽에 있는 [그림 10.13]에서 확인해 보도록 하자.

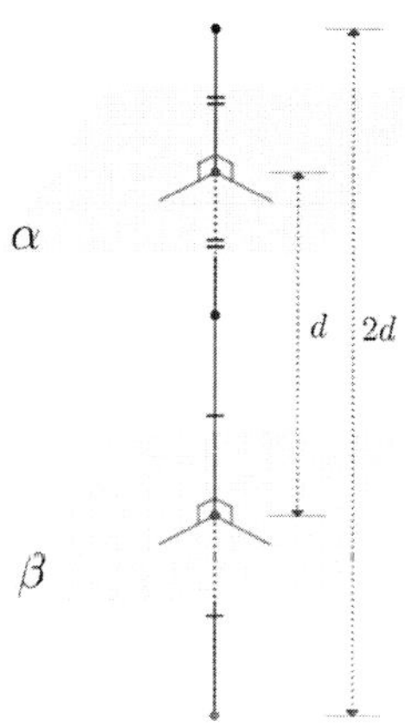

[그림 10.13]

3차원 공간에서의 점대칭이동은 점 A를 지나고 서로 수직인 세 평면을 택한 후에 각 평면에 대한 면대칭이동을 합성한 것과 같음을 알 수 있다. 즉, [그림 10.14]에서처럼 3차원 공간에서의 점대칭이동은 평면 α에 대해 면대칭이동을 한 후, 평면 β, 평면 γ에 대해 면대칭이동을 하는 것과 같은 결과를 얻는다. 이때 세 평면 α, β, γ를 선택하는 순서와는 무관하다.

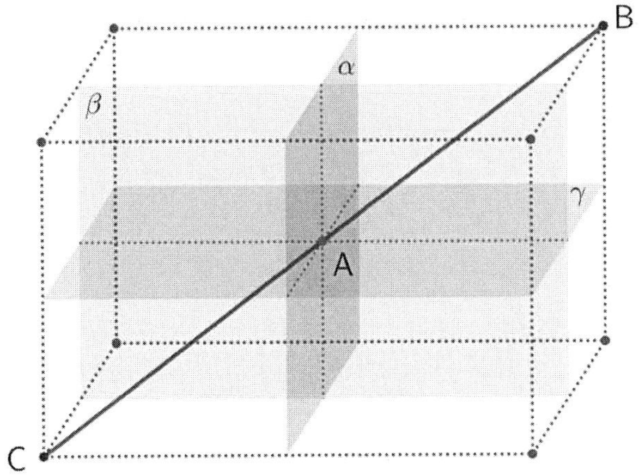

[그림 10.14] 면대칭이동의 합성과 점대칭이동

3. 회전이동(rotation)

평면에서 주어진 도형을 고정된 한 점을 중심으로 회전하여 대칭인 도형으로 옮기는 조작을 회전이동이라고 한다. 평행이동을 하기 위해서는 이동하는 방향과 이동하는 거리가 필요하듯이 회전이동을 하기 위해서는 한 정점, 회전하는 방향과 회전하는 양이 필요하다. 즉, [그림 10.15]에서처럼 한 점 A에 대하여, 점 B에 다음 조건을 만족하는 점 C를 대응시키는 일대일 대응을 점 A를 중심으로 각의 크기 θ만큼 회전하는 회전이동이라고 한다.

[조건] $\overline{AB} = \overline{AC}$, 각 $\angle BAC$의 크기가 θ이다.

이때, 점 A를 회전이동의 중심, θ를 회전각의 크기라고 한다.

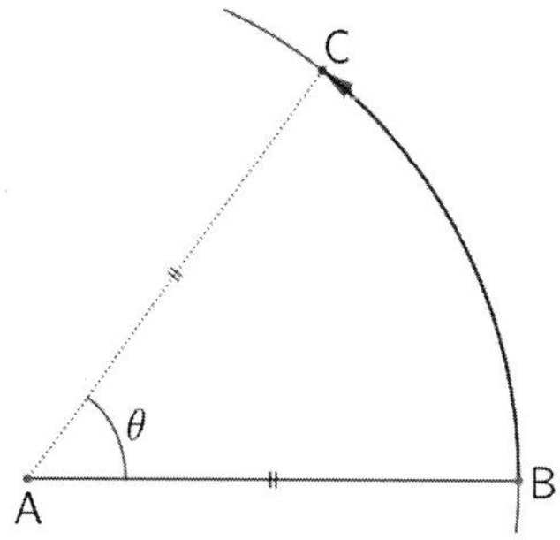

[그림 10.15] 회전이동

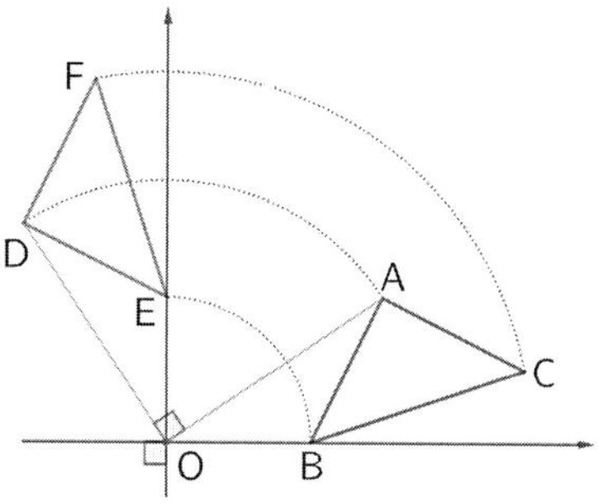

[그림 10.16] 도형의 회전이동

[그림 10.16]은 삼각형 ABC를 삼각형 DEF로 '원점 O를 중심으로 90°만큼 회전이동'한 것이다. 즉, 한 정점인 O, 회전하는 방향인 반시계방향과 회전하는 양인 90°가 주어진 것이다. 회전하는 방향을 계속 강조하는 이유는 회전각의 크기인 θ가 음수, 즉 음의 각이면 시계방향으로 회전하기 때문이다. 우리가 고등학교에서 학습한 양의 각, 음의 각의 방향과 일치한다.

회전이동에는 아주 재미있는 성질이 몇 개 숨어있다. 만약, 점 A를 중심으로 180°만큼 회전하는 회전이동은 점 A에 대한 점대칭이동과 같다. [그림 10.17]에서 이를 쉽게 확인할 수 있다. 물론, 시계방향으로 180°만큼 즉, −180°만큼 회전하는 회전이동도 같은 결과를 얻는다.

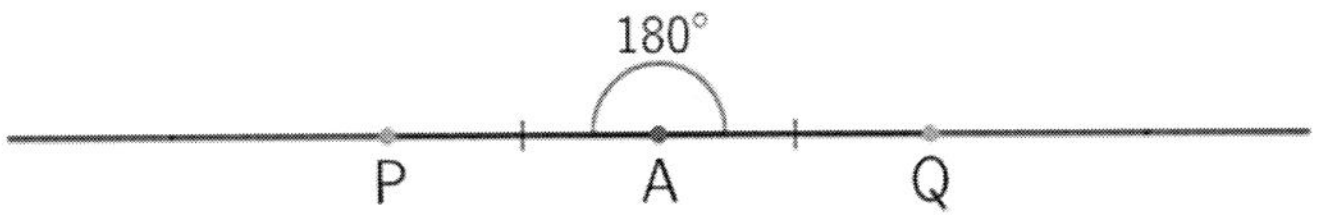

[그림 10.17] 회전이동과 점대칭이동

점 A를 지나는 서로 다른 두 직선 l과 m이 이루는 한 예각의 크기를 θ라 하자. [그림 10.18]에서처럼 점 B를 직선 l에 대한 선대칭이동을 한 후, 다시 직선 m에 대한 선대칭이동을 하면 점 D로 옮겨진다. 한편, 점 B를 '점 A를 중심으로 2θ만큼 회전하는 회전이동'을 하면 점 D로 옮겨진다. 이는 각의 크기를 고려하면 쉽게 알 수 있는 내용이다. 따라서 회전이동은 선대칭이동의 합성인 것으로 말할 수 있다.

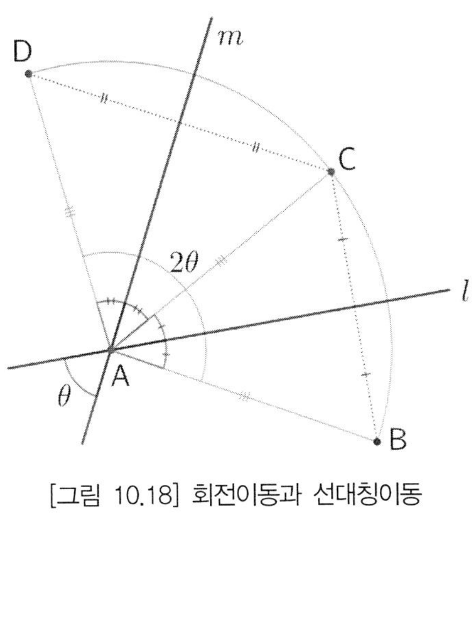

[그림 10.18] 회전이동과 선대칭이동

또한, 3차원 공간에서 한 직선에 대한 선대칭이동은 이 직선을 중심으로 180° 회전이동한 것이라고도 말할 수 있다. 이것은 두 평면에 대한 면대칭이동의 합성으로 나타낼 수 있다.

[그림 10.19]에서처럼 서로 수직인 두 평면 α와 β의 교선 l에 대한 선대칭이동은 평면 α에 대한 면대칭이동과 평면 β에 대한 면대칭이동을 합성한 것과 같다. 즉, 임의의 점 A는 평면 α에 대한 면대칭이동으로 점 C로 옮겨가고, 점 C는 평면 β에 대한 면대칭이동으로 점 B로 옮겨간다는 의미이다.

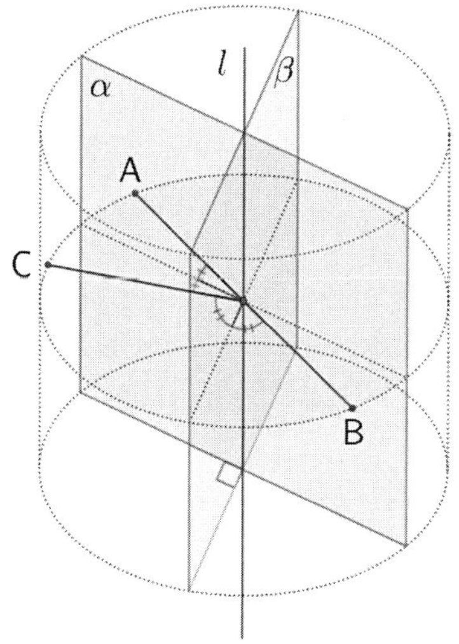

[그림 10.19] 면대칭이동의 합성과 선대칭이동

4. 미끄럼 대칭이동(glide reflection)

마지막 합동변환인데 낯선 용어가 등장했다. 미끄럼 대칭이동이다. 장의 서두에서 대칭이동과 평행이동을 조합한 것으로 대칭축에 대하여 뒤집고, 다시 대칭축에 평행한 방향으로 같은 거리만큼 옮기는 변환이 미끄럼 대칭이동이라고 조금은 거칠게 소개했지만, 앞 절까지의 학습이 바탕이 되어 있다고 가정하면 미끄럼 대칭이동을 '대칭이동과 평행이동의 합성인 이동'으로 정의하여 사용하는 것으로 사실 학습 완료이다. 그러나 단 하나 주의할 내용이 있다. 그것은 평행이동이 대칭이동에서의 대칭축의 방향으로만 평행하게 이동해야 한다는 것이다. 빙판 위에서의 glide의 의미를 생각하면 된다. 예를 들어, 임의의 삼각형을 미끄럼 대칭이동으로 옮기면 [그림 10.20]과 같다.

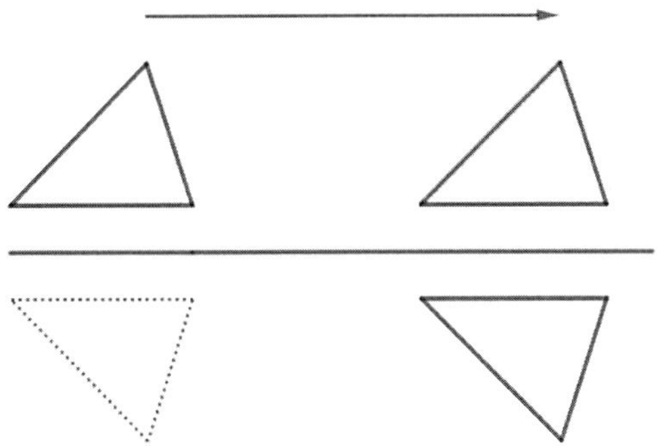

[그림 10.20] 미끄럼 대칭이동

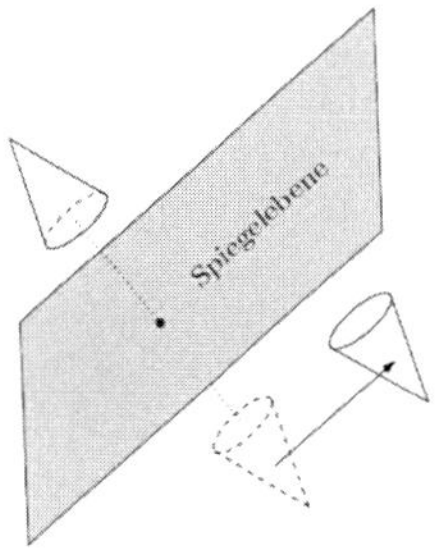

3차원 공간에서
출처 : Wikipedia

[그림 10.20]에서 바로 알 수 있듯이 미끄럼 대칭이동의 정의에서 평행이동과 대칭이동의 합성 순서는 관계가 없다. 바뀌어도 그 결과는 같다. 따라서 미끄럼 대칭이동은 순서를 바꿀 수 있는 평행이동과 대칭이동의 합성으로 설명할 수 있다. 합동변환의 합성에 대하여 조금만 더 공부해 보도록 하자.

5. 합동변환의 합성

우리는 지금까지 4가지 합동변환 즉, 평행, 대칭, 회전, 미끄럼 대칭이동에 대하여 학습하였다. 이 절에서는 이 '4가지 합동변환의 합성은 닫혀있다'에 대하여 살펴보자. 증명은 여러분들이 머릿속에서 합성해 보는 것으로, 또는 직관에 맡기는 것으로 하자.

두 평행이동의 합성이 평행이동임은 쉽게 알 수 있고, 평행한 두 직선에 대한 대칭이동의 합성은 이미 [그림 10.10]과 [그림 10.13]에서 확인한 것처럼 평행이동이다. 그리고 한 점을 지나는 서로 다른 두 직선에 대한 대칭이동의 합성도 [그림 10.18]과 [그림 10.19]에서 확인한 것처럼 회전이동이다. 다른 합동변환의 합성들도 쉽게 그 결과를 유도할 수 있다. 예를 들어, 표현의 간략화를 위해 합성을 간단히 기호 ∘로 표기하면, 두 미끄럼 대칭이동의 합성은 '미끄럼 대칭 ∘ 미끄럼 대칭 = (대칭 ∘ 평행) ∘ (대칭 ∘ 평행)'으로 표현할 수 있나. '일대일 대응'의 관점에서 함수의 합성은 결합법칙이 성립하므로 평행 ∘ (대칭 ∘ 대칭) ∘ 평행으로 표현할 수 있다. 그리고 (대칭 ∘ 대칭)은 평행이동이거나 회전이동이므로 (평행 ∘ 평행 ∘ 평행)이거나 (평행 ∘ 회전 ∘ 평행)이다. 따라서 평행이동이거나 회전이동임을 알 수 있다. 이 내용들을 정리하면 [표 10.21]과 같다. 즉, 닫혀있다.

합성	평행이동	대칭이동	회전이동	미끄럼 대칭이동
평행	평행	대칭 or 미끄럼	회전	대칭 or 미끄럼
대칭	회전	대칭 or 미끄럼	평행 or 회전	대칭 or 미끄럼
회전	대칭 or 미끄럼	평행 or 회전	대칭 or 미끄럼	평행 or 회전
미끄럼	대칭 or 미끄럼	평행 or 회전	대칭 or 미끄럼	평행 or 회전

[표 10.21] 합동변환의 합성

6. 대칭도형

우리는 일상에서 대칭적이다, 대칭된다, 좌우대칭, 등 '대칭'에 관한 용어들을 많이 사용한다. 이 대칭(對稱, symmetry)을 이야기할 때 빼놓을 수 없는 이미지가 바로 Taj Mahal이다. 인도 아그라에 있다. 거의 완벽한 좌우대칭, 상하대칭을 이루고 있다.

[그림 10.22] Taj Mahal(출처: UNESCO website)

일반적으로 어떤 대상이 대칭성을 가지고 있다는 것은 이 '대칭성'에서 말하는 조작을 '어떤 대상'에 시행하더라도 '어떤 대상'이 변하지 않는다는 것을 말한다. 수학에서는 이러한 조작을 이동 또는 변환이라고 한다. 예를 들어, 원(어떤 대상)이 선대칭성(대칭성)을 가지고 있다는 것은 원은 그 중심을 지나는 임의의 직선에 대하여 선대칭을 시행하더라도 원래의 원과 완전히 겹치는 것을 의미하는 것이다. 결국, 어떤 도형이 적당한 합동변환에 의하여 변하지 않는 도형을 '대칭도형'이라고 한다. 그러므로 대칭은 도형을 분류할 수 있는 하나의 기준이기도 하다. 따라서 이 절에서는 각 도형에 '어떤 대칭성'을 시행하면 그 도형이 변하지 않는지에 대하여 학습하게 된다.

1) 선대칭도형

주어진 도형을 한 직선에 대하여 대칭인 도형으로 옮기는 변환을 선대칭이동이라고 하였다. 그리고 두 도형이 한 직선에 대하여 선대칭의 위치에 있다는 것은 이미 한 직선에 대하여 대칭인 도형으로 옮기는 변환 즉, 선대칭이동이 완료된 상태에서 두 도형을 일컫는 용어로 해석하면 된다. 이때의 두 도형을 간단하게 '대칭축에 대하여 선대칭' 이라고 부르기도 한다.

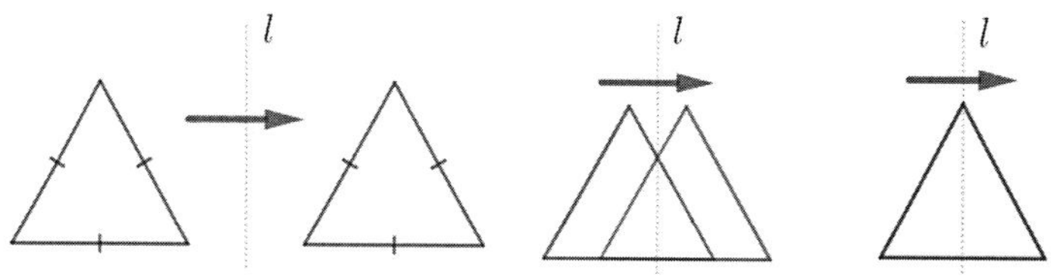

[그림 10.23] [그림 10.24] [그림 10.25]

[그림 10.23], [그림 10.24]와 [그림 10.25]에서 대칭축의 위치 변화에 주목해서 살펴보자. [그림 10.23]과 [그림 10.24]는 주어진 정삼각형을 대칭축 l에 대하여 선대칭이동으로 옮기는 것을 나타내고 있다. 그러나 [그림 10.25]에서처럼 직선 l에 대하여 선대칭을 시행했음에도 불구하고 움직이지 않는 도형을 선대칭도형이라고 부르는 것이다. 정확하게는 선대칭이동으로 변하지 않는 도형이므로 선대칭도형이라 하면 된다. 따라서 선대칭도형의 두 대응점을 잇는 선분은 대칭축에 의하여 수직으로 이등분된다는 사실은 명백하다.

선대칭도형의 전형적인 예로는 선분, 각, 이등변삼각형, 직사각형, 마름모, 정다각형, 연꼴, 등변사다리꼴, 원, 부채꼴 등을 들 수 있다. 그리고 선대칭도형의 대칭축은 여러 개일 수도 있다. 간단한 예로서 정삼각형의 대칭축은 3개이다.

2) 회전대칭도형

회전대칭(rotational symmetry)은 2 이상의 자연수 n에 대하여, 한 정점을 중심으로 $(360/n)^{\circ}$ 회전시킨 도형이 원래 도형과 완전히 겹쳐질 때 $(360/n)^{\circ}$ 회전대칭 또는 n회 회전대칭이라고 하고, 이 정점을 회전의 중심, 도형을 회전대칭도형이라고 한다. 'n회 회전대칭'은 n번 회전시킨 도형이 원래 도형과 완전히 겹친다는 의미로 생각하면 된다.

아마도 처음 접하는 생소한 내용일 수도 있다. 따라서 몇 가지 예를 들어 살펴보자. $n = 3$인 경우, [그림 10.26]에서처럼 로마자 Y를 닮은 도형을 쉽게 떠올릴 수 있다. 120° 회전시킨 도형이 원래 도형과 완전히 겹치므로 이 도형은 120° 회전대칭도형이다.

$n = 4$인 경우, 구미(歐美)에서 swastika라고 알려진 한자 卍을 들 수 있다. [그림 10.27]에서처럼 90° 회전시킨 도형이 원래 도형과 완전히 겹치므로 卍은 90° 회전대칭도형이다. 오른쪽 태극 음양도의 그림은 180° 회전대칭도형 즉, 2회 회전대칭도형이다.

태극 음양도

$n = 1$인 경우는 형식적으로 360° 회전대칭을 의미하지만, 한 정점을 중심으로 360° 회전시킨 도형은 항상 원래 도형과 완전히 겹치기 때문에 360° 회전대칭은 대칭의 성질로 보지 않음에 유의해야 한다.

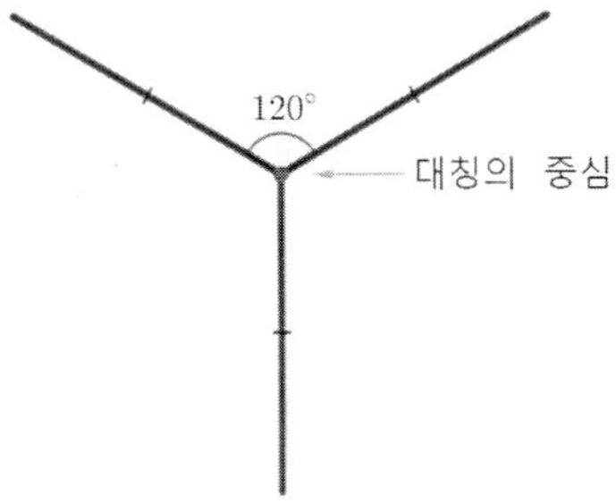

[그림 10.26] 3회 회전대칭

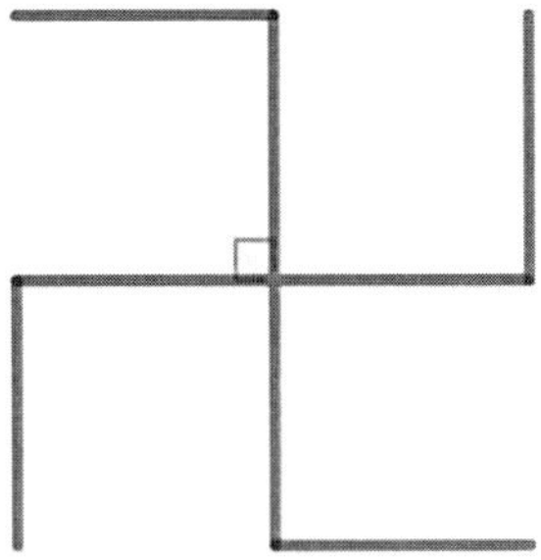
[그림 10.27] 4회 회전대칭

① 점대칭도형

점대칭도형도 선대칭도형에서의 사고와 그 맥락을 함께 한다. 예를 들어 직사각형으로 살펴보자. [그림 10.28]에서처럼 직사각형을 대각선의 교점을 중심으로 점대칭이동을 하면 원래의 직사각형과 똑같은 직사각형이 된다. 이처럼 어떤 점에 대하여 점대칭이동을 하였을 때 변하지 않는 도형을 점대칭도형이라 한다. 점대칭도형으로는 선분, 직사각형, 평행사변형, 마름모, 원, 구 등을 들 수 있다.

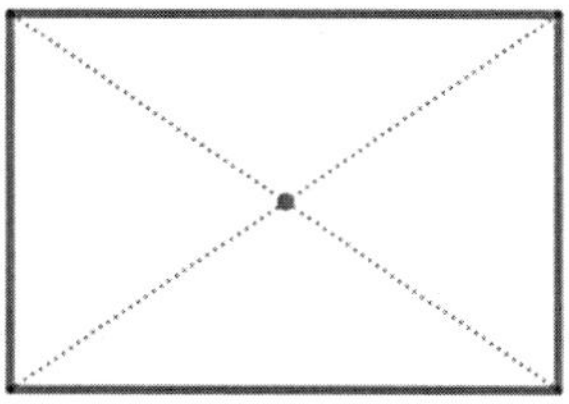

[그림 10.28] 점대칭도형

점 A 가 점대칭도형 위의 임의의 점이라 하자. 이 도형이 회전의 중심 O 를 중심으로 180° 회전한다면 점 A 에 대응하는 점 B 가 존재한다. 따라서 점 A , O , B 는 같은 직선 위에 있고, O 는 A 와 B 를 이은 선분을 등분한다. 즉 회전의 중심 O 는 선분 AB 의 중점이다. 이는 각 대응점을 이은 선분은 대칭의 중심에 의해서 이등분된다는 것을 의미한다. 이를 이용하여 대칭의 중심에서 대응점까지의 거리를 통해 점대칭도형인지 아닌지를 확인할 수도 있다.

회전대칭도형에서 $n=2$ 인 경우인 180° 회전대칭 즉, 2회 회전대칭의 예는 생각하지 않았다. 그 이유는 회전대칭도형에서 특별히 $n=2$ 인 경우를 점대칭도형이라 하기 때문이다. 이때 회전의 중심을 대칭의 중심이라 한다. 점대칭도형의 대칭의 중심은 그 도형의 내부 또는 경계에 오직 하나 존재한다.

3. 평행대칭도형

평행대칭도형이라는 것이 있다. 대칭도형의 관점에서, 주어진 도형을 한 직선에 평행한 방향으로 평행이동을 하였을 때 변하지 않는 도형을 평행대칭도형이라 한다. 이 도형은 예를 들지 않고 존재성만 소개하기로 한다. 다른 훌륭한 교재를 참고하기를 바란다.

Funny! 발자국과 대칭

눈으로 뒤덮인 평원 위에 남는 것은 내가 지나간 발자국뿐이다. 이와 관련된 사진이 인터넷에 널리고 널렸건만, 저자가 원하는 사진에는 모두 '이 이미지는 저작권이 적용될 수 있습니다.'라는 무서운 경고가 붙어 있었다. 결국 저작권과 무관한 사진 찾기에 실패했다. 이런 이미지를 찾은 이유는 아래 그림을 소개하고 싶은 단 하나의 이유 때문이다.

이 그림은 Wikipedia에서 미끄럼 대칭이동의 예로 들고 있는 그림이다. 한눈에 미끄럼 대칭이동의 전모가 눈에 들어 온다.

로마자 알파벳 p를 가지고 선대칭이동, 점대칭이동을 하면 b, q, d가 만들어(?)진다. 우리의 글로는 문, 눈, 주소 등을 사용해서 즐길 수도 있다. 단, 자음 ㅈ과 ㅅ은 대칭이동을 해도 합동이 될 수 있도록 조금의 가공(?)이 필요하다. 학교 현장에서도 먼저 이런 놀이를 통해 밀기, 뒤집기, 돌리기를 하면 어떨까? 분명 도형이 아니라는 이유로 '한 소리'하시는 분들이 계시겠지만, 수업이란 가르칠 내용을 정확히 알고 있는 교사와 그 내용을 배우고자 하는 학생들이 만들어 내는 하나의 창조물임을 잊지 말자.

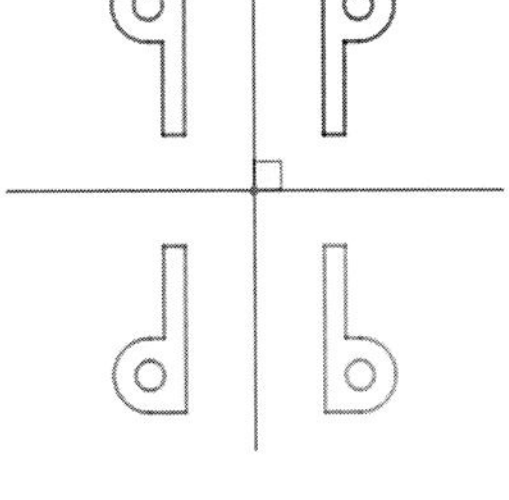

제 IV 부 공간에서

Geometry draws the soul towards truth.

– Plato

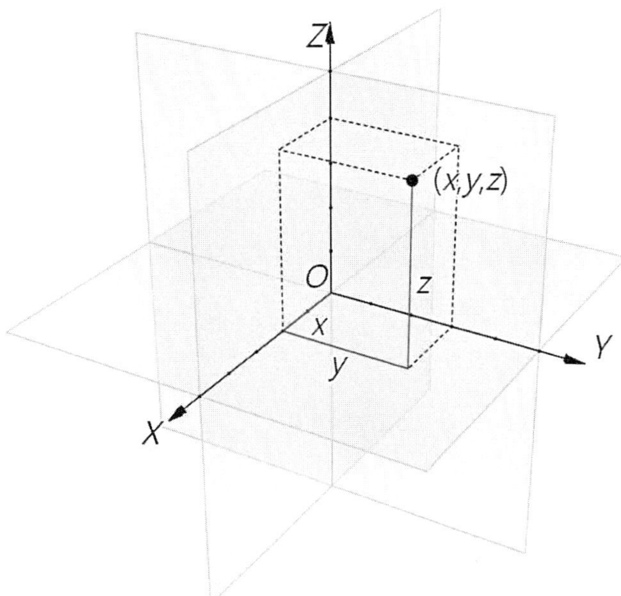

11. 기초적인 내용

이 장에서는 3차원 공간에서 알아야 할 기초적인 내용을 정리하도록 하자. 교과서나 교육과정 문서에서 볼 수 있는 '~인 것이 알려져 있다.' 또는 '~을/를 직관적으로 이해하게 한다.' 등의 표현은 수학적인 증명은 따로 제시하지 않겠다는 의미와 같다. 이 장에서도 여러분의 직관과 이러한 표현 그리고 물리적인 그림 표현에 의존할 것이다.

도형의 구성요소는 점, 선, 면이다. 이들의 합성으로 도형이 구성되는 것은 평면과 다르지 않다. 평면에서 살펴본 것처럼 공간에서도 점은 대문자 A, B, C, … 등으로, 직선은 소문자 l, m, … 등으로, 평면은 그리스 문자 α, β, γ, … 등으로 나타낸다.

2차원 평면에서는 점과 직선들 사이의 위치 관계만을 파악하면 된다. 그러나 3차원 공간에서 위치 관계에 평면이 가세한다. 따라서 점, 직선, 평면들 사이의 위치 관계가 학습의 대상이 된다.

1. 공간에서 점, 선, 면의 위치 관계

소위 말하는 '공간도형의 기본 성질'이라는 것은 다음과 같다.

- 한 직선 위에 있지 않은 서로 다른 세 점을 지나는 평면은 오직 하나 존재한다.
- 한 평면 위의 서로 다른 두 점을 지나는 직선 위의 모든 점은 이 평면 위에 있다.
- 서로 다른 두 평면이 한 점을 공유하면 이 두 평면은 그 점을 지나는 한 직선을 공유한다.

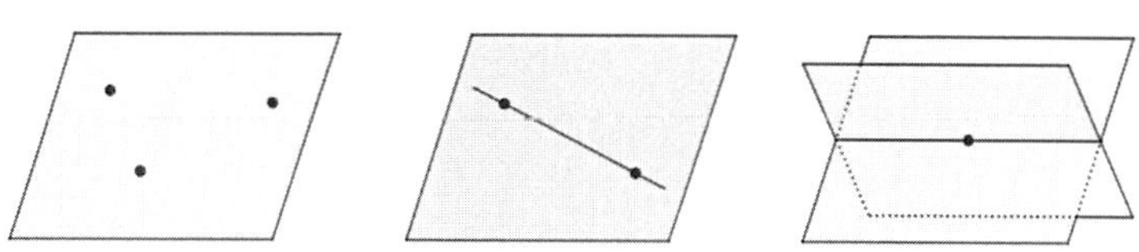

[그림 11.1] 공간도형의 기본 성질

1) 평면의 결정 조건

- 한 직선 위에 있지 않은 세 점을 포함하는 평면
- 한 직선과 이 직선 위에 있지 않은 한 점을 포함하는 평면
- 한 점에서 만나는 두 직선을 포함하는 평면
- 서로 평행한 두 직선을 포함하는 평면

이 내용은 이미 2장에서 학습한 것이다. 각각을 그림으로 정리하면 [그림 11.2]와 같다.

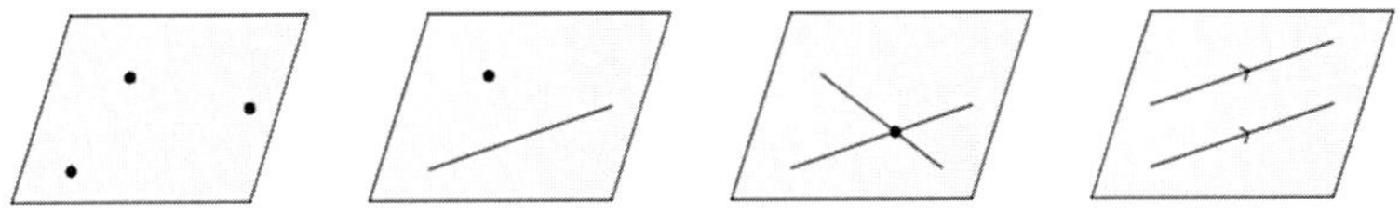

[그림 11.2] 평면의 결정 조건

2) 서로 다른 두 직선의 위치 관계

서로 다른 두 직선의 위치 관계는 현 교육과정에 따르면 중학교 1학년의 학습 내용이다. 서로 다른 두 직선은 한 점에서 만나거나, 평행하거나, 꼬인 위치에 있는 경우를 들 수 있다. 각각을 그림으로 정리하면 [그림 11.3]과 같다.

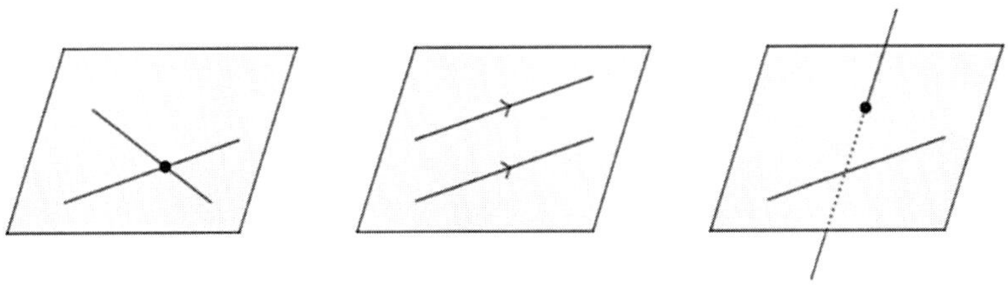

[그림 11.3] 서로 다른 두 직선의 위치 관계

서로 다른 두 직선 l과 m이 꼬인 위치에 있는 경우, l과 m은 꼬인 선(l and m are skew lines)이라고 말하기도 한다.

3) 직선과 평면의 위치 관계

직선과 평면의 위치 관계도 중학교에서의 학습 내용이다. 직선과 평면은 한 점에서 만나거나, 직선이 평면에 포함되거나, 평행한 경우를 들 수 있다. 각각을 그림으로 정리하면 [그림 11.4]와 같다.

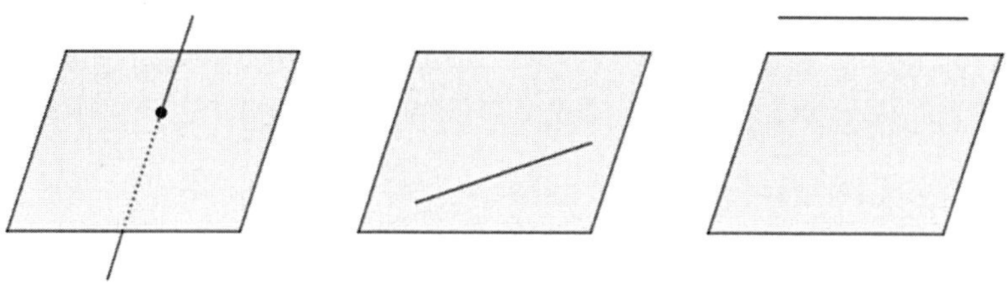

[그림 11.4] 직선과 평면의 위치 관계

직선 l과 평면 α가 만나지 않을 때, 직선 l과 평면 α는 평행하다고 하고 기호로 $l \parallel \alpha$와 같이 나타낸다. 특히, 직선 l이 평면 α와 한 점 H에서 만나고 점 H를 지나는 평면 α 위의 모든 직선과 서로 수직일 때, 직선 l과 평면 α는 서로 수직이라 하고 기호로 $l \perp \alpha$와 같이 나타낸다.

한 가지 유의할 것은 평면 α 위의 한 직선과 서로 수직일 때만으로는 수직이 보장되지 않는다는 것이다. 정의는 '평면 α 위의 모든 직선과 서로 수직일 때'로 표현하지만, 적어도 두 직선과 수직이어야만 한다. [그림 11.5]를 잘 살펴보자.

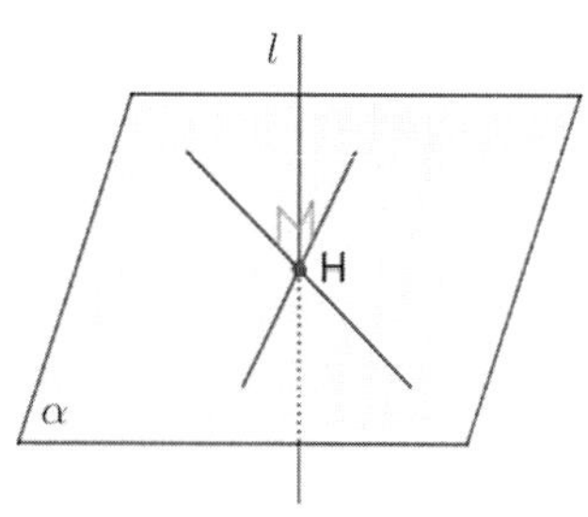

[그림 11.5] 수직인 관계

4) 서로 다른 두 평면의 위치 관계

서로 다른 두 평면의 위치 관계는 한 직선에서 만나거나, 만나지 않는 경우를 들 수 있다. 각각을 그림으로 정리하면 [그림 11.6]과 같다.

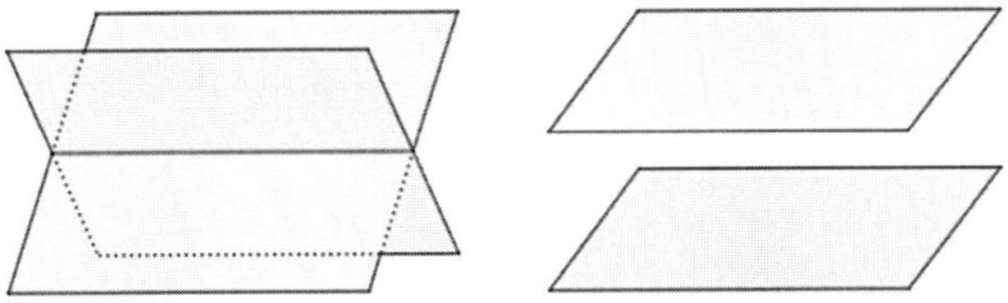

[그림 11.6] 두 평면의 위치 관계

두 직선이 만나는 점을 두 직선의 교점이라 하듯이 두 평면이 만나는 선을 두 평면의 교선(交線)이라 한다. 따라서 교선이 존재하면 두 평면은 만난다고 말할 수 있다.

교선은 평면뿐만 아니라 곡면일 경우에도 존재한다. [그림 11.7]에서처럼 원기둥과 한 평면이 만나 생기는 선은 곡선을 이룬다. 이 경우에도 두 면이 만나 선을 이루기 때문에 교선이 된다. 더욱이 두 곡면이 만날 때에도 교선은 존재한다.

특히, [그림 11.8]에서처럼 평면 α가 평면 β에 수직인 직선 l을 포함할 때, 평면 α는 평면 β에 수직이라 하고, 이를 기호로 $\alpha \perp \beta$와 같이 나타낸다.

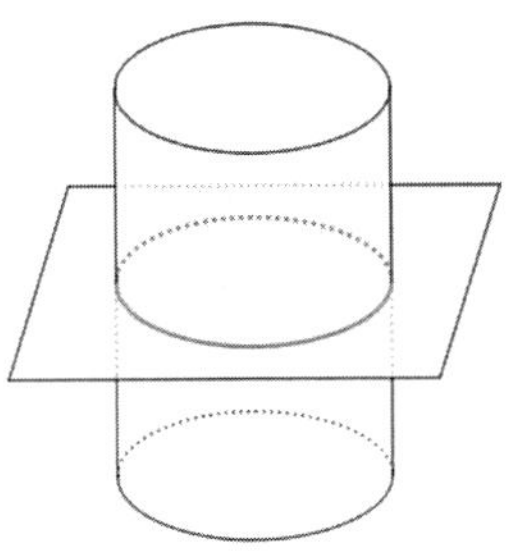

[그림 11.7] 교선

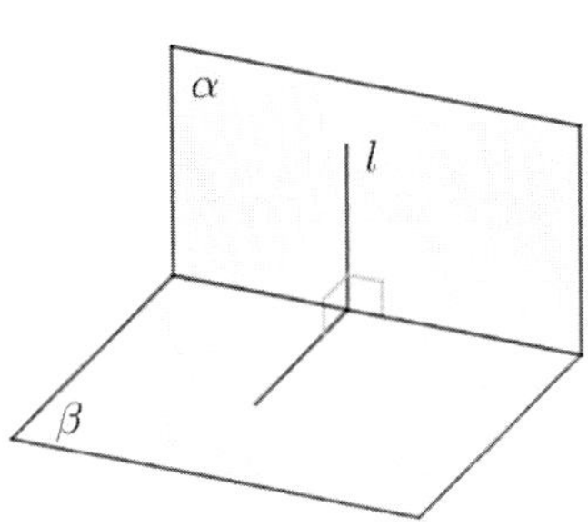

[그림 11.8] 두 평면의 수직

2. 각

지금 우리는 3차원 공간에서 논의하고 있음을 다시 한번 떠올리자. 각을 '3차원 공간에서'라는 이유로 새롭게 정의하여 사용하지는 않는다. 따라서 2차원 평면에서 학습한 정의를 그대로 사용할 수 있다. 그러나 조금의 아이디어가 더 필요하다. 그것뿐이다.

1) 꼬인 위치에 있는 두 직선이 이루는 각

각의 정의를 생각하면 '꼬인 위치'의 두 직선은 어딘가에서 만나야만 각을 생각할 수 있다. 따라서 두 직선이 한 점에서 만날 수 있도록 하는 아이디어가 필요하다.

[그림 11.9]에서처럼 주어진 직선 m과 평행하면서 직선 l과 만나도록 직선 m을 평행이동 시킨 직선 m'을 생각할 수 있다. 이때, 직선 l과 직선 m'이 이루는 각을 꼬인 위치에 있는 두 직선 l과 m이 이루는 각 가운데 크지 않은 각으로 정의하면 된다.

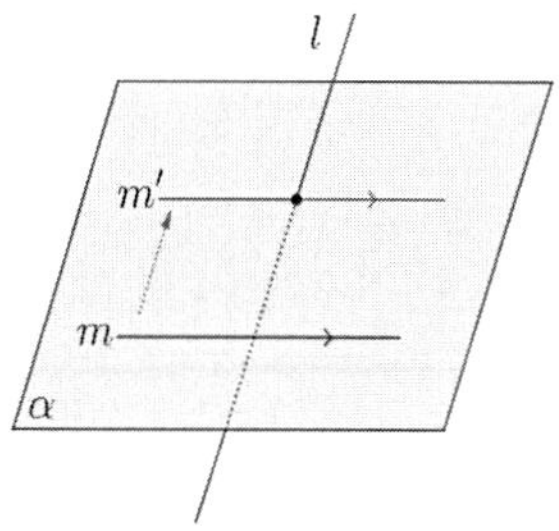

[그림 11.9]

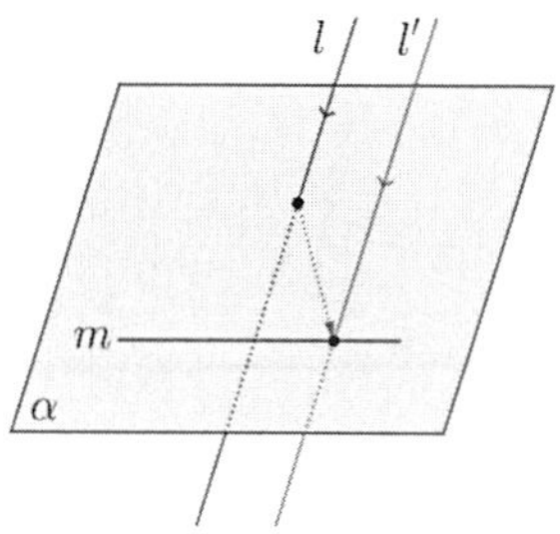

[그림 11.10]

한편, [그림 11.10]에서처럼 직선 l과 평행하면서 직선 m과 만나는 직선 l'을 이용해 두 직선 l과 m이 이루는 각으로 생각해도 된다. 물론 두 직선 l과 m을 평행이동 시켜 평면 α 위의 임의의 점에서 만나도록 해서 만들어지는 각으로 정의해도 된다.

[그림 11.12]와 같이 정육면체 ABCD−EFGH 에서 예를 하나 들어 보자. 이 정육면체에 대하여 두 직선 FC 와 BD 가 이루는 각의 크기는 얼마일까? 두 직선 FC 와 BD 는 꼬인 선이므로 한 점에서 만날 수 있도록 한 직선을 평행이동 시키면 된다. 따라서 두 직선 DE 와 BD 가 이루는 각으로 생각하면 된다. 이때 삼각형 BDE 는 정삼각형이므로 각의 크기는 60° 이다.

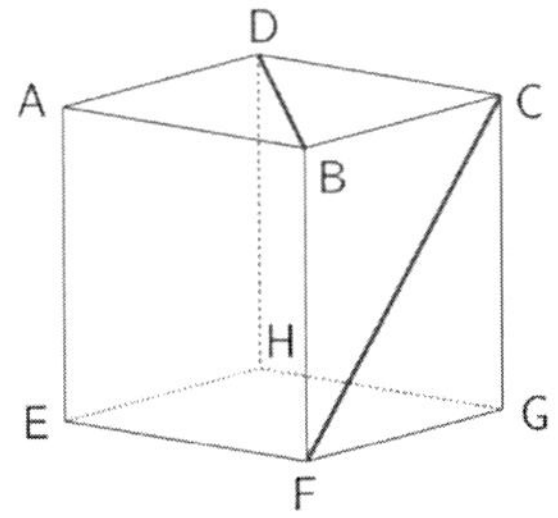

[그림 11.12] 정육면체

2) 직선과 평면이 만나 이루는 각

직선과 평면이 만나므로 교점은 있고, 이 교점에서의 반직선을 생각하는 것이 아이디어가 된다. [그림 11.13]에서처럼 직선 l 이 평면 α 와 한 점 O 에서 만날 때, 직선 l 위의, 점 O 가 아닌, 임의의 점 A 에서 평면 α 에 내린 수선의 발을 B 라고 할 때, 각 AOB 를 직선 l 과 평면 α 가 만나 이루는 각이라고 정의하는 것이다.

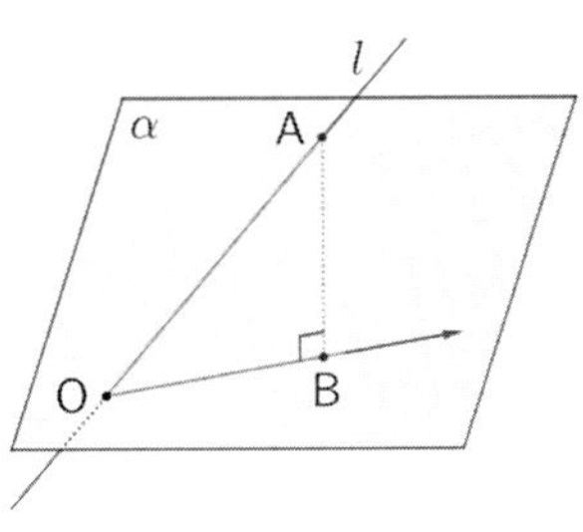

[그림 11.13]

3) 두 평면이 만나 이루는 각

두 평면이 만나 이루는 각을 이면각(二面角, dihedral angle)이라 한다. 용어 그대로 두 면이 이루는 각이다. 평행한 두 평면의 경우 외에는 교선을 가지게 되어 있다. [그림 11.14]와 같이 두 평면의 교선 l 위의 한 점 O를 지나고 교선 l에 수직인 반직선 OA와 OB를 각 평면 α와 β에 그릴 때 이 두 반직선이 이루는 각을 이면각이라고 한다. 이 이면각의 크기는 점 O의 위치와 관계없이 일정하다. 이 일정한 각의 크기를 이면각의 크기라고 한다. 특히, 두 평면 α와 β가 이루는 각이 직각일 때, 두 평면은 수직이라 한다.

한편, 엄밀하지는 않지만, [그림 11.15]에서처럼 두 평면 α와 β 각각에 수직인 평면 γ로 자르면 이면각을 직관적으로 알 수 있도록 시각화하여 표현할 수도 있다.

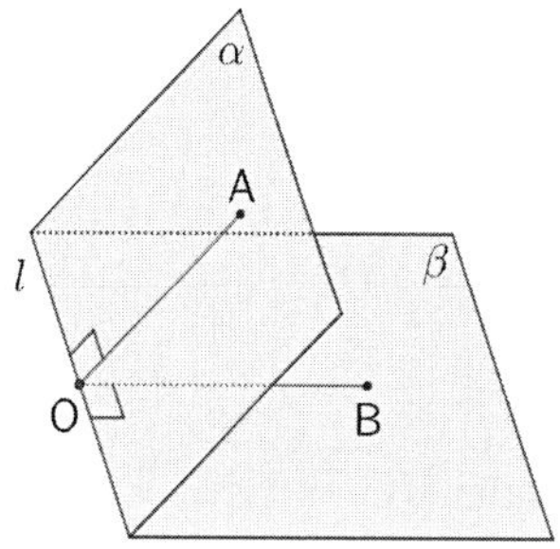

[그림 11.14] 이면각

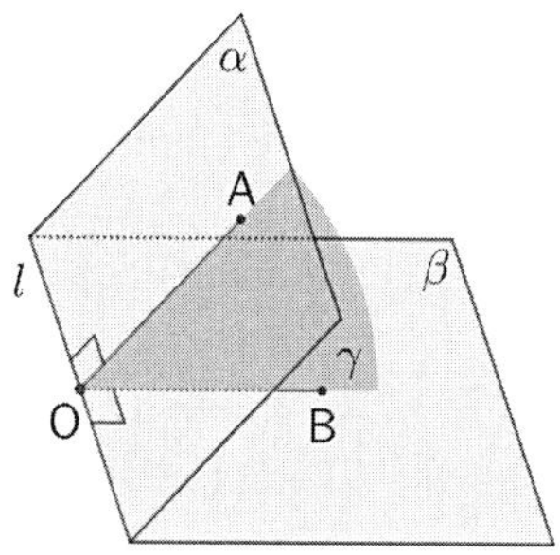

[그림 11.15] 이면각 표현

직관적으로는 이면각에서 두 평면의 교선이 각에서의 꼭짓점 역할을 하고, 두 반평면이 각에서의 변의 역할을 한다고 생각하면 된다. 그러므로 이면각을 한 직선에서 시작된 두 반평면으로 이루어진 도형으로 정의하는 교재들도 있다. 이때, 두 평면의 교선을 이면각의 변, 두 반평면을 이면각의 면이라고 한다. 이 정의가 사실 조금 더 엄밀한 정의라고 말할 수 있다. 여기까지만.

예제 간단한 예를 통해 학습한 내용을 정리해 보도록 하자.

[그림 11.16]과 같이 정사면체 ABCD 에서 선분 BC 의 중점을 M이라 하자. 이때, $\overline{BC} \perp$ (평면 AMD) 이고, $\overline{BC} \perp \overline{AD}$ 이다. 두 삼각형 ABC 와 DBC 는 모두 정삼각형이므로 $\overline{BC} \perp \overline{AM}$ 이고, $\overline{BC} \perp \overline{DM}$ 이다. 그러므로 직선 BC 는 평면 AMD 의 서로 다른 두 직선 AM, DM 과 수직이다. 따라서 $\overline{BC} \perp$ (평면 AMD) 이다. 한편, $\overline{BC} \perp$ (평면 AMD) 이고, 직선 AD 가 평면 AMD 에 포함되므로 $\overline{BC} \perp \overline{AD}$ 임을 알 수 있다.

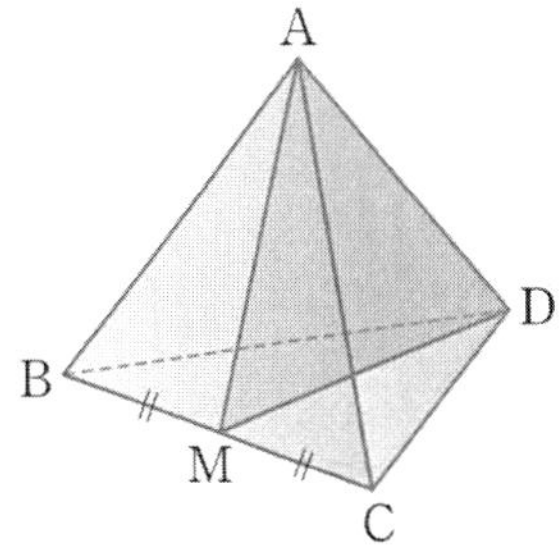

[그림 11.16] 정사면체

문제

서로 다른 세 직선 l, m, n, 두 평면 α, β에 대하여 보기에서 참인 명제를 모두 고르시오. 거짓인 명제는 반례를 제시하시오.

① $l \parallel m$ 이고 $m \parallel n$ 이면 $l \parallel n$ 이다.

② $l \perp m$ 이고 $m \perp n$ 이면 $l \parallel n$ 이다.

③ $m \parallel \alpha$ 이고 $m \perp \beta$ 이면 $\alpha \parallel \beta$ 이다.

④ $l \perp m$ 이고 $m \parallel \alpha$ 이면 $l \parallel \alpha$ 이다.

과제

[그림 11.17]과 같은 정육면체 ABCD－EFGH 에 대하여 각각의 두 직선이 이루는 각의 크기를 구하시오.

① 직선 BE 와 CG　　② 직선 BE 와 AC　　③ 직선 BE 와 AD

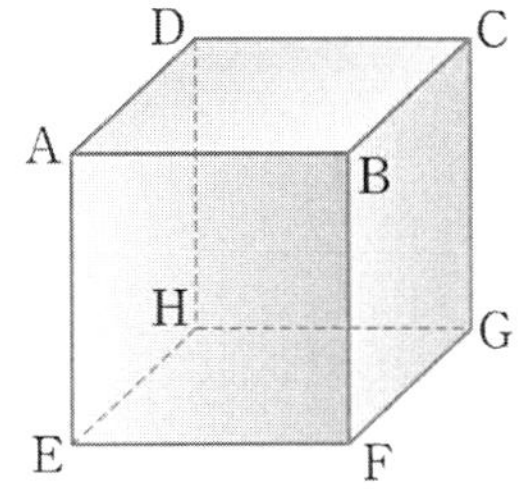

[그림 11.17]

이 장의 학습 내용은 입체도형이 구성되는 원리를 이해할 수 있는 바탕을 제공한다. 따라서 이 내용들이 바탕이 되어야만 초등학교에 등장하는 입체도형 사이의 관계와 입체도형에서의 성질이 함의하고 있는 의미들을 명확하게 이해할 수 있게 된다.

깨알 상식 TRIPOD

카메라의 삼각대, 실험실에서 플라스크나 비커를 올려놓는 비커 튜브 고정장치 삼각대, 피자 세이버 등은 모두 다리가 3개인 삼발이이다. 그림을 그릴 때 사용하는 이젤(easel)도 다리가 3개이다. 3개의 다리로 구성된 지지대로 중량을 지지하거나 물체의 안정성을 확보하기 위하여 사용하는 장비를 일반적으로 tripod라 부른다.

[그림 11.18] tripod

삼각대는 지지하는 물체의 중력 방향, 수평 방향 안정성을 동시에 제공할 수 있으므로 카메라, 그림, 안테나 등 다양한 물체의 지지에 사용된다. 특히, 카메라는 삼각대를 통해서 카메라의 흔들림을 제어할 수 있으므로 사진의 세밀한 부분을 표현할 때나 손으로는 장시간 고정하기 어려울 때 주로 사용한다.

이는 임의의 세 점이 오직 하나의 평면만을 결정한다는 기하학적 사실을 응용한 예이다. 다리의 길이가 달라도 하나의 평면을 결정하는 것에는 변함이 없으므로 이 경우에도 카메라는 절대 흔들리지 않는다. 점이 4개 이상이면 2개 이상의 평면이 생길 가능성이 있으므로 오직 한 평면만을 결정하는 세 점, 즉 3개의 다리로 안정성을 더하는 것이다. 점이 4개 이상인 경우, 3개의 점이 만든 평면에 나머지 점들도 놓여 있어야만 하나의 평면이 만들어진다. 지금 앉아 있는 의자가 삐걱거린다면 그 이유가 여기에 있다.

12. 정다면체

입체도형(立體圖形, figure in 3 dimension)은 여러 개의 평면이나 곡면으로 이루어진 물체를 추상화한 기하학적 도형이라 말할 수 있다. 입체도형의 경계는 평면과 곡면 모두가 될 수 있다. 특히, 경계가 되는 모든 면이 평면일 때는 다면체(多面體)가 되고, 면의 일부 또는 전부가 곡면일 때는 곡면체(曲面體)가 된다.

1. 다면체

일반적으로 다면체의 수학적인 정의는 대부분 어떤 특정한 맥락에서 주어지게 된다. 즉, 교재나 논문에서 전하고자 하는 내용이나 해결하고자 하는 문제의 맥락에서 정의가 주어진다는 의미로 해석하면 된다. 이렇게 아우르는 정의가 없음을 이유로 들어 다면체 이론의 원죄가 Euclid에게 있다고 주장하는 수학자도 있다. 따라서 이 교재에서는 다면체(多面體, polyhedron)를 우리가 잘 알고 있는 용어인 꼭짓점, 모서리, 면으로 표현할 수 있는 표면[56](surface)이라 생각하고 기술하도록 한다. 그리고 '볼록한 다면체'[57]만을 논의의 대상으로 하고 있음에도 주의하도록 하자.

평면에서 단순폐곡선을 이용하여 다각형을 정의하였듯이 공간에서는 단순폐곡면(simple closed surface)을 생각해보자. 단순폐곡면을 '꼭 하나의 내부만 가지고 있고, 구멍이 없으며 속이 비어 있는 것'으로 정의하여 사용하자. 직관적으로는 각 면이 모서리와 꼭짓점에서 연결이 되어 있는 폐곡면으로 생각하면 된다. 평면에서 단순폐곡선이 한 평면을 분할하는 것과 마찬가지로 단순폐곡면은 한 공간을 서로소인 세 부분 즉, 단순폐곡면의 외부와 내부의 점들과 경계의 점들로 분할한다.

56) A. J. Loeb의 논문 'Polyhedra: Surfaces or solids?'에서처럼 내부의 포함 여부도 사실은 고려의 대상이다.

57) 다면체의 내부에 있는 임의의 두 점을 이은 선분이 다면체의 내부에 있을 때 이를 볼록다면체(convex polyhedron)라고 한다.

[그림 12.1]에서 단순폐곡면을 찾아보자.

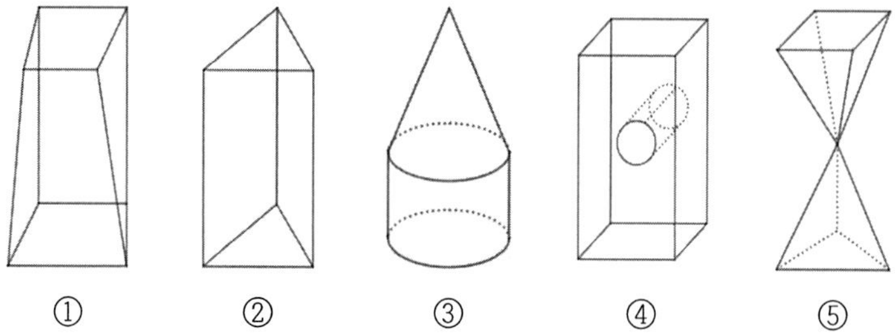

[그림 12.1] 단순폐곡면?, 다면체?

①, ②, ③은 단순폐곡면이고, ④는 구멍이 있어, ⑤는 두 개의 내부를 가지고 있어 단순폐곡면이 아니다.

다면체(多面體, polyhedron)는 다각형의 면들에 의하여 만들어지는 단순폐곡면이다. 따라서 [그림 12.1]에서 ①과 ②가 다면체임을 알 수 있다. 어원적으로 poly는 '많은'을, hedron은 '평평한 자리'를 의미하므로 다면(多面)의 의미를 쉽게 찾을 수 있다.

다면체에서 각각의 다각형의 면을 다면체의 면(face), 다각형의 변의 교점을 다면체의 꼭짓점(vertex), 두 면의 교선을 다면체의 모서리(edge)라고 한다.

과제

아래의 도형이 ① 다면체인지 아닌지를 판단하시오.
② 오목한 혹은 볼록한 다면체인지에 대하여도 논하시오.

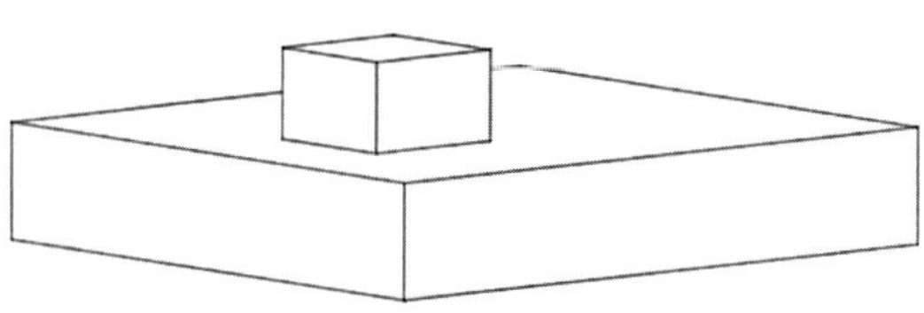

일반적으로 각 다면체의 이름은 면의 개수를 이용하여 명명한다. 예를 들어, 면의 개수가 4개, 5개, 6개인 다면체를 각각 사면체, 오면체, 육면체라고 한다.

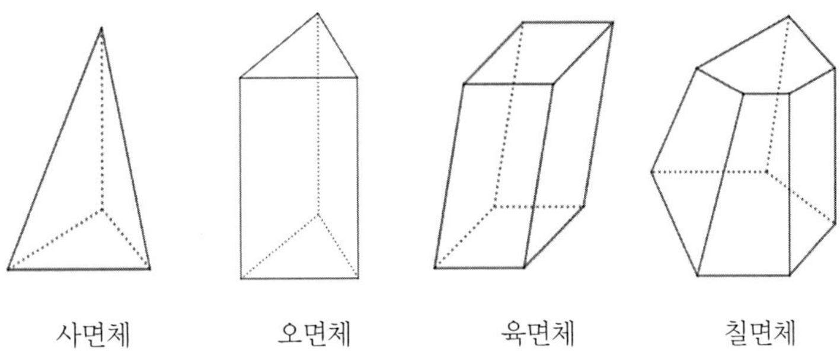

[그림 12.2] 각 다면체의 이름

특히, [그림 12.3]과 같이 만나는 두 면이 이루는 각, 즉 이면각이 모두 직각인 육면체를 직육면체라고 하고, 모든 모서리의 길이가 같은 직육면체를 정육면체라고 한다.

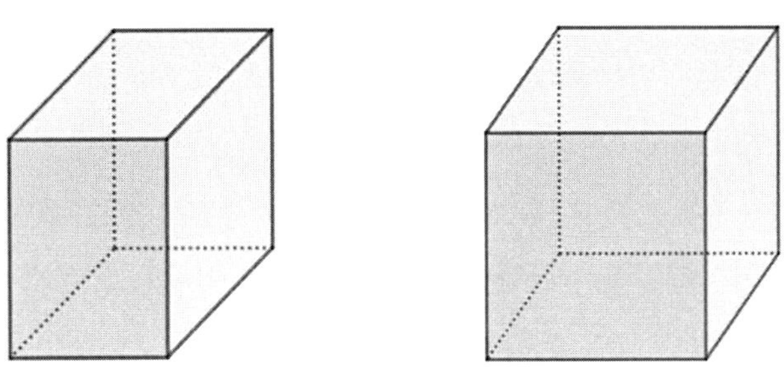

[그림 12.3] 직육면체와 정육면체

다면체의 특별한 모양으로 각기둥, 각뿔, 각뿔대가 있다. 이 내용은 다음 장에서 학습하도록 하자.

2. 정다면체(regular polyhedron)

정다면체는 각 꼭짓점에서 만나는 면의 개수가 같고, 모든 면은 서로 합동인 정다각형의 면으로 된 볼록한 다면체이다. 정다면체는 정사면체, 정육면체, 정팔면체, 정십이면체, 정이십면체 이렇게 다섯 종류만 존재한다.

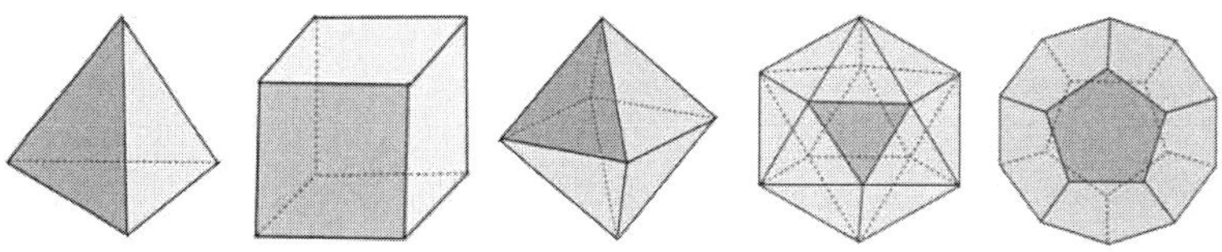

정사면체 정육면체 정팔면체 정십이면체 정이십면체

정다면체가 다섯 종류밖에 없다는 내용은 기하학원론의 마지막 권인 13권, 마지막 명제(명제 18)에서 다루고 있다. Euclid의 생각을 들어 보자.

평면에서 두 개의 선분만으로는 단순폐곡선인 다각형을 생각할 수 없는 것처럼, 공간에서 세 개의 다각형의 면만으로는 단순폐곡면인 다면체를 생각할 수 없다. 그러므로 다면체에는 최소한 4개 이상의 다각형의 면이 필요하게 된다. 한편, 다면체에서 최소한 세 개의 면이 만나야만 하나의 꼭짓점이 만들어지고, 이 꼭짓점에서의 각 꼭짓각의 크기의 합도 $360°$ 보다 작아야만 한다.

또한, 정다면체의 각 면은 모두 서로 합동이므로 각 꼭짓각의 크기는 모두 같다. 그러므로 이러한 꼭짓각이 최소한 세 개가 존재해야 하므로 모든 꼭짓각의 크기는 $(360/3)° = 120°$ 보다 작아야 한다. 따라서 정다각형의 꼭짓각 즉, 내각의 크기가 $120°$ 보다도 작은 정다각형인 정삼각형, 정사각형, 정오각형만이 논의의 대상이 된다.

예를 들어, 정사각형의 경우를 들어 생각해보자. 정사각형 네 개는 360°를 만들어 평면을 만들기 때문에 논외이다. 그러나 세 개는 [그림 12.4]에서처럼 두 변이 일치하도록 오므린다고 생각하면 [그림 12.5]에서처럼 공간에서의 하나의 꼭짓점을 만든다.

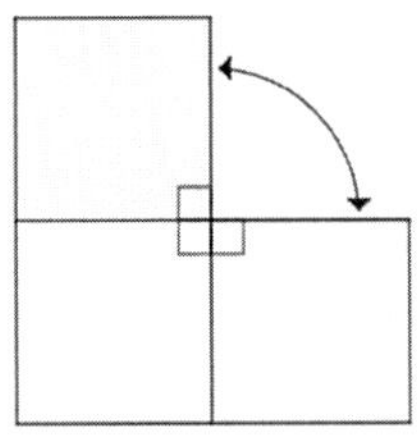

[그림 12.4]

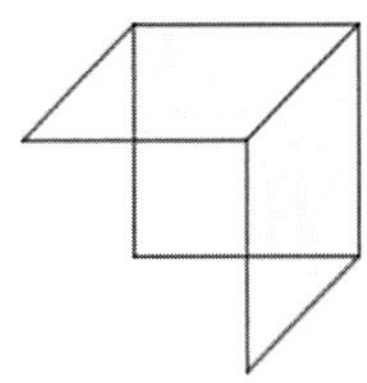

[그림 12.5]

같은 방법으로 정삼각형은 한 내각의 크기가 60°이므로, 하나의 꼭짓점에 모일 수 있는 정삼각형의 면의 개수는 3개, 4개, 5개이다. 이들 각각이 정사면체, 정팔면체, 정십이면체를 만들 수 있다. 정오각형의 경우는 108°이므로 정오각형의 면 3개가 모인 꼭짓점이 가능하여 정이십면체를 만들 수 있다.

이를 정리하면 [그림 12.6]과 같이 제시할 수 있다.

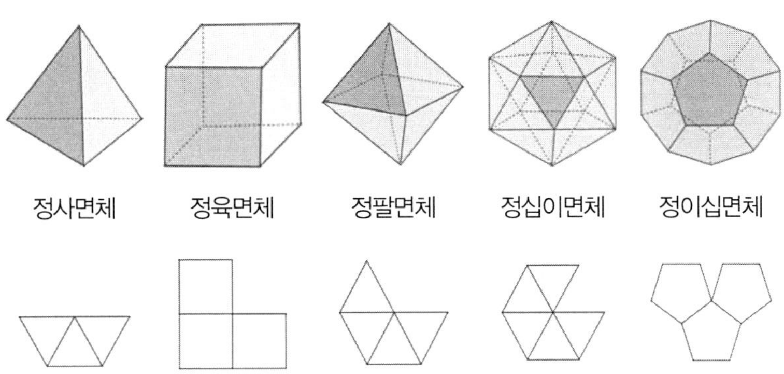

[그림 12.6]

깨알 상식 Platonic Solid

그리스의 철학자 Plato(플라톤, 424?-348?)는 Socrates(소크라테스)의 제자이자 Aristotle(아리스토텔레스)의 스승이다. 그의 유명한 책 '향연(饗宴, Symposium)'에 나오는 Platonic love는 많은 사람에게 알려져 있다. 그런데 Plato와 관련해 하나 더 있다. 바로 Platonic Solid이다. 이는 정다면체를 의미한다. Plato는 수학이 우리 영혼의 눈을 이데아 세계로 돌리는 데에 도움을 준다고 생각했다.[58)]

Platonic Solid는 특히 그의 철학에서 중요한 역할을 한다. Plato는 이 다면체들에 대해 Timaeus(티마이오스)에 기술하면서 각각을 흙(정육면체), 공기(정팔면체), 물(정이십면체), 불(정사면체)의 4원소에 대응시켜 신비한 의미를 부여하였다.[59)] 또한, 16세기 독일의 천문학자 Kepler(케플러)도 알려진 5개의 행성을 이 Platonic Solid와 연관시키려고 시도했다.

Euclid도 기하학원론에서 정다면체에 대해 완벽한 수학적 내용을 제시하고 있다. 그렇다면 정다면체에 관한 연구는 Plato가 먼저일까, Euclid가 먼저일까? 그런데 기하학원론의 사본(寫本)에 남겨진 다음의 메모는 전혀 다른 두 사람을 지목하고 있다.

> 기하학원론 13권에서는 5개의 소위 Platonic Solid를 다루고 있지만, 이것은 Plato에 의한 것이 아니다. 전술한 5개의 도형 중 3개 즉, 정사면체, 정육면체, 정십이면체는 Pythagoras 학파에 의한 것이며, 정팔면체와 정이십면체는 Theaetetus(테아이테토스)에 의한 것이다. Plato가 'Timaeus'에서 이들을 언급했기 때문에 Plato의 이름이 붙은 것이다.

약 2400년 전의 일들이다. 과연 누가 정확하게 알겠는가? 그런데 정다면체가 오랫동안 수학자들을 매료시킨 것만은 사실인 것 같다.

13. 기둥과 뿔

형식적으로는 두 밑면의 모양이 같고, 두 밑면이 같은 모양으로 연결된 공간의 도형을 기둥이라 말할 수 있다. 이 상에서는 기둥과 뿔에 대하여 구체적으로 살펴보자.

1. 기둥

[그림 13.1]에서처럼 평면 α 위의 곡선 C와 이 곡선 위의 한 점 A, 평면 α와 평행이 아닌 직선 l을 생각하자. [그림 13.2]에서처럼 점 A를 지나는 직선이 곡선 C를 따라 직선 l과 평행하도록 움직일 때 생기는 곡면을 기둥면(cylindrical surface)이라 한다. 이때 곡선 C를 준선(準線, directrix), 직선 l에 평행인 모든 직선을 모선(母線, generatrix)이라 한다. 즉, 기둥면을 곡선 C의 한 점을 지나면서 직선 l에 평행인 모든 직선의 집합으로 정의[60]한다면 각 모선이 이 집합의 원소가 되는 것이다.

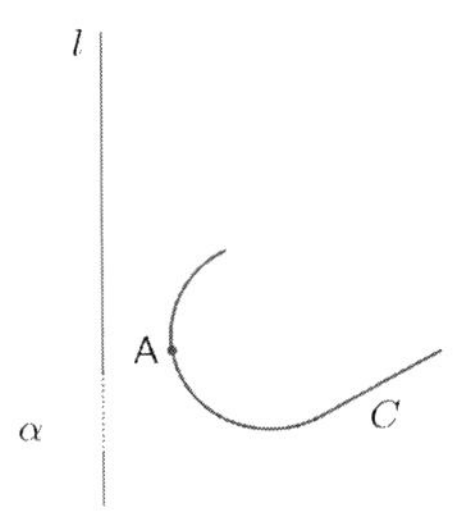

[그림 13.1]

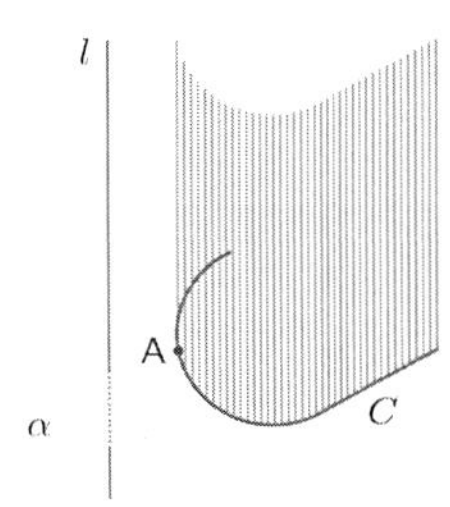

[그림 13.2] 곡선의 기둥면

준선이 이차곡선일 때에는 이차기둥면이 된다. 즉, 준선이 원, 타원, 포물선, 쌍곡선 등일 때 각각 원기둥면, 타원기둥면, 포물기둥면, 쌍곡기둥면이라고 한다. 오른쪽 그림은 여러분이 잘 알고 있는 포물선에 대한 포물기둥면이다.

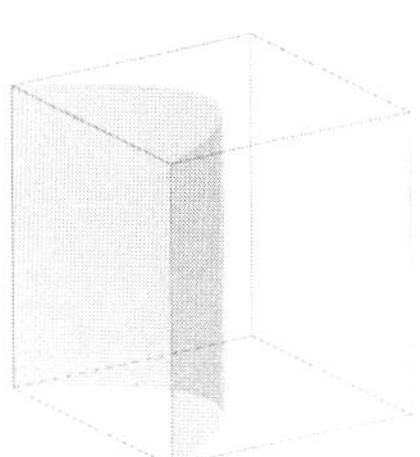
포물기둥면

58) 강성훈(2020). '플라톤 〈티마이오스〉 및 기타 대화편'의 강연 원고, 열린 연단.
59) 배종수(1999). 초등수학교육내용지도법, 경문사.
60) 2015 개정 수학과 교육과정에 따른 교사용 지도서는 이렇게 정의하고 있다.

우리는 앞 페이지에서 제시된 기둥면의 정의에서 등장한 준선 C와 직선 l에 주목할 필요가 있다.

먼저 [그림 13.3]에서처럼 평면 α 위의 준선 C가 단순폐곡선이라면, 평면 α와 평행한 평면 β로 기둥면을 자른 단면과 준선 C의 내부 영역, 그리고 기둥면으로 이루어진 단순폐곡면을 생각할 수 있다. 이 단순폐곡면을 기둥(cylinder)[61]이라고 하고, 평행한 두 평면 위의 각 단순폐곡선의 내부 영역을 기둥의 밑면(bases)이라고 한다.

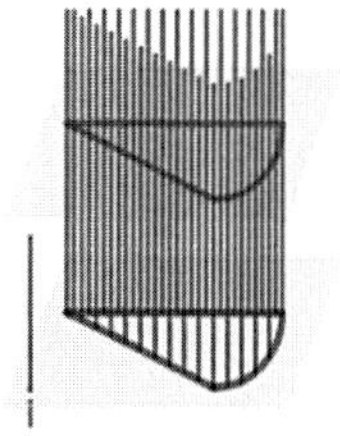

기둥[62]

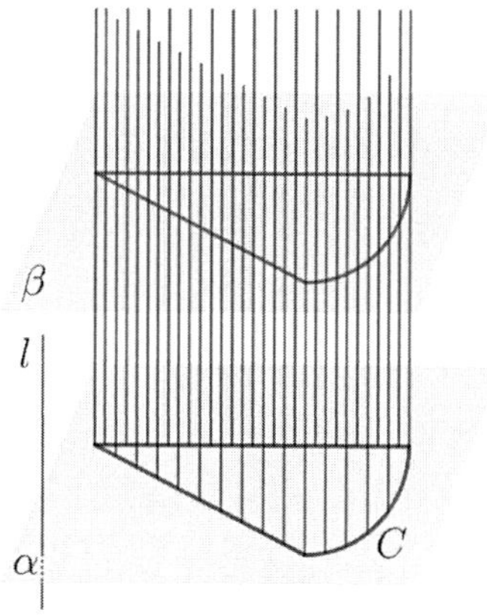

[그림 13.3] 기둥

기둥은 그 밑면의 모양에 따라 분류하여 명명한다. 즉, 기둥에서 밑면의 모양이 다각형이면 각기둥(prism)이라 하고, 밑면의 모양이 원이면 원기둥(circular cylinder)이라 한다.

---

61) 이 교재에서는 단순폐곡선을 이용하여 즉, 일반적인 평면도형에 대해서 기둥을 도입하였다. 예를 들어, 밑면의 모양이 타원인 기둥두 같은 방법으로 생각할 수 있으며, 이를 타원기둥이라고 한다. 또한 단순폐곡선을 이용하였기 때문에 다각형의 경우 볼록다각형이 아니라 오목다각형인 경우에도 같은 방법으로 기둥을 생각할 수 있다. 그러나 일반적으로 학교 수학에서는 기둥의 밑면의 모양이 볼록다각형 또는 원인 기둥에 대하여만 생각하고, 이를 각각 각기둥, 원기둥이라 부른다.

62) 이 그림은 [그림 13.3]을 축소한 것이다. 기둥면, 단면 등을 조금은 더 직관적으로 확인할 수 있다.

다음은 [그림 13.2]에서의 직선 l에 주목해 보자.

직선 l이 평면 α와 수직이면 직각기둥(right cylinder)이라 하고, 직선 l이 평면 α와 수직이 아니면 빗각기둥(oblique cylinder)이라 한다. 각각을 그림으로 나타낸 것이 [그림 13.4]와 [그림 13.5]이다.

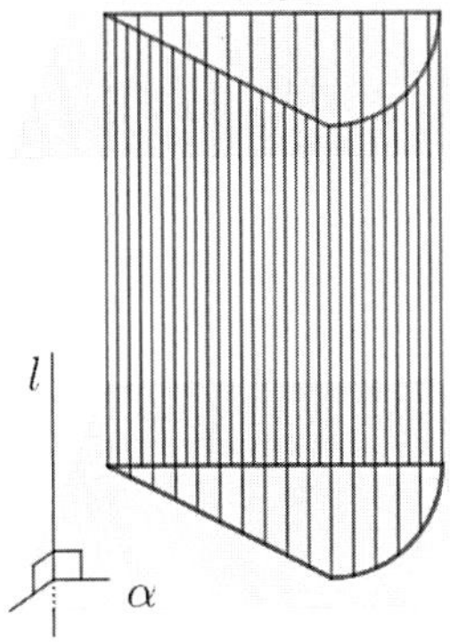

[그림 13.4] 직각기둥

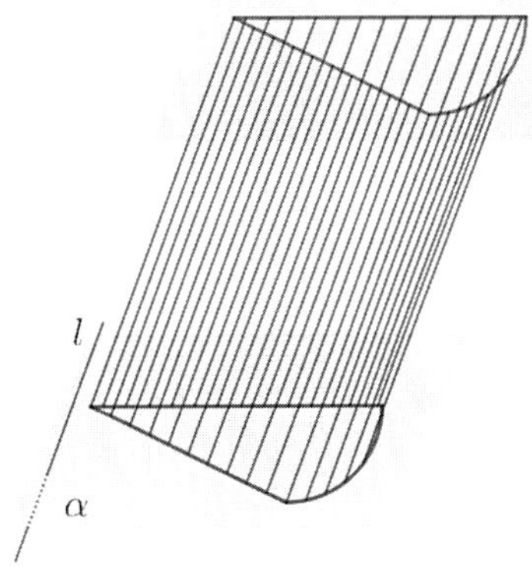

[그림 13.5] 빗각기둥

직각기둥과 빗각기둥 또한 그 밑면의 모양에 따라 분류하여 명명한다. 밑면의 모양이 다각형일 때, 예를 들어 밑면의 모양이 삼각형이면 직삼각기둥, 빗삼각기둥, 사각형이면 직사각기둥, 빗사각기둥이라 한다. 그리고 밑면의 모양이 원이면 직원기둥, 빗원기둥이라 한다. 직사각기둥과 직원기둥을 제외하면 용어들이 아마도 낯설 것이다.

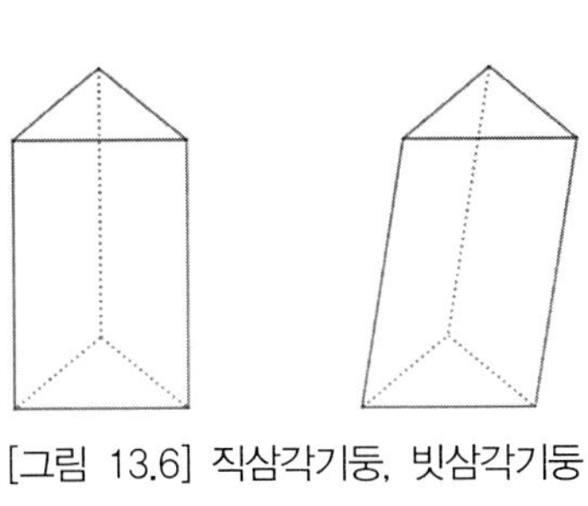

[그림 13.6] 직삼각기둥, 빗삼각기둥

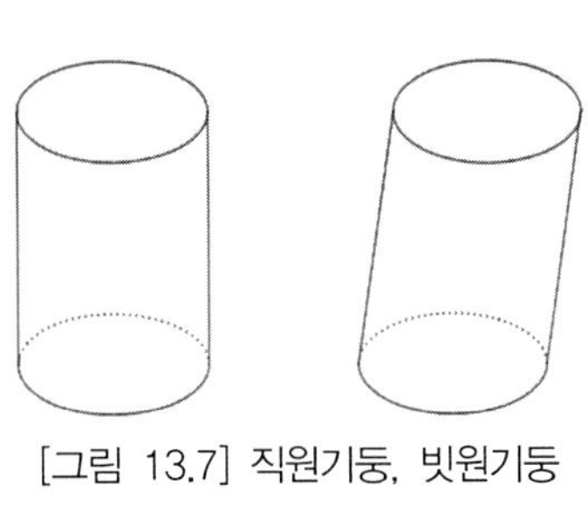

[그림 13.7] 직원기둥, 빗원기둥

참고로, [그림 13.8]과 같이 한 선분으로부터 같은 거리에 있는 점들의 집합은 원기둥면을 이룬다.

그리고 [그림 13.9]와 같이 한 직선으로부터 같은 거리에 있는 직선들의 집합도 원기둥면을 이룬다.

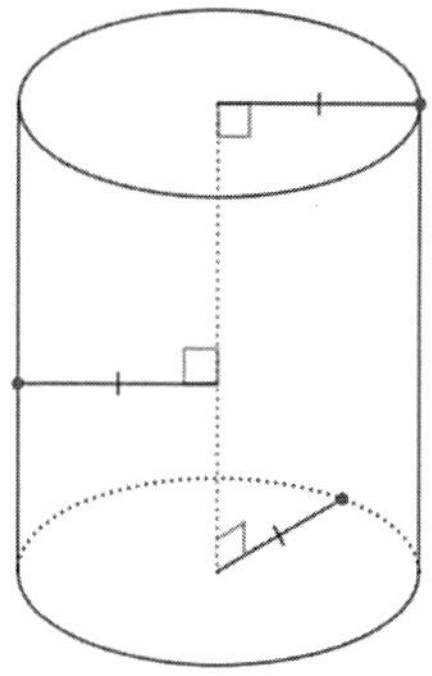
[그림 14.8]

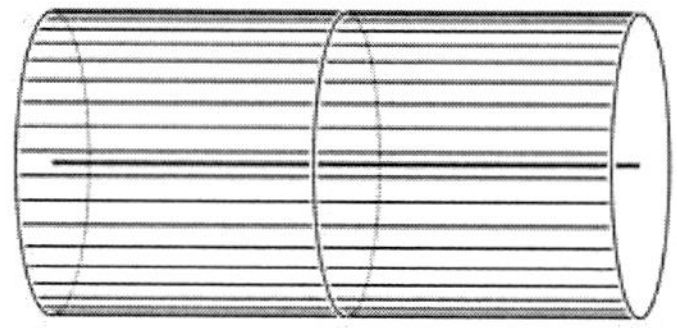
[그림 14.9]

이미 언급한 내용이지만, 일반적으로 학교 수학에서 빗각기둥은 학습하지 않고 직각기둥만을 학습 대상으로 하고 있다. 그리고 직각기둥에서도 기둥의 밑면의 모양이 볼록다각형 또는 원인 직각기둥에 대하여만 학습하고 있다는 사실을 반드시 알고 있어야 한다. 따라서 밑면의 모양이 볼록다각형 또는 원인 직각기둥을 학교 수학에서는 각기둥, 원기둥이라고 부른다는 것을 다시 한번 강조한다. 이렇게 강조한 사실들을 간과하면 초·중등에서 배우는 내용 중에 주어진 명제가 실제로는 '거짓'임에도 불구하고 그 명제가 '거짓'임을 모르는 상태에서 '참'이라고 가르치게 된다. 실제로 이런 명제들이 허다하다. 잘 알고서 가르치자는 의미이다.

2. 뿔

[그림 13.10]에서처럼 평면 α 위의 곡선 C와 이 곡선 위의 한 점 A, 평면 α 위에 있지 않은 정점 P를 생각하자. [그림 13.11]에서처럼 곡선 C 위의 점 A가 곡선 C를 따라 움직일 때 직선 PA가 나타내는 곡면을 뿔면(conical surface)이라 한다.

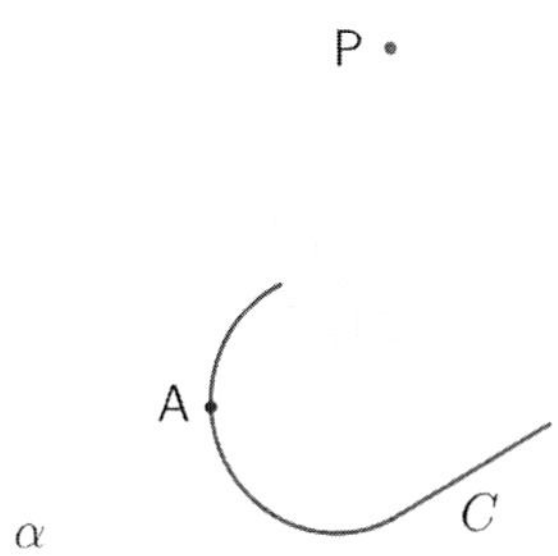

[그림 13.10]

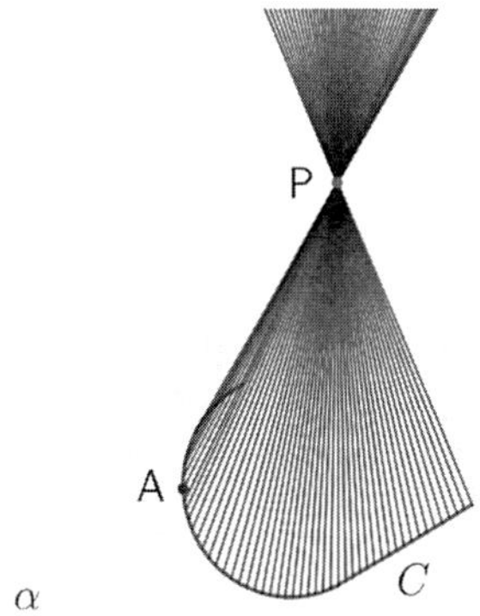

[그림 13.11] 곡선의 뿔면

이때 곡선 C를 준선(準線, directrix), 정점 P를 지나는 모든 직선을 모선(母線, generatrix), 정점 P를 꼭짓점(apex)이라 한다. 즉, 뿔면을 곡선 C의 한 점과 정점 P를 지나는 모든 직선의 집합으로 정의[63] 한다면 각 모선이 이 집합의 원소가 되는 것이다.

[그림 13.11]을 살펴보면 잘 알겠지만, 일반적으로 뿔면은 꼭짓점으로 연결된 2개의 합동인 도형으로 구성된다. 즉, 하나의 뿔면은 정점 P를 시작점으로 하고 곡선 C의 한 점을 지나는 반직선으로 이루어진 도형이라는 의미이다. 교재에 따라서는 이를 뿔면의 정의로 사용하기도 한다. 이 교재에서도 이 정의를 뿔면의 정의로 채용하도록 하자.

---

63) 2015 개정 수학과 교육과정에 따른 교사용 지도서는 이렇게 정의하고 있다.

뿔면의 정의에서는 준선 C와 정점 P 의 위치에 주목할 필요가 있다. 먼저 [그림 13.12]에서처럼 평면 α 위의 준선 C가 단순폐곡선이라면, [그림 13.13]과 같이 준선 C의 내부 영역과 뿔면으로 이루어진 단순폐곡면을 생각할 수 있다. 이 단순폐곡면을 뿔(cone)64)이라고 하고, 점 P 를 뿔의 꼭짓점(apex), 단순폐곡선의 영역을 뿔의 밑면(base)이라고 한다.

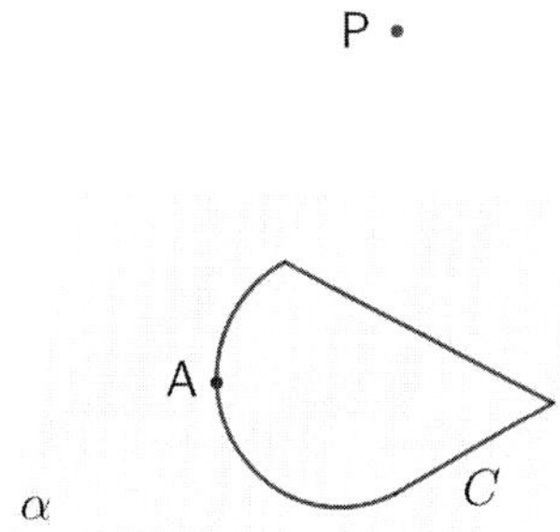

[그림 13.12]

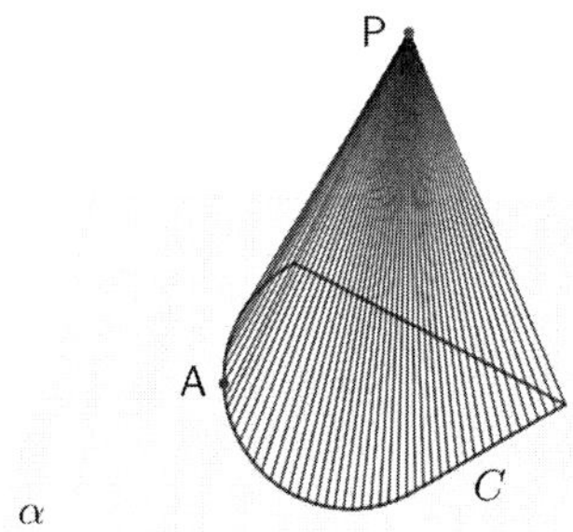

[그림 13.13] 뿔

기둥에서와 마찬가지로 뿔도 그 밑면의 모양에 따라 분류하여 명명한다. 즉, 뿔에서 밑면의 모양이 다각형이면 각뿔(pyramid)이라 하고, 밑면의 모양이 원이면 원뿔(circular cone)이라 한다.

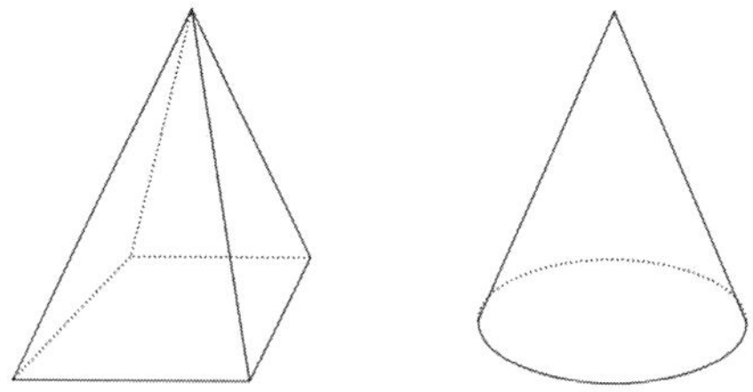

[그림 13.14] 각뿔과 원뿔

64) 이 교재에서는 단순폐곡선을 이용하여 즉, 일반적인 평면도형에 대해서 뿔의 개념을 도입하였다. 또한 단순폐곡선을 이용하였기 때문에 다각형의 경우 볼록다각형이 아니라 오목다각형인 경우에도 같은 방법으로 생각할 수 있다. 그러나 일반적으로 학교 수학에서는 뿔의 밑면의 모양이 볼록다각형 또는 원인 뿔에 대하여만 생각하고, 이를 각각 각뿔, 원뿔이라 부른다.

다음은 [그림 13.10]에서의 정점 P 의 위치에 주목해 보자.

정점 P , 즉 뿔의 꼭짓점에서 밑면에 내린 수선의 발이 밑면의 무게중심일 때, 이 각뿔을 직각뿔(right cone)이라고 한다. 따라서 직각뿔은 뿔의 꼭짓점과 밑면의 무게중심을 잇는 선분이 밑면과 수직이다. 그리고 직각뿔이 아닌 각뿔을 빗각뿔(oblique cone)이라고 한다. 각각을 그림으로 나타낸 것이 [그림 13.15]와 [그림 13.16]이다.

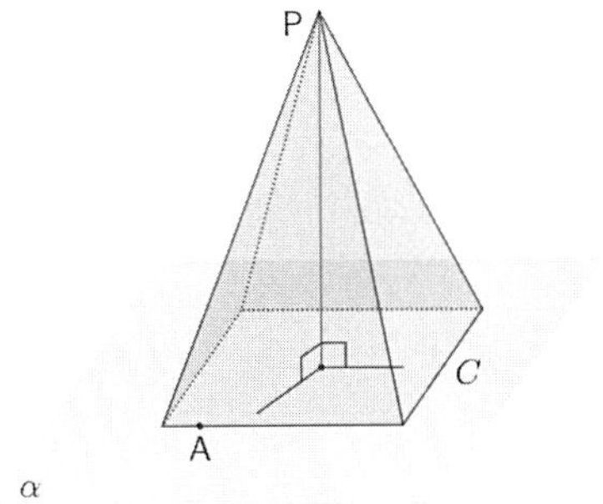

[그림 13.15] 직각뿔

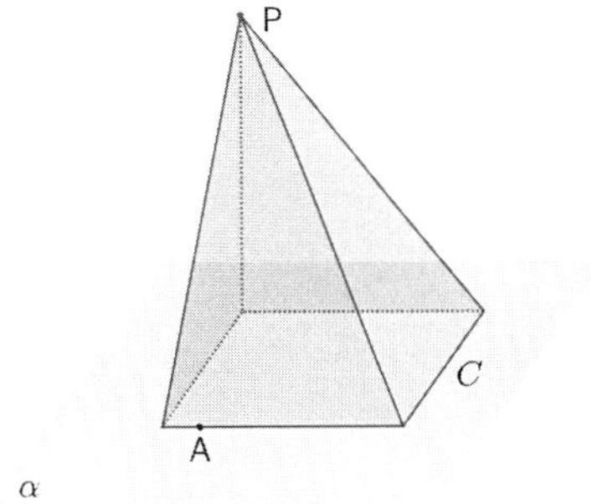

[그림 13.16] 빗각뿔

직각뿔과 빗각뿔 또한 그 밑면의 모양에 따라 분류하여 명명한다. 밑면의 모양이 다각형일 때, 예를 들어 밑면의 모양이 삼각형이면 직삼각뿔, 빗삼각뿔, 사각형이면 직사각뿔, 빗사각뿔이라 한다. 특히, 밑면의 모양이 정다각형이면 정각뿔이라 한다. 그리고 밑면의 모양이 원이면 직원뿔, 빗원뿔이라 한다.

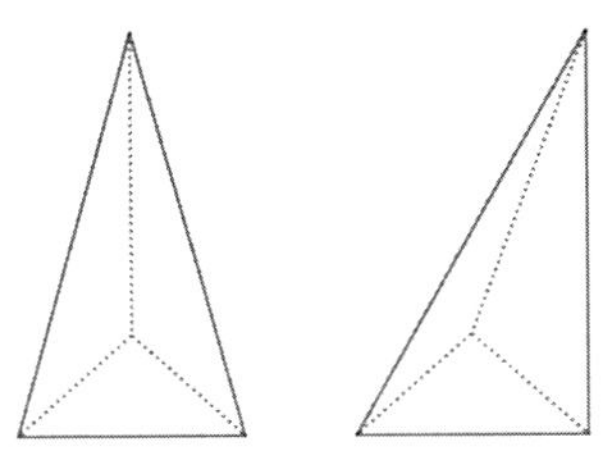
[그림 13.17] 직삼각뿔과 빗삼각뿔

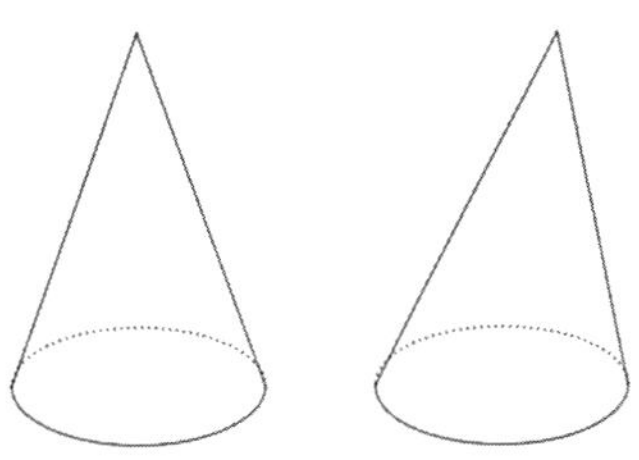
[그림 13.18] 직원뿔과 빗원뿔

1) 뿔대(-臺, frustum)

뿔을 밑면과 평행한 평면으로 자르면 뿔은 두 부분으로 나누어진다. 이때 뿔의 꼭짓점을 포함하지 않는 부분을 '뿔대'라고 한다. 교재에 따라서는 평행한 두 평면으로 뿔을 잘랐을 때, 두 평면 사이에 있는 뿔의 부분을 뿔대라고 정의하기도 한다.

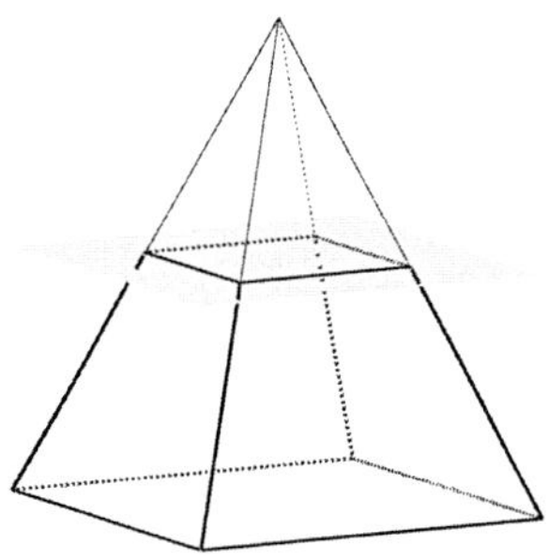

[그림 13.19] 뿔대의 정의 1

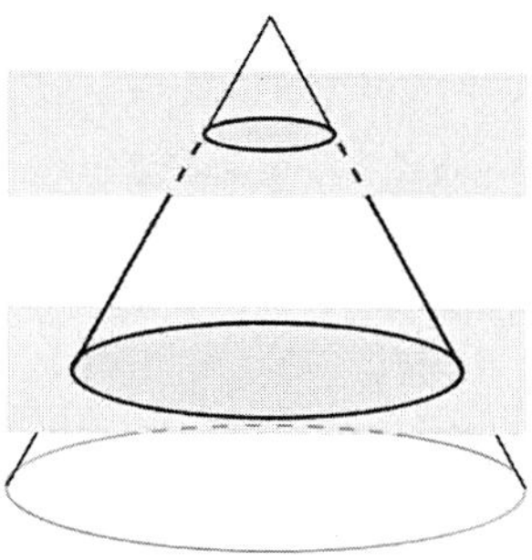

[그림 13.20] 뿔대의 정의 2

각뿔로부터 얻어지는 뿔대를 각뿔대라고 한다. 각뿔대는 주어진 각뿔의 밑면의 모양에 따라 그 이름이 정해진다. 따라서 삼각뿔, 사각뿔, ···, n각뿔로부터 얻어지는 뿔대를 각각 삼각뿔대, 사각뿔대, ···, n각뿔대라고 한다. 또한, 직각뿔로부터 얻어지는 뿔대를 직각뿔대(right frustum), 빗각뿔로부터 얻어지는 뿔대를 빗각뿔대(oblique frustum)라고 한다.

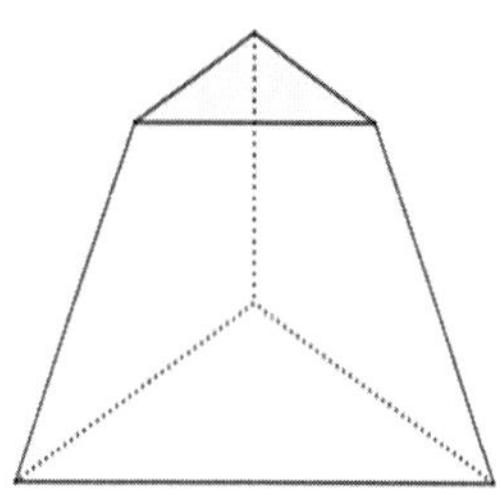

[그림 13.21] 직각뿔대

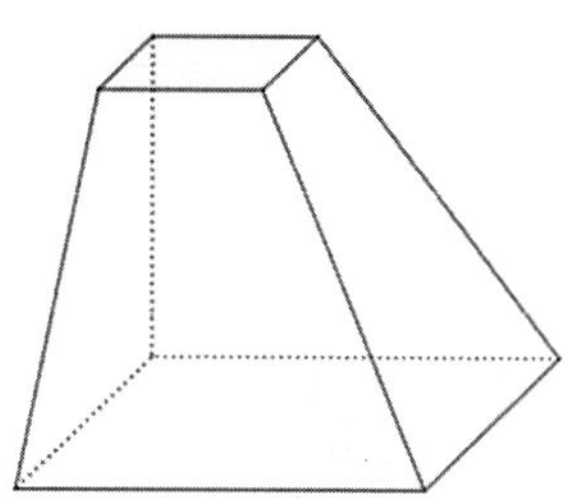

[그림 13.22] 빗각뿔대

그리고 원뿔로부터 얻어지는 뿔대를 원뿔대라고 하고, 직원뿔로부터 얻어지는 뿔대를 직원뿔대(conical frustum), 빗원뿔로부터 얻어지는 뿔대를 빗원뿔대라고 한다.

[그림 13.23]

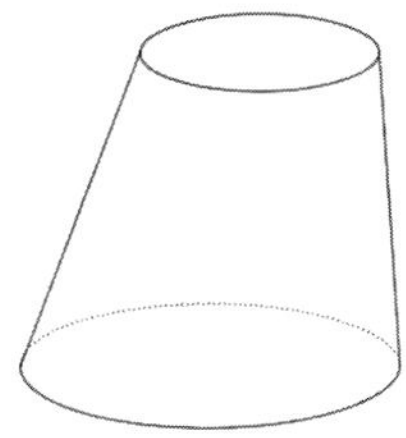

[그림 13.24]

다양한 도형들의 이름이 등장하여 혼란스러울 수도 있을 것이다. 이를 정리하여 표로 나타내어 보자.

	수직 여부		밑면 도형		도형 이름
기둥 뿔	직각기둥 직각뿔	⇨	다각형	⇨	직n각기둥, 직n각뿔
			원	⇨	직원기둥, 직원뿔
	빗각기둥 빗각뿔	⇨	다각형	⇨	빗n각기둥, 빗n각뿔
			원	⇨	빗원기둥, 빗원뿔

[표 13.25]

다면체와 관련하여 '같은 다면체'라도 관점이나 분류 기준에 따라 이름이 두 개가 될 수 있다. 사면체, 오면체, 육면체 등은 다면체를 면의 개수에 따라 분류한 것이고, 사각기둥, 오각뿔, 육각뿔대 등은 다면체를 밑면의 모양에 따라 분류한 것이라 설명할 수 있다. 예를 들어, 오각뿔은 면의 개수를 고려하면 육면체이고, 밑면의 모양을 고려하면 오각뿔이라고 이름을 정할 수도 있다는 의미이다.

3. 학교 수학에서의 기둥과 뿔

우리는 1절과 2절에서 공간에서의 도형으로 기둥과 뿔이 어떻게 구성되는가에 초점을 두고 학습하였다. 따라서 조금은 생소한 용어들로 불편이 있었을 것이다.

교재에 따라서는 다면체를 먼저 정의하고 각기둥과 각뿔을 다면체의 하위 요소로 두고 내용을 전개한다. 이후 다면체가 아닌 단순폐곡면으로 된 도형으로 원기둥과 원뿔이 도입된다. 즉, 각기둥과 각뿔은 다면체, 원기둥과 원뿔은 곡면체라는 관점에서 내용이 전개된다. 학교 수학은 이렇게 구성되어 있다고 생각하면 된다.

이미 언급한 내용이지만, 마지막으로 한 번만 더 강조하자. 일반적으로 학교 수학에서는 빗각기둥과 빗각뿔은 학습하지 않고 직각기둥과 직각뿔만을 학습 대상으로 하고 있다. 그리고 직각기둥과 직각뿔에서도 밑면의 모양이 볼록다각형 또는 원인 직각기둥과 직각뿔에 대하여만 학습하고 있다. 즉, 우리가 주목한 직선과 수선의 평면과의 '수직 여부'는 이미 '수직'인 상태에서의 도형이 그 대상이라는 것을 의미하고 있다. 그러므로 '직각기둥'과 '직각뿔'이란 용어를 대신하여 '각기둥'과 '각뿔'이라는 용어를 사용하는 것으로 생각해야만 한다. 이 내용을 [표 13.25]를 이용해 다시 정리하면 다음과 같다.

수직 여부	밑면 도형	도형 이름	학교 수학
직각기둥 직각뿔 ⇨	다각형 ⇨	직n각기둥 ⇨	n각기둥
		직n각뿔 ⇨	n각뿔
	원 ⇨	직원기둥 ⇨	원기둥
		직원뿔 ⇨	원뿔

[표 14.26]

1) 각기둥과 각뿔

일반적으로 학교 수학에서는 각기둥을 '두 밑면이 평행하고 합동인 다각형이고, 옆면이 모두 직사각형인 다면체'로 정의하고 있다. 따라서 옆면(lateral face)에 대한 '밑면에 수직인 면' 또는 '밑면이 아닌 면' 등의 보충적인 정의가 필요하다.

각뿔은 '밑면이 다각형이고, 옆면이 모두 삼각형인 다면체'로 정의하고 있다. 초등학교 교과서는 각기둥과 각뿔의 정의 모두를 각각의 입체도형을 분류하는 과정 후에 예시적으로 정의하여 도입하고 있다.

초등학교에서는 입체도형의 구성요소인 모서리를 '면과 면이 만나는 선분'으로, 꼭짓점을 '모서리와 모서리가 만나는 점'으로 정의하고 있다. 중학교에서는 모서리를 '다각형의 변'으로, 꼭짓점을 '다각형의 꼭짓점'으로 정의하고 있다. 이 정의에서도 알 수 있듯이 중학교의 교육과정은 각기둥과 각뿔을 다면체의 한 종류로 생각하고 있음이 명백하게 보인다.

2) 원기둥과 원뿔

초등학교 교과서는 입체도형을 분류하는 과정 후에 원기둥과 원뿔을 예시적으로 정의하고 있다. 이후의 활동은 모두 회전체의 의미로서 도입되고 있다. 그러나 직관적으로 이해하는 수준 정도로 다루고 있다.

중학교 교과서는 처음부터 회전체를 도입하여 회전체로서의 정의를 제시한 후 그 성질에 관한 내용을 제공하고 있다. 초등학교에서의 학습 내용의 심화와 연장이라 할 수 있다.

따라서 학교 수학에서의 원기둥과 원뿔은 회전체의 관점에서 다루고 있다. 이 내용은 다음 장에서 학습하는 것으로 하자.

4. 위상적 성질

위상(位相)수학은 위치(位)와 형상(相)에 관한 학문으로 생각할 수 있다. 수학이라는 학문이 가지고 있는 오랜 역사와는 달리 '위상수학'이라 분류되는 수학의 한 분야는 가장 최근이라고 할 수 있는 19세기 말부터 연구가 시작된, 따라서 비교적 그 역사가 짧은 분야라고 말할 수 있다. 위상수학을 의미하는 단어 'topology'라는 단어도 독일의 수학자 Listing의 1847년 논문에서 등장한다.

위상수학의 연구 대상 중에서도 여러분들에게 익숙한 대상들이 있다. 바로 'Möbius의 띠', '다면체 정리'와 '한붓그리기' 등이다. 이 절에서는 '초등학교에서도' 학습하고 있는 위상적 성질에 대해서 간단하게 정리하고자 한다.

1) Euler의 다면체 정리 지표(指標)

Euclid의 기하학에서는 평행이동, 대칭이동, 회전이동 등에 의해서 그 형태를 변형시키지 않고 겹치는 두 도형을 합동이라 하며 '같은 도형'으로 취급한다. 그러나 위상수학에서는 도형을 늘이고 줄이는 것과 같이 변형을 가해서 같은 형태로 만들 수 있을 때 두 도형을 동형(同形)이라 하며 '같은 도형'으로 생각한다. 예를 들면, 평면에서는 고무줄, 공간에서는 찰흙 등으로 도형을 만들었다고 생각해보자. 만든 도형을 변형하는데 늘이거나 줄일 수는 있어도 끊거나 구멍을 뚫을 수는 없다고 할 때, 고무줄로는 여러 가지의 단순폐곡선을, 말랑한 풍선으로는 여러 가지의 단순폐곡면을 변형하면서 만들 수 있다. 따라서 이렇게 만들 수 있는 모든 도형은 위상수학의 관점에서 모두 같은 도형 즉, 동형이다. 그렇다면 이렇게 변형한 여러 가지 도형들에서 바뀌지 않는 무엇인가가 있을까? 존재하지 않을 것만 같은데 불변인 것이 있다!

볼록한 다면체에서 꼭짓점(vertex)의 개수를 v, 모서리(edge)의 개수를 e, 면(face)의 개수를 f 라고 하자. 이때

$$v - e + f = 2$$

가 성립한다. 즉, 불변인 양이라는 의미를 담고 있다. 이를 Euler의 다면체 정리[65)]라고 한다. 초등학교에서 다루는 유일한 위상적 성질로 교과서에서는 $v + f - e$ 를 통해 그 규칙을 찾게 하고 있다.

	삼각기둥	사각기둥	$\cdots$	n 각기둥	삼각뿔	사각뿔	$\cdots$	n 각뿔
v	6	8		$2n$	4	5		$n+1$
e	9	12		$3n$	6	8		$2n$
f	5	6		$n+2$	4	5		$n+1$
$v-e+f$	2	2		2	2	2		2

[표 13.27] Euler의 다면체 정리

구멍이 없는 다면체의 Euler의 지표가 2임을 이용하면 정다면체가 다섯 종류만 존재한다는 것을 증명할 수 있다. 정다면체는 면이 정다각형이고, 각 점에 연결된 모서리의 개수가 모두 같다. p 를 정다면체를 이루는 정다각형의 변의 개수, q 를 정다면체의 한 점과 연결된 모서리의 개수라고 하자. 그러면 $p \geq 3$, $q \geq 3$ 이고,

$$pf = 2e = qv, \quad v - e + f = 2$$

이다. 따라서 $\dfrac{2e}{q} - e + \dfrac{2e}{p} = 2$ 로부터 $\dfrac{1}{q} + \dfrac{1}{p} = \dfrac{1}{2} + \dfrac{1}{e} > \dfrac{1}{2}$ 이다. p 와 q 가 3 이상인 자연수임을 고려하면, 이 부등식을 만족하는 p, q 의 쌍은 $(3,3)$, $(3,4)$, $(4,3)$, $(3,5)$, $(5,3)$ 뿐이다.

65) 볼록한 다면체뿐만 아니라 원기둥, 원뿔, 구와 같은 곡면체에서도 $v - e + f = 2$ 는 성립한다. 이를 위해서는 이 곡면들이 다각형 모양의 조각들을 변끼리 붙여서 얻을 수 있다는 것과 $v - e + f$ 가 사용한 조각이나 붙이는 방법에 따라 변하지 않는다는 사실들을 공부해야 한다. 그러나 평면에서의 단순폐곡선에 적용해 보면 $v - e + f = 1$ 이 됨은 쉽게 알 수 있다.

2) Euler의 한붓그리기

한붓그리기는 필기구를 평면으로부터 한 번도 떼지 않고, 같은 선을 두 번 지나지 않고 한 번에 도형을 그리는 것을 말한다. 한붓그리기의 시초로 여겨질 만한 가치를 가진 최초의 연구로는 Euler의 'Königsberg의 다리 문제'에 관한 연구로 보는 것이 일반적이다. 지금은 그래프 이론으로 더욱 발전되었지만, 한붓그리기에서 시작된 위상수학은 지하철 노선, 반도체 집적회로, 컴퓨터의 기억장치 등의 계획이나 설계에 이용되고 있다.

[그림 13.28][66]의 오른쪽에는 Königsberg를 관통하는 Pregel강과 그 내부의 두 섬 사이에 7개의 다리가 있다. 어느 한쪽에서 출발해 7개의 다리를 한 번씩만 지나서 되돌아올 수 있는 산책로는 없을까?가 한붓그리기의 시초이다. 1736년 Euler는 이 문제를 다리는 선으로, 땅은 점으로 보고 그래프를 그려 생각한 것이다. 실세계를 추상의 세계로 옮겨 문제를 해결한 것이다. Euler의 결론은 '다리를 한 번씩만 건너는 산책길은 없다'이었다.

[그림 13.28] Euler의 다리 문제

66) 이 우표는 2014 서울세계수학자대회 기념 우표에 사용된 한붓그리기에 관한 오일러의 정리에 관한 그림이다. 출처: 인터넷우체국.

꼭짓점에 연결된 변의 개수를 차수(次數, degree)라고 할 때, 모든 꼭짓점의 차수가 짝수인 경우와 차수가 홀수인 꼭짓점의 개수가 2인 경우는 한붓그리기가 가능하다.

모든 꼭짓점의 차수가 짝수인 경우는 어느 점에서 출발해도 가능하고 항상 출발한 점으로 돌아온다. 그리고 차수가 홀수인 꼭짓점의 개수가 2인 경우는 반드시 이 두 점 중 한 점에서 출발해야만 가능하고, 남은 한 점으로 돌아온다. 적당한 그림으로 확인해 보기를 바란다.

깨알 상식　GHERKIN TOWER

모두 아는 단어겠지만, gherkin은 오이 피클을 뜻한다. 영국 런던에 오이 피클이란 별명으로 유명한 마천루(skyscraper)가 있다. 높이 180m인 Gherkin Tower이다. 30 St. Mary Axe가 빌딩의 정식 명칭. Saint Mary Axe 거리 30번지에 우뚝 서 있다. 주소 = 빌딩명이다.

건물 모양에서 오이를 연상시키기 때문에 이 별명이 붙었겠지만, 건물의 밑부분은 원기둥의 모양을, 윗부분은 원뿔의 모양과 비슷하게(?) 설계된 것처럼 보인다. 특이하면서도 설계가 복잡해 보인다.

수학동아(2014)는 이 건물에 대해서 다음과 같이 전하고 있다.

> 이 건물은 수학적 컴퓨터 모델링으로 지어진 첫 번째 건물로 손꼽힌다. 파라메트릭 모델링이라 불리는 이 방법은 건물을 짓는 데 영향을 미치는 각 개체 간의 관계 조건을 지정하고, 조건에 따라 작동되는 모델링 방법이다. 예를 들어 이 건물의 형태와 높이, 너비, 곡률, 건축 방법에 이르기까지 모든 면을 수학적으로 연결한 뒤, 이 중 한 가지라도 변경되면 자동으로 다른 면들이 함께 수정된다.

이 모델링 방법의 기반이 공간좌표와 그 성질이다. 조금은 과격하게 표현하면 증강 현실 등은 공간좌표이다. 본인 바로 옆에 수학이 있다.

Gherkin Tower
출처 Wikipedia

14. 구

한 점으로부터 일정한 거리에 있는 점들의 집합을 이차원 평면에서 생각하면 원이고, 삼차원 공간에서 생각하면 구이다.

1. 구(球, sphere)

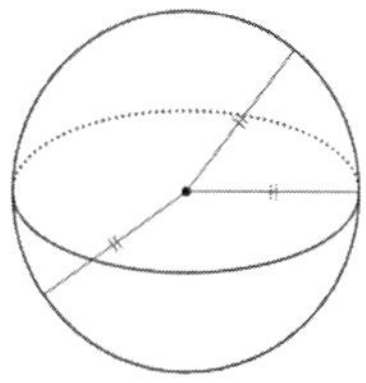
구의 정의

구는 3차원 공간에서 한 정점으로부터 같은 거리에 있는 점들의 집합을 말한다. 이 정점을 구의 중심이라 하고, 구의 중심과 구 위의 임의의 한 점을 연결하는 선분을 구의 반지름이라 한다. 특히, 반지름의 길이가 1 인 구를 단위구(單位球, unit sphere)라 부른다.

구는 단순폐곡면이다. 따라서 공간을 자기 자신, 내부, 외부 이렇게 세 부분으로 분할한다. 그러므로 구의 내부를 포함하고 있는 도형을 언급할 때는 '공(ball)'[67]이라는 용어를 사용해야 한다. 즉,

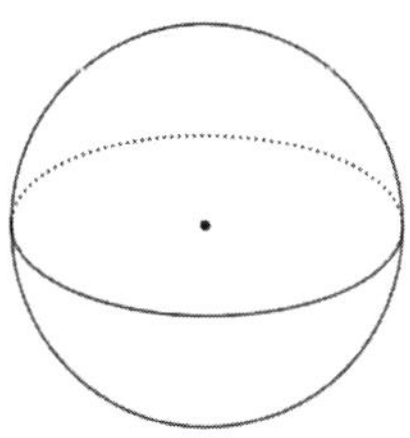
[그림 14.1] sphere

[그림 14.2] ball

임을 생각하면 된다. 따라서 좌표공간에서 구의 중심이 원점이고, 반지름의 길이를 r이라 하면 다음과 같이 적을 수 있다.

$$\text{sphere}: \quad \{(x, y, z) \in \mathbb{R}^3 \mid x^2 + y^2 + z^2 = r^2\}$$
$$\text{ball}: \quad \{(x, y, z) \in \mathbb{R}^3 \mid x^2 + y^2 + z^2 \le r^2\}$$

---

67) 구는 공이란 의미를 가진 한자 球에서 왔지만, 기하학에서의 '구'는 내부가 비어 있는 '구면(球面)'을, '공'은 속이 차 있는 '구체(球體)'를 가리키는 용어이다. 따라서 혼동을 일으키는 경우가 있어, '구'보다는 '구면'이라 하여 '공'과 구별하기도 한다. 그러나 이 교재에서는 교육과정의 용어에 따라 '구'를 사용하기로 한다.

구와 한 평면이 만나게 되면 교선은 이 평면 위의 원이 된다. 이 원을 구와 평면의 교원(交圓)[68]이라 한다. 특히, 평면이 구의 중심을 포함하면 교원의 반지름의 길이는 최대가 되고, 이 교원을 대원(大圓, great circle)이라 한다. 따라서 대원과 구의 반지름의 길이는 같다. 대원 외의 교원을 소원(小圓, small circle)이라 한다.

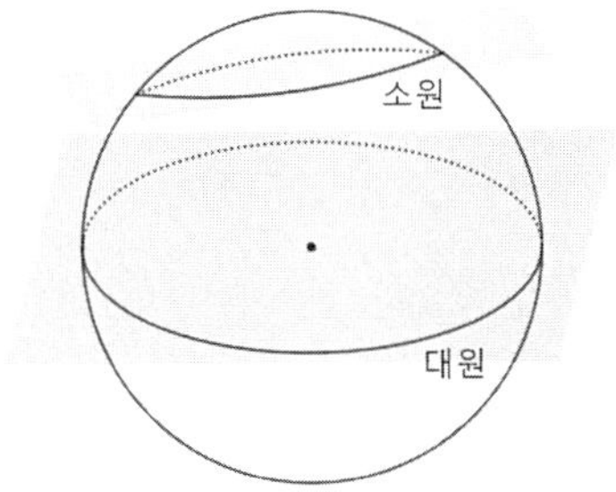

[그림 14.3] 대원과 소원

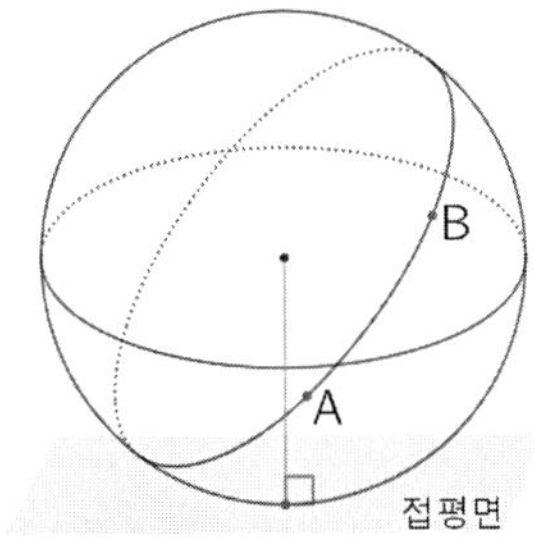

[그림 14.4] 접평면

임의의 대원에 의해 구는 항상 2개로 나누어지고, 각각을 반구(半球, hemisphere)라고 한다. 그리고 구와 한점에서만 만나는 평면을 구의 접평면(接平面, tangent plane)이라 한다.

구 위의 두 점을 연결하는 최단의 선은 대원의 호이다. 예를 들면, [그림 14.4]에서 대원의 짧은 호 AB이다. 이 호를 기하학에서 측지선(測地線, geodesic)이라 부른다.

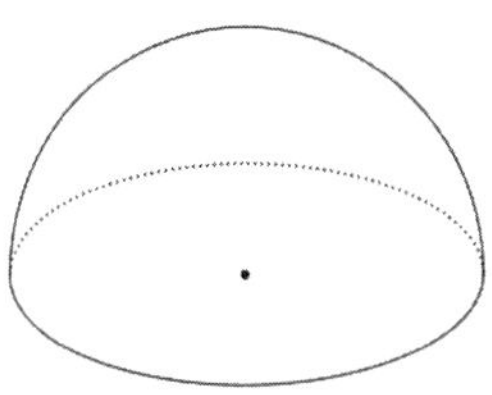
반구(hemisphere)

일반적으로 한 직선 위에 있지 않은 세 점을 지나는 원이 유일하게 존재한 것처럼 구는 한 평면 위에 있지 않은 네 점을 결정하면 고유하게 결정된다. 보다 일반적으로는 지나는 점이나 평면에 접하는 등의 조건이 4개 있으면 구가 일의적으로 결정된다. 이 성질은 평면에서 원이 한 직선 위에 있지 않은 세 점으로 고유하게 결정된다는 성질의 3차원 공간 version으로 생각할 수 있다.

68) 두 구면 방정식의 해를 구하면 두 구면의 교선이 원이 되는 것을 확인할 수 있다.

2. 회전체

회전면(回轉面, surface of revolution)은 [그림 14.5]에서처럼 한 평면에 놓여 있는 곡선 C를 이 평면 위의 한 직선 l을 축으로 회전시켜 만든 곡면을 말한다. 이 곡선 C를 회전면의 모선(母線, generatrix), 직선 l을 회전면의 회전축(回轉軸, axis of revolution)이라고 한다.

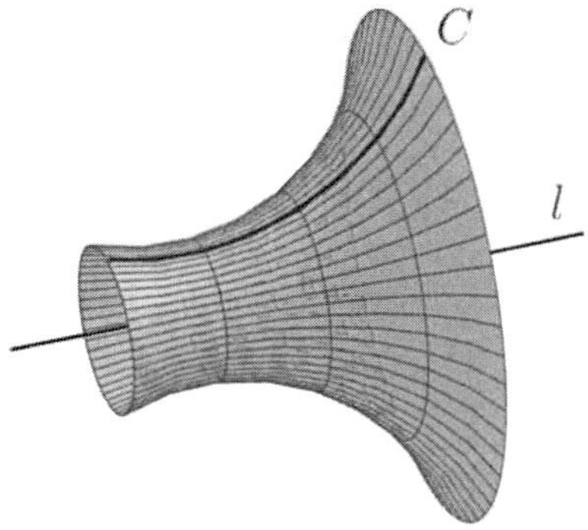

[그림 14.5] 회전면

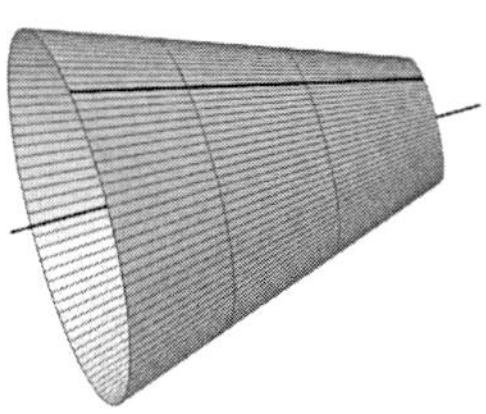

선분을 모선으로 하는 회전면의 예로는 모선이 축에 평행한지 아닌지에 따라 원기둥면 및 원뿔면, 원뿔대면이 만들어진다. 또한, 원을 임의의 지름을 축으로 회전시키면 이 원을 대원으로 하는 구를 얻을 수 있다.

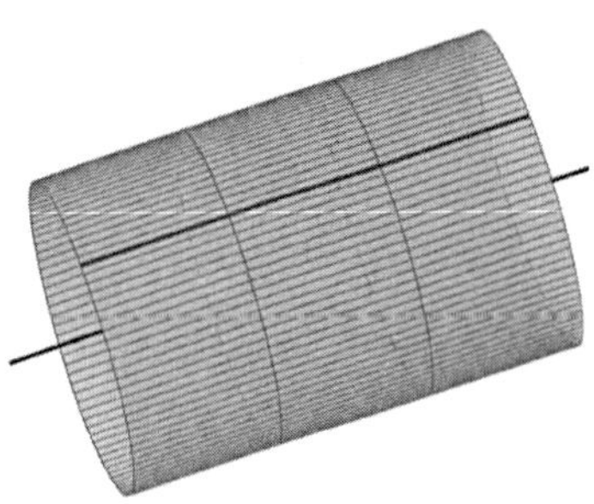

원기둥면

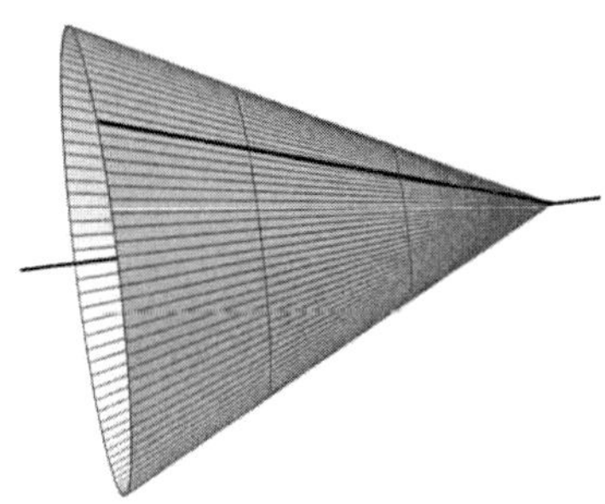

원뿔면

이 교재에서는 회전면과 회전축에 수직인 두 평면으로 이루어진 입체도형을 회전체(回轉體, solid of revolution)라고 정의하도록 하자. 이렇게 정의하면 [그림 14.6]에서처럼 한 직사각형의 한 변을 축으로 하여 회전시키면 회전체로서 원기둥을 얻을 수 있고 직각삼각형을 그 직각을 낀 한 변을 축으로 하여 회전시키면 회전체로서 원뿔을 얻을 수 있게 된다. 또한, 임의의 원을 그 지름을 축으로 하여 회전시키면 그 원과 같은 중심, 같은 반지름의 길이를 가지는 구를 얻을 수 있다.

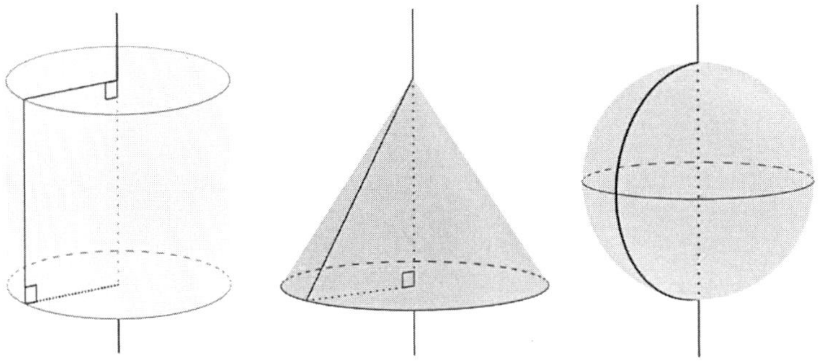

[그림 14.6] 회전체

이미 우리는 원기둥, 원뿔, 구의 '일반적인 정의'를 사용해 왔지만, 회전체의 관점에서 이 용어들을 다음과 같이 재정의하여 사용할 수도 있다.

· 원기둥 : 직사각형의 한 변을 회전축으로 하여 회전시켜 만든 입체도형

· 원뿔 : 직각삼각형의 직각을 낀 변을 회전축으로 하여 회전시켜 만든 입체도형

· 구 : 반원의여 회전시켜 만든 입체도형

깨알 상식 Spherical segment

Spherical segment는 직역하면 구의 조각 혹은 구의 부분이라는 뜻이다. 우리말로는 구면대(球面臺)이다. 즉, 구(면)의 뿔대 version이다. 학교 수학에서는 그 존재조차 학습하지 않는다. 이 교재에서는 '이런 것도 있습니다.'라고 하는 존재의 수준에서만 소개하고 여러분들의 직관에 의존하기로 한다. 구면대를 그림으로 나타내면 다음과 같다.

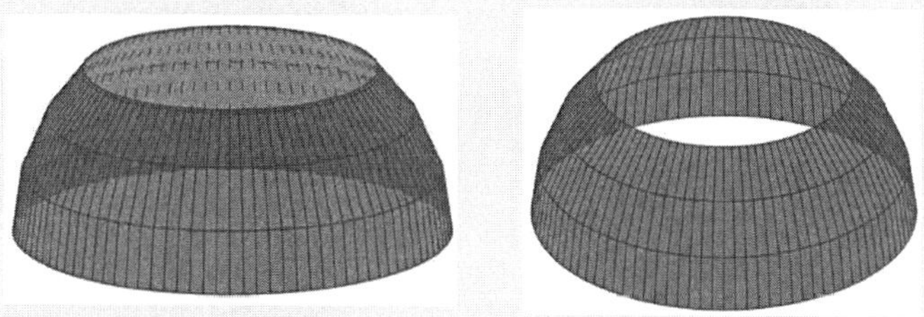

[그림 14.7] 구면대와 구면띠

구면띠(spherical zone)는 구면대의 곡면만을 지칭한다. 구면띠 외에도 spherical cap, spherical wedge, spherical sector 등이 있다. 상상해 보자. cap은 모자이므로 평행한 두 평면으로 구면대를 만들고 남은 부분일 것이고, wedge는 쐐기이므로 v자 모양으로 자른 도형일 것이다. 설명할 필요 없이 우리가 잘 아는 lemon wedge와 같은 모양으로 자른 도형으로 생각하면 된다. 그리고 원에서 sector는 부채꼴이었다. 그러므로 구(면)에서 spherical sector는 한 달 내내 다른 종류의 아이스크림을 먹을 수 있는 가게에서 주문하는 콘과 같은 모양의 도형을 생각하면 된다. 그림을 제시하지 않은 이유가 그리기 귀찮아서가 절대로 아니다.

15. 전개도와 겨냥도

공간에서의 도형은 보는 위치에 따라 모양이 다르게 보이고 또 누구에게나 시각적으로 보이지 않는 면이 존재하게 된다. 따라서 입체도형은 구체적 조작 활동이 필수적이다. 이러한 구체적 조작 활동과 더불어 보이지 않는 면을 조금이라도 볼(?) 수 있게 그리도록 하는 것이 전개도와 겨냥도라고 설명할 수 있다. 즉, 입체도형을 평면에 표현하기 위한 하나의 방법이다.

1. 전개도

입체도형을 '평면 위에 펼쳐놓은 그림'을 전개도(展開圖, net)라고 한다. 이전에는 development figure라는 용어를 사용했는데 요즘은 net이라 부르는 것이 일반적이다. 구(球)와 같이 전개도를 그릴 수 없는 것도 있지만, 전개도는 다면체뿐만 아니라 곡면체(曲面體)도 그릴 수 있는 것이 있다. 주어진 도형의 전개도를 그리는 것도 중요하지만, 반대로 그린 전개도로 입체도형이 구성될 수 있는가도 중요한 사항이다.

일반적으로 원기둥의 전개도라 하면 약속이나 한 듯 [그림 15.1]을 떠 올린다. 그렇지만 원기둥의 전개도를 [그림 15.2]로 그린다면 누구나 의아해할 것이다. 그러나 위에서 제시한 전개도의 일반적인 정의에 따르면 이것도 원기둥의 전개도임은 분명하다.

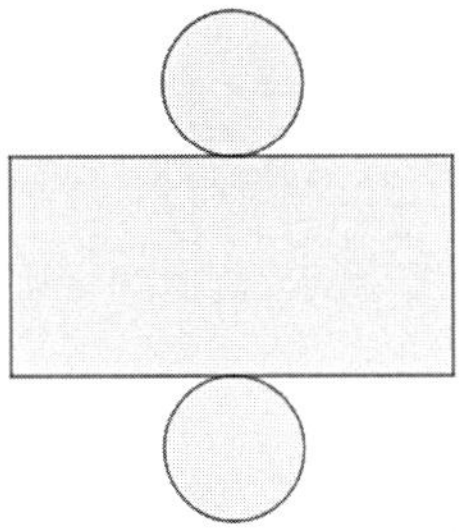

[그림 15.1] 원기둥의 전개도

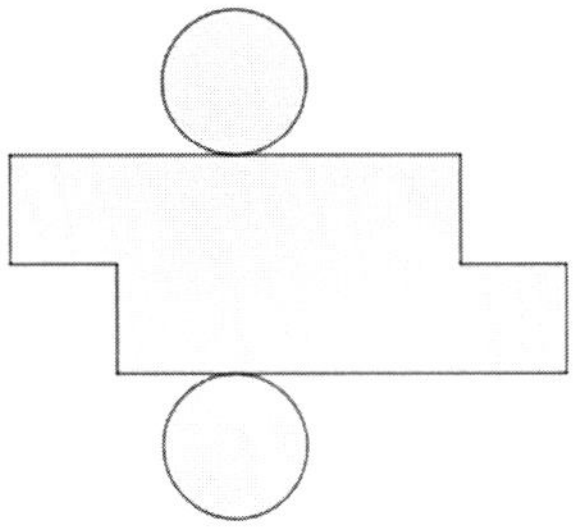

[그림 15.2] 원기둥의 전개도?

[그림 15.2]는 입체도형을 평면 위에 펼쳐놓기 위해 잘(?) 자르면 모두가 전개도라는 의미를 담고 있다. 그러나 전개도가 가지고 있는 고유한 교육적 목표와는 별개로 입체도형의 겉넓이 등과의 관계를 고려한다면 우리에게 익숙한 도형을 사용하여 전개도로 표현하는 것은 문제 해결을 위한 하나의 방법과 수단이 된다.

학교 수학에서의 전개도는 사실 다면체와 곡면체에서 그 정의를 달리하고 있다. 다면체인 각기둥과 각뿔은 '모서리를 잘라서 펼쳐놓은 그림'으로, 곡면체인 원기둥과 원뿔은 '잘라서 펼쳐놓은 그림'으로 정의하여 소개하고 있다. 초등학교는 여기에다 직육면체를 펼쳐서 잘리지 않은 모서리는 점선, 잘린 모서리는 실선으로 나타낸 그림을 제시하며 '이와 같이 직육면체를 펼쳐서 평면에 그린 그림'을 직육면체의 전개도로 정의하고 있다. 이러한 정의들은 이후 학교급이 바뀌어도 변함없이 그대로 사용된다.

학교 수학에서 제시된 전개도의 정의에 따라 주어진 다면체를 모서리를 이용해 자르면 전개도의 종류가 제한되지만, 한편으로는 다면체의 면의 개수나 그 모양에 대한 논의를 가능하게 하는 장점이 있다. 따라서 주어진 입체도형과의 관계를 다룰 수 있게 되는 것이다. 그러므로 '모서리를 잘라서 펼쳐놓은 그림'으로의 정의는 교육과정에서의 지도 의의인 입체도형의 성질을 이해하기 위한 수단으로 작용하게 된다. 당연한 결론이지만, 교수학적 목적에 따른 정의라 할 수 있다.

이 교재에서는 다면체의 전개도를 '다면체의 모서리를 잘라서 펼쳐놓은 그림'으로 정의하여 사용하기로 하자. 전개도를 합동변환 즉, 평행이동, 대칭이동, 회전이동으로 겹치는 전개도는 같은 것으로 간주하면 정육면체의 전개도는, 이 정의에 따르면, 소위 11개가 된다.[69] 이 내용에 대해서 살펴보기로 하자.

---

69) 참고로 직육면체의 전개도는 모두 54가지이다.

1) 정육면체의 전개도

먼지, 정육면체에서 마주 보는 두 면을 밑면으로 결정하고, 옆면만을 생각해 보자. 한 모서리를 잘라 펼치면 처럼 된다. 한 밑면을 붙이고 남은 한 밑면을 옮겨가며 붙인다고 생각하면 [그림 15.3]에서처럼 6개의 전개도를 바로 만들 수 있다.

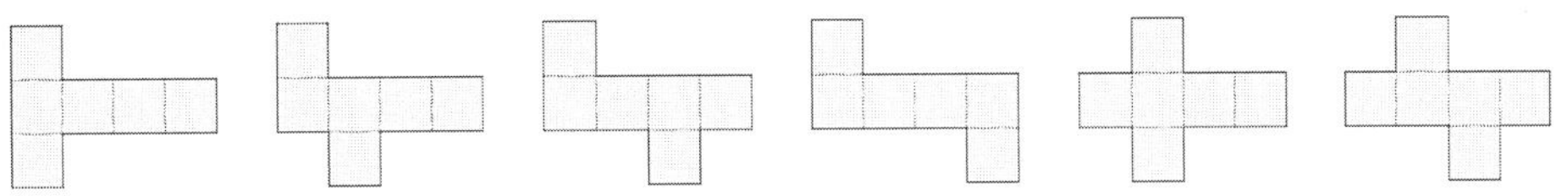

[그림 15.3] 정육면체 전개도의 일부

다음으로 옆면에 한 밑면을 추가한 경우를 생각해보자. 한 모서리로 잘라 펼치면 [그림 15.4]의 왼쪽 그림을 얻을 수 있다. 이후 남은 한 밑면을 옮겨가며 붙인다고 생각하면 [그림 15.4]의 오른쪽 그림에서 나타내는 다른 3개의 전개도를 만들 수 있다.

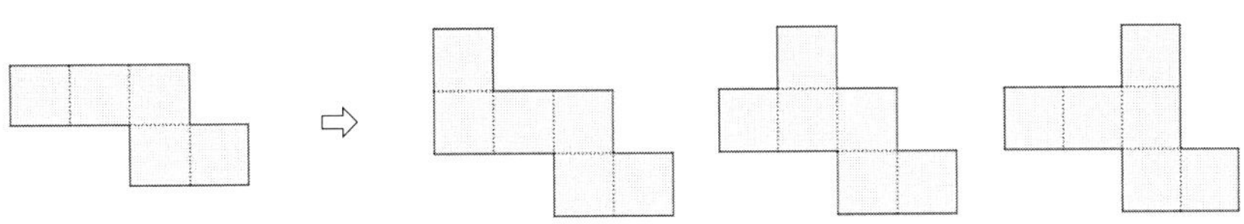

[그림 15.4] 정육면체 전개도의 일부

남은 2개의 전개도는 다음과 같다. 11개의 전개도가 완성되었다.

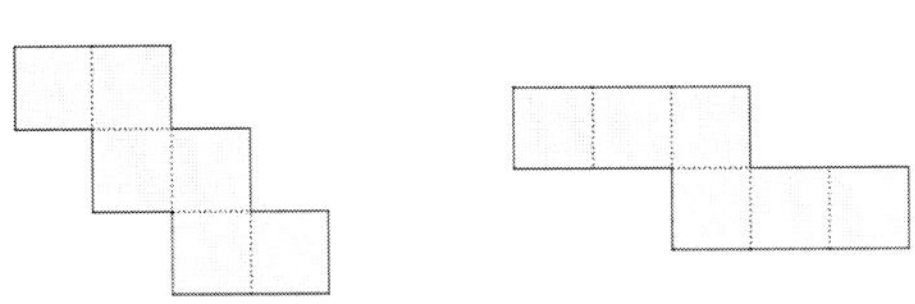

[그림 15.5] 정육면체 전개도의 일부

2) 각기둥의 전개도

n각기둥의 전개도는 옆면을 먼저 그린 후 두 밑면을 그리는 방법이 있다. 밑면은 각 직사각형의 위쪽에 그리면 $n \times n$개의 전개도를 만들 수 있다. 예를 들어 [그림 15.6]의 사각기둥을 생각하면 이 방법으로 16개의 전개도가 만들어지게 된다.

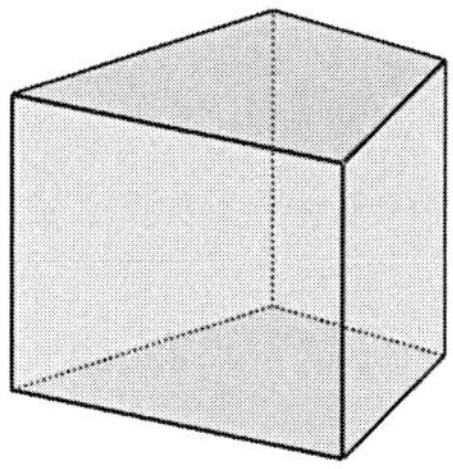

[그림 15.6] 사각기둥

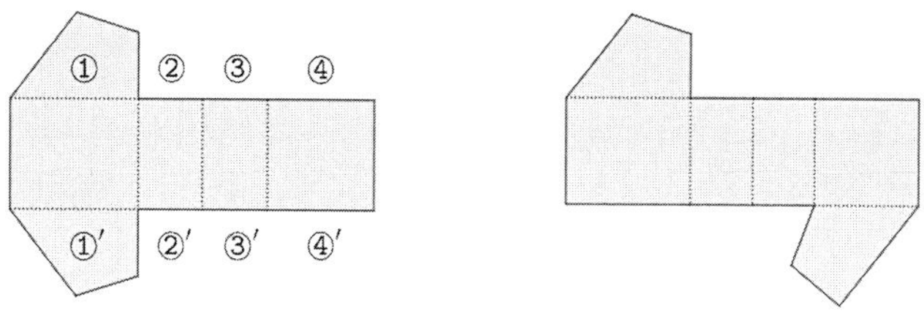

[그림 15.7] 전개도의 예

또한, n각기둥의 전개도는 한 밑면을 중심으로 옆면을 하나씩 벌린다고 생각하여 그리는 방법도 있다. 다른 한 밑면은 각각의 옆면에 종속된다고 보면 n개의 전개도를 생각할 수 있다. 예를 들어 [그림 15.6]의 사각기둥을 생각하면 이 방법으로 4개의 전개도가 만들어지게 된다.

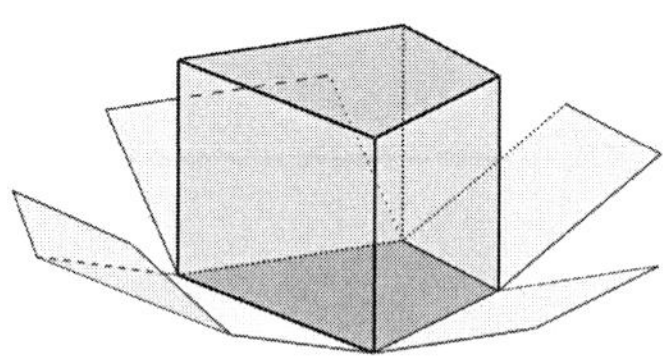

[그림 15.8] 전개도의 예

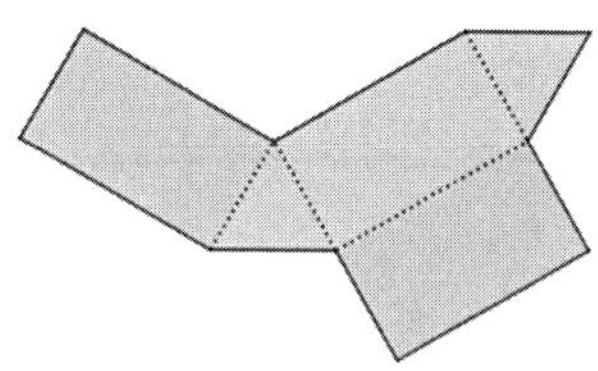

[그림 15.9] 삼각기둥의 전개도

이들 방법 외에도 다양한 전개도를 생각할 수 있다. 이 교재는 전개도를 조금은 간단하게 생각할 수 있도록 방법을 제시한 것뿐이다. 간단한 삼각기둥에서도 [그림 15.9]와 같은 전개도가 얼마든지 가능하다.

3) 각뿔의 전개도

n각뿔의 전개도는 n각형의 각 변을 하나의 변으로 하는 삼각형의 옆면이 n각형의 외부에 하나씩 붙어 있는 모양으로 설명할 수 있다. 바나나의 껍질을 벗기듯 각뿔의 꼭짓점에서 각 옆면을 하나씩 펼친다고 생각하면 된다. 예를 들어, 이 방법으로 사각뿔의 전개도를 그린다고 생각하면 [그림 15.10]과 같다. 물론, 이 방법으로 펼치지 않아도 전개도를 생각할 수 있다.

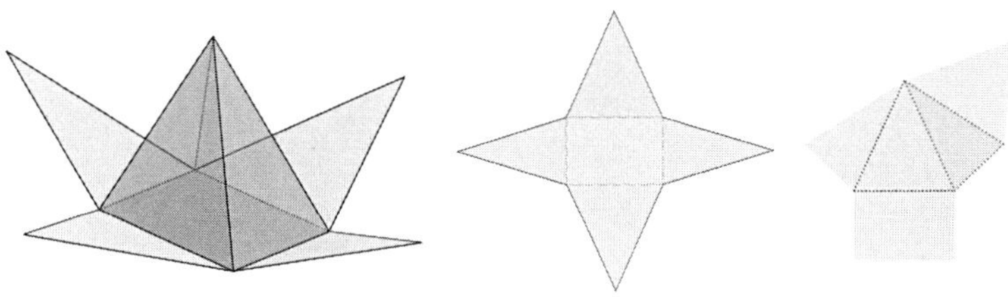

[그림 15.10] 사각뿔의 전개도

정n각뿔[70]의 전개도는 정n각형의 각 변을 '이등변삼각형의 밑변'으로 하는 이등변삼각형의 면이 정n각형의 각 변에 하나씩 바깥쪽으로 붙어 있는 모양이다. 이등변삼각형은 모두 서로 합동이다. 예를 들어, 정오각뿔과 정육각뿔의 전개도는 [그림 15.11]과 같다. 어떤 변은 꺾인 선과 같은 착시를 부르는 재미있는 모양임을 볼 수 있다.

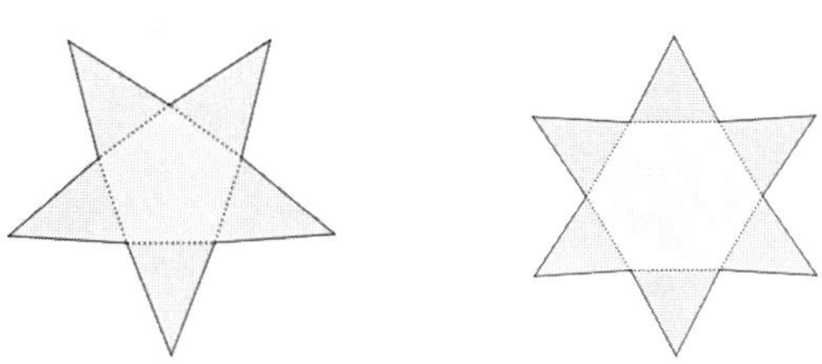

[그림 15.11] 정오각뿔과 정육각뿔의 전개도 예

70) 밑면이 정n각형인 직각뿔을 정n각뿔이라고 부른다.

4) 정다면체의 전개도

정다면체의 전개도는 대표적인 전개도만을 소개하는 것으로 정리하자. 정육면체의 전개도는 이미 모두 제시하였으므로 생략한다. 참고로, 각 정다면체의 전개도 개수는 정사면체는 2개, 정육면체와 정팔면체는 11개, 정십이면체와 정이십면체는 43,380개이다.

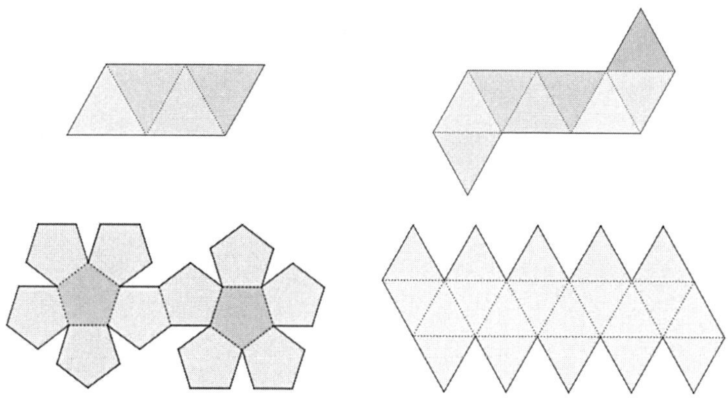

[그림 15.12] 정육면체를 제외한 정다면체의 전개도 예

5) 회전체의 전개도

학교 수학에서 학습하는 회전체 즉, 원기둥과 원뿔의 전개도는 [그림 15.13]과 같다.

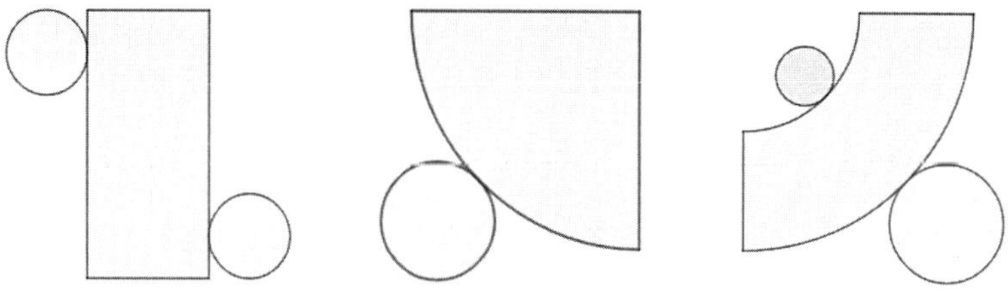

[그림 15.13] 회전체로서의 원기둥, 원뿔, 원뿔대의 전개도 예

2. 겨냥도

입체도형을 보이는 대로 평면에 그리면 그 입체도형의 면, 모서리, 꼭짓점을 모두 나타낼 수 없으므로 입체도형의 보이지 않는 부분까지 나타내는 방법이 필요하다. 게다가 입체도형을 입체도형답게 평면에 나타내면 더 좋을 것이다.

간단한 예를 들어 보자. 직육면체는 면, 모서리, 꼭짓점의 개수가 각각 6개, 12개, 8개이다. 그러나 직육면체를 보이는 대로 그리면 면은 3개, 모서리는 9개, 꼭짓점은 7개밖에 그릴 수 없다. 물론 이 개수도 직육면체를 보는 위치에 따라 달라진다. 보이지 않는 면이나 모서리, 꼭짓점을 모두 나타내기 위해 점선을 사용하면 면 6개, 모서리 12개, 꼭짓점 8개를 모두 나타낼 수 있다.

[그림 15.14] 직육면체

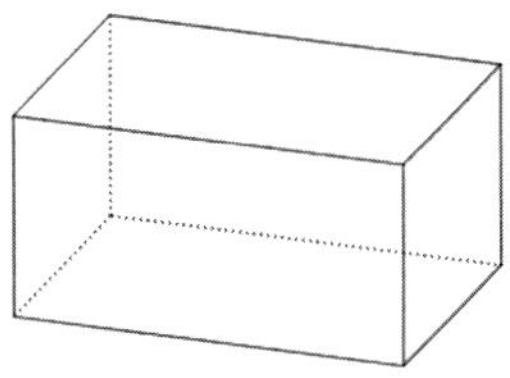

[그림 15.15] 겨냥도

이같이 입체도형의 모양을 잘 알 수 있게 하려고 평행인 모서리는 평행이 되게 그리고, 보이는 모서리는 실선으로, 보이지 않는 모서리는 점선으로 그린 그림을 입체도형의 '겨냥도'라고 한다. 입체도형의 모양과 구성요소, 겉넓이와 부피를 구하는 데 필요한 가로의 길이, 세로의 길이와 높이를 표현할 때 겨냥도는 매우 중요한 정보를 제공한다. 따라서 주어진 겨냥도의 의미와 겨냥도의 작도 활동은 입체도형의 개념을 이해하고 탐색할 수 있는 기회를 제공하고, 이후 교육과정에서 배우게 되는 입체도형의 개념을 형성하도록 하는 기반이 된다.

제 V 부

지도의 실제

Geometry is the science of correct reasoning on incorrect figures.

— George Pólya

그림 출처 www.vecteezy.com

16. 도형 교육

도형 학습은 주변 세상을 질서 정연하게 표현하고 설명하는 특수한 방법의 하나이다. 어린 학생들일수록 일상의 과정에서 주변의 다양한 사물에 관심이 많아 도형 영역의 학습에 대한 적절한 동기를 가지게 된다. 그래서 그들의 공간적 능력은 수의 기능을 능가한다는 표현을 종종 사용하기도 한다.

초등학교 수학과 교육과정에서 도형 영역은 수와 연산 영역과 함께 가장 기본적으로 학습해야 할 영역이다. 따라서 학습 대상인 도형과 그 도형의 성질을 학습하는 것은 초등학교 수학과 교육과정에서의 필수적인 요소라 말할 수 있다. 수학적 개념이 구체에서 추상으로 발달 단계를 거치듯이 학생들의 도형 학습 과정도 구체에서 추상·형식으로, 직관에서 논리로 진행돼야 한다. 학습 과정에서의 비약을 해소하기 위해서 초등학교에서는 빠른 추상화와 형식화보다는 적절한 단계에서 효과적인 학습 도구를 사용하여 구체와 추상·형식 사이를 잇는 가교의 역할이 이루어져야 한다.

우리들의 주변이나 자연 세계에는 여러 가지 물체들이 있다. 이 물체들은 그 자체의 고유한 모양과 크기, 색깔, 재질, 위치, 무게 등 여러 가지 성질들을 지니고 있다. 도형 학습이란 여러 가지 구체물들이 갖는 여러 속성 중에서 모양과 위치의 관점에서 접근하는 연구 방법론의 하나이다.

초등학교 도형 영역의 학습 대상인 도형은 그 도형이 놓인 공간에 따라 평면도형과 입체도형으로 구분한다. 평면도형은 점, 직선, 선분, 각, 삼각형, 사각형, 원 등과 같은 2차원 공간의 도형을 의미하고, 입체도형은 직육면체, 각기둥, 원기둥, 각뿔, 원뿔, 구 등과 같은 3차원 공간의 도형을 의미한다. 이 장의 내용은 강홍재 외의 '초등학교 수학과 교재연구와 지도법'의 내용을 수정하여 제시하고 있음을 밝혀둔다.

1. 도형 학습과 공간 감각

공간 감각이란 한마디로 '자기 주위의 상황과 그 물체에 대한 직감'이라고 할 수 있다. 공간에 대한 이해는 우리가 가지고 있는 고유의 기하의 세계를 해석하고, 이해하고, 반추하는 데 필요하다. 2 · 3차원에서 도형의 특징에 대한 직관과 통찰, 도형 사이의 관계 그리고 도형의 변화는 공간 감각의 중요한 측면이라 할 수 있다.

일반적으로 학생들의 공간 감각은 공간적 상황에서 관찰자가 느끼는 직관적인 느낌으로서, 이러한 공간 감각을 발달시키기 위해서는 학생들이 도형 사이의 관계에 초점을 둔 경험을 해야 한다.

이러한 공간 감각은 공간 지각(spatial perception) 또는 공간 시각화(spatial visualization)라고 불리기도 하며, 머릿속에서 물체를 회전시키거나 밀거나 돌리는 등의 조작을 함으로써 그 물체가 어떻게 움직이거나 배치되는지를 상상해 보거나 생각하는 것과 같은 몇 개의 공간 능력(spatial ability)으로 특징지을 수도 있다. 초등학교에서의 적절한 공간 능력으로 다음을 들 수 있다.

첫째, 시각과 운동 신경의 조정(eye-motor coordination)은 여러 활동에서 눈과 신체의 다른 부분을 조정하는 능력이다. 학생들이 주어진 모양 따라 만들기(그리기, 본뜨기), 모양에 색칠하기, 조작물로 여러 가지 모양 만들기, 여러 조각을 이용하여 모양 만들기, 조각을 이용한 그림 맞추기 활동 등을 할 때 이 능력이 이용된다.

둘째, 도형-배경 지각(figure-ground perception) 능력은 복잡한 배경에서 도형을 확인하는 시각적 행동 능력이다. 색맹 검사, 복잡한 그림이나 교차하는 직선, 겹쳐 있는 도형에서 특수한 도형 찾기, Tangram(탱그램) 조작하기, pattern block(패턴 블록) 조작하기 등의 활동을 할 때 이 능력이 잘 드러난다.

셋째, 지각적 항존성(知覺的 恒存性, perceptual constancy)은 공간에서 물체나 도형의 크기, 위치, 방향이 변해도 그것을 인식할 수 있는 능력을 말한다. 따라서 지각적 항존성은 모양에 대한 형적(形的) 항존성과 길이, 넓이, 부피 등과 같은 양적(量的) 항존성으로 나누어 생각할 수 있다.

책상을 멀리서 보면 그 모양이 사다리꼴로 보이지만 형적 항존성을 가진 학생들은 이를 직사각형으로 인식한다. 그리고 멀리 있는 농구공이나 손에 있는 농구공이나 크기가 같다고 생각하는 학생은 양적 항존성을 지니고 있다고 말할 수 있다. 이러한 능력을 신장시키기 위해서는 다양한 구체물의 조작과 적절한 과제, 원근법에 따른 크기 비교 놀이 등이 필요하다.

넷째, 공간에서 위치 지각(position-in-space) 능력은 공간에 있는 한 물체를 자기 자신과 관계 맺는 능력을 말한다. 학생들은 공간적으로 우주의 중심에 있으며, 물체를 자기중심으로 앞, 뒤, 위, 아래 등에 있다고 지각한다고 한다. 즉, 한 도형이 평행이동(밀기), 대칭이동(뒤집기), 회전이동(돌리기)으로 다른 상을 만들 때, 자기 자신을 중심으로 사물들을 앞, 뒤, 위, 아래 등으로 다르게 지각하는 능력이라 말할 수 있다. 이 능력을 포함하는 활동에는 평행이동 · 회전이동 · 대칭이동과 거울 보기, 거꾸로 읽기 등이 있다.

다섯째, 공간 관계 인지(perception of spatial relation) 능력은 학생들 자신 또는 서로와 관련하여 둘 이상의 물체를 보는 능력을 말한다. 즉, 평행이동, 대칭이동, 회전이동으로 이동된 도형이 이동하기 전의 도형과 합동임을 인식할 수 있는 능력이라 말할 수 있다. 이 능력과 관련된 활동은 대상의 위치 기억하기, 도형의 닮은 점 또는 차이점 찾기, 최단 거리 방법 찾기, 미완성 도형을 완성하기, 점을 차례로 연결하기, 조각 그림 조립하기 등이 있다.

여섯째, 시각적 변별력(visual discrimination)은 주어진 물체나 도형 사이의 닮은 점과 다른 점을 구별하는 능력을 말한다. 따라서 이 능력은 도형의 위치와는 무관한 능력이라 말할 수 있다. 이 능력과 관련된 활동으로는 attribute blocks(속성 블록) 분류하기, 주어진 모양 따라 나무 쌓기, 주어진 물체나 도형에서 같은 쌍 또는 다른 쌍 찾기 등을 들 수 있다.

일곱째, 시각적 기억(visual memory) 능력은 오랫동안 보지 않은 물체를 회상해내는 능력을 말한다. 즉, 밀기, 돌리기, 뒤집기 등을 두 번 이상 시행한 상의 경우 한 번 시행 후의 상을 머릿속에 기억하고 있는 능력을 말한다. 이 능력과 관련된 활동으로 여러 대상 중 특정한 대상을 찾고 기억하기, 선반이나 책장의 물건을 관찰한 후 가린 상태에서 특정한 물체의 위치 기억하기 등을 들 수 있다.

2. 도형 학습의 특수성

일반적으로 개념이란 어떤 사물이나 현상, 상징적인 대상들이 가지는 개별적인 속성 중에서 이질적인 요소와 특수성은 배제하고 공통적인 특성을 추상화하여 특정한 명칭이나 상징으로 나타낸 것이라고 정의할 수 있다. 따라서 개념이란 다양한 사실이나 현상들을 공통 성질에 따라 범주화한 것이라고 할 수 있을 것이다.

1) 내포와 외연

모든 개념은 대상 자체가 갖는 내포(內包)와 다른 대상과의 관련성을 의미하는 외연(外延)으로 구분된다. 예를 들면, 평행사변형의 개념은 그 본질적인 특성인 '두 쌍의 대변이 평행'이라는 내포와 그 내포를 만족하는 평행사변형의 집합(직사각형, 마름모, 정사각형 등)인 외연으로 나눌 수 있다.

따라서 구체물을 대상으로 하는 도형 학습은 개념의 내포와 외연을 서로 관련지어 접근하는 것이 바람직하다. 이를테면 여러 구체물을 어떤 기준에 따라 시각적으로, 감각적으로 분류하는 것은 외연적 접근이고, 분류된 도형에서 공통적인 성질이나 특징을 찾아내는 것은 내포적 접근이다.

도형의 본질적인 특징으로 이루어진 내포는 도형을 비교 · 분류, 이동, 작도, 구성하는 다양한 조작 활동을 경험함으로써 자연스럽게 의식할 수 있다. 그러나 어린 학생들의 경우에는 구체물의 위치와 크기, 색깔, 생김새 등의 주변 변인에 영향을 받기 쉽고 따라서 내포 개념을 스스로가 발견하기는 쉽지 않다. 그러므로 교사가 여러 가지 구체적 준비물을 제공하고, 다양한 조작을 유도하는 적절한 발문을 제공한다면 학생들은 구성요소 사이의 관계를 자연스럽게 발견할 수 있게 될 것이다.

2) 추상화

일반적으로 수학교육에서의 추상화(抽象化)란 여러 구체물이 갖는 이질적(異質的) 요소를 사상(捨象)하고 동질적(同質的) 요소만을 추출하고 이상화하여 새로운 용어로 명명하는 것을 의미한다. 따라서 구체물을 비교, 분류, 조작하는 과정에서 구체물을 보는 관점을 분명히 하는 것이 중요하다. 이것은 구체물이 가진 여러 속성 중에서 추상되는 것과 사상되는 것을 구별하기 위한 것으로, 이를테면, 책, 책상, 칠판, 창문 등의 관찰 활동에서 그들의 크기나 색깔, 재질, 용도 등을 대부분 사상하고, 모양이라는 측면에서 '같다' '다르다'를 인식하는 것은 도형 개념을 이해하는 과정에서 가장 기본적인 사고가 된다. 여러 가지 구체물의 공통성을 추상화하여 새로운 용어로 명명하는 과정에서 학생들은 나름대로 적절한 추론을 할 수 있게 된다.

3. 도형 학습 이론

도형 개념은 초등수학의 가장 기초적인 학습영역이지만, 그동안의 도형 학습은 도형의 시각적 접근 가능성 때문에 그 지도 방법과 학습 목표가 수와 연산 영역에 비하여 매우 유동적이었기 때문에 학습 내용이나 평가 방법에서도 많은 문제점을 유발했다. 이러한 특수성 때문에 그동안의 도형 학습에 관한 심리학적 연구도 충분하지 못하였고, 학교수학에서의 도형의 지도체계와 방법 또한 확립되지 못한 측면을 부정할 수는 없다. 최근에 이르기까지 도형 학습에 대한 심리적인 연구자로 대표되는 사람은 Piaget(피아제)와 Van Hiele(반 힐)을 들 수 있다.

1) Piaget의 도형 학습 이론

인지심리학자 Piaget는 학생의 도형 학습과 공간개념 발달에 대한 심리적인 접근을 시도하였다. 인간은 처음에는 기본적인 몇 가지 반사작용(보기, 빨기, 쥐기 등)과 동화(同化), 조절(調節)의 기능만을 가지고 태어난다. 그 후 주변 환경과 접촉하며 성장하는 과정에서 기본적인 반사작용과 동화와 조절의 기능이 점진적으로 분화됨으로써 내적 인지구조가 형성된다. 그런데 이러한 인지발달 과정에는 그 특성이 명확한 감각 동작기, 전조작기, 구체적 조작기, 형식적 조작기를 거치게 된다. 이때 각 단계에 도달하는 나이는 개인에 따라 약간의 차이가 있을 수 있으나, 이 단계를 거치는 순서는 같다. 즉, 아이들은 구체물을 조작하는 과정에서 제각기 분리되어 있던 심적 기능들이 서로 관련되어 작동하여 내적 인지구조가 형성되고, 그에 따라 심적 조작이 가능하게 된다. 이러한 관점에서 Piaget는 수학적 사고의 본질은 조작(operation)이고 '조작이 없는 지식은 생각할 수 없다'라고 주장하였다.

Piaget는 조작을 사물을 구체적으로 다루는 것과 마찬가지로 사고를 통해 수행할 수 있는, 즉 내면화될 수 있는 가역적 행동으로 설명한다. 도형 학습 발달에 관한 피아제의 실험 결과의 요약은 다음과 같다.

> 아이들의 공간인식은 단순한 위상적 사고에서 출발하여 사영적 사고, Euclid적 사고로 발전한다. 즉, 기하는 Euclid 기하에서 생성되어 사영기하, 위상기하의 순으로 발달하였으나, 아이들의 공간인식은 이와는 역순이다.

① 위상적(位相的) 사고

도형이 단절되거나 연결된 것은 변별할 수 있으나, 곡선과 직선의 명확한 구분은 곤란한 사고 수준이다. 따라서 삼각형과 사각형의 구별이나 다각형과 원의 명확한 구분은 불가능한 수준이다.

② 사영적(射影的) 사고

관찰자의 위치에 따라 대상을 다르게 인지하는 사고 수준이다. 이 단계에서는 직선과 곡선, 삼각형과 사각형의 구별은 가능하나, 두 점 사이의 거리나 직선의 평행, 수직의 개념은 이해할 수 없다. 따라서 평행한 철길도 먼 곳에서 만나는 것으로 생각하고, 같은 물건이면 거리와 관계없이 같은 크기로 그리게 된다.

③ Euclid적(計量的) 사고

도형을 이동하더라도 모양이나 크기가 변하지 않는다는 양의 보존성 개념이 확립된 사고이다. 이 단계에서 학생은 시각의 혼란에서 벗어나 내적 인지구조가 형성되어 초보적인 논리를 전개할 수 있다. 따라서 평행·수직 관계나 두 점 사이의 거리개념을 인지함으로써 도형에 대한 지적 조작이 가능하게 된다.

Piaget의 이론에 대하여 비판적인 견해도 있다. 이를테면, Gessel(게젤)은 피아제의 의견과는 다르게 위상적, 사영적, Euclid적 인식이 학생에게 혼재한다고 주장한다. 왜냐하면, 비록 학생이 정밀하게 관찰하였더라도 그것을 묘사하는 것은 손의 기능에 크게 좌우되기 때문이다.

Piaget에 의하면 사고발달의 본질은 조작이고, 조작은 행동의 조정과 내면화의 산물인 가역적(반성적) 사고의 통합과정이다. 따라서 구체적 조작단계에 있는 초등학교 학생을 대상으로 하는 도형 교육은 활동적인 방법으로 접근하는 것이 바람직하다. 그러나 도형 개념은 단순히 모양을 지각함으로써 형성되는 것이 아니라 실물이나 구체적 모형에 대한 조작을 통하여 인지된다는 Piaget의 연구는 도형 학습 지도에서 하나의 방향을 제시하고 있다.

2) van Hiele의 기하 학습 수준 이론

기하 학습 수준 이론은 van Hiele 부부가 1955년에 발표한 이론이다. 이들 부부는 중등의 수학 교사로 재직하면서 학생들이 기하 학습에서 부딪히는 어려움을 해소해 줄 방법을 다각적으로 연구하여 학생의 사고 수준을 적절히 분류하고, 각 수준에 적합한 학습 내용을 정선하고 그에 따른 적절한 지도 방법을 적용한다면 학습 부진을 예방할 수 있다고 주장하였다. 실제로 도형의 개념은 구체물에서 추상된 것이지만 구체물을 사용한다고 해서 도형 개념이 쉽게 형성되는 것은 아니다. 왜냐하면, 도형의 내용 수준이나 접근 방법이 학생의 지적 수준에 적절하지 않으면 효율적인 학습은 불가능하기 때문이다. van Hiele 부부는 기하 학습에 관하여 학생들의 사고 수준을 '방법의 대상화'로 설명되는 다음 다섯 가지의 수준으로 분류하고, 학생들의 기하적 사고는 이 순서를 따라 발달한다고 주장하였다.

① 제1수준(시각적 인식 수준)

주변의 사물을 전체적인 시각적 외관에 의해서만 파악하며, 이때 도형이 이러한 주변의 사물을 정리하는 수단으로 사용된다. 그러나 이 수준의 학생들은 도형의 구성요소를 명확히 고려하지는 않는다. 즉, 삼각형, 사각형의 모양이 다르다는 것을 인식하지만 각각의 성질을 명확히 파악할 수는 없다.

② 제2수준(분석적 수준)

구체물에서 벗어나 도형이 학습 대상이 되고 도형의 여러 성질이 그 도형을 정리하는 수단이 된다. 즉, 주변 대상의 정리 수단이었던 도형이 연구 대상이 되며 이러한 도형의 구성요소와 성질에 대한 비형식적인 분석을 통해 그 도형을 파악한다. 이 수준에 있는 학생들은 직사각형은 4개의 직각을 가지고, 대각선의 길이가 같고, 마주 보는 변의 길이가 같다는 성질을 알지만, 이런 성질들 사이의 관계는 파악하지 못한다.

③ 제3수준(관계적 수준)

도형의 성질과 도형 사이의 관계가 연구 대상이 되고 명제가 정리하는 수단이 된다. 도형의 여러 가지 성질을 파악할 수 있고, 하나의 성질이 다른 성질에서 연역이 되며, 도형 사이의 관계를 파악하고, 수학적 정의를 이해할 수 있다. 이 수준의 학생들은 '모든 정사각형은 직사각형이다.'와 같은 논리적 정의를 이해할 수 있다.

④ 제4수준(연역적 수준)

수학적 명제가 연구 대상이 되고 이들 명제 사이의 논리적 관계가 정리하는 수단이 된다. 공리, 정의, 정리, 증명의 의미와 역할을 이해하고 기하의 연역 체계를 파악한다. 이 수준의 학생들은 연역적 추론이 가능한 수준이다.

⑤ 제5수준(논리 법칙을 통찰하는 수준)

기하학의 체계가 연구 대상이 되고 여러 공리 체계의 적용이 정리하는 수단이 된다. 비유클리드기하학을 이해할 수 있고 다양한 연역 체계를 엄밀하게 분석하고 추론하여 일반적인 도형의 성질을 발견할 수 있다. 이 수준은 고등정신 기능이 작용하는 연구자의 수준이다.

수준 이론의 특징으로 다음을 들 수 있다.

첫째, 앞 수준에서 본질이었던 것은 다음 수준에서는 부수적인 것이 된다.

둘째, 각 수준에서는 그 수준에 고유한 언어적 표현과 이를 연결하는 고유한 관계망을 갖는다.

셋째, 서로 다른 수준에서 추론하는 사람들은 서로를 이해할 수 없다.

넷째, 높은 수준으로의 이행은 적절한 지도로 촉진될 수도 있고, 부적절한 지도로 지연될 수도 있다.

결국, Piaget에 따르면 도형 학습은 개념의 양적인 누적이 아니라 주변의 물리적 사상들을 적절한 수준으로 개념화하여 점진적으로 내적 인지구조를 구성하는 과정으로 볼 수 있다. 이에 반하여 van Hiele의 수준 이론은 각 수준에서 개념을 정리하는 방법이 다음 수준의 학습 대상이 되고, 이를 조직화하는 활동이 점진적으로 발달하면서 상위수준으로 진행한다. 결국, 도형 학습에 관한 van Hiele의 수준 이론과 Piaget의 공간개념 발달이론의 기저는 서로 일치하는 것으로 볼 수 있다

3. 정의의 지도

수학 교실에서 분명하지 않은 애매한 용어와 기호의 사용은 적절하지 않다. 왜냐하면 애매모호한 용어 · 기호의 사용은 상호 간의 의사소통을 어렵게 하고, 자칫 오해를 유발하기 때문이다. 이를테면 애매한 용어는 화자나 청자 모두 'p이면 q이다'의 추론을 어렵게 하기 때문이다. 결국 저학년 학생들의 도형 학습은 그들 수준에 적절한 용어와 기호에 대한 일의적인 약속이 필요하게 된다.

일반적으로 논리적 절차에 따라 대상의 외연과 내포를 일의적으로 규정한 명제(命題)를 정의(定義)라고 한다. 이미 1장에서 살펴본 내용이지만, 현대 수학에서는 정의의 무한 회귀라는 모순을 해결하기 위하여 기본적인 개념을 나타내는 용어인 '점', '선', '면', '~ 위에 있다(lie on)', '사이(between)' 등은 정의가 없는 용어로 가정하고, 이 무정의용어(無定義用語)들 사이의 관계를 분석함으로써 원래 대상의 성질에 상대적으로 접근하는 방법을 취하고 있다.

초등수학의 용어 · 기호의 도입은 그 방법에 따라 예시적 정의와 공리적 정의, 명명적 정의로 분류할 수 있다

1) 예시적 정의

일반적으로 개념을 처음 도입할 때 학생들에게 사용하는 방법으로, 학습자가 익히 아는 구체적인 사상을 예시하여 시각적 · 직관적 이해가 가능하도록 설명하는 방법을 예시적 정의라고 한다. 이를테면, 저학년 학생들에게 상자 등과 같은 모양을 들고 '직육면체'라 정의한다든지, 삼각자를 들어 보이면서 '삼각형'을 정의하거나 점을 찍어 보이면서 '점'이라 명명하는 것은 모두 예시적인 정의이다

2) 공리적 정의

공리적 정의란 새로운 용어를 어떤 속성으로 명명하지 않고, 공리와 같이 약속하고 정의하는 방법을 말한다. 이를테면, 삼각형의 밑변은 삼각형의 위치와는 관계없는 개념이므로 세 변 중 어느 변을 '밑변'이라 해도 무방하다. 그러나 저학년 수준에서는 처음에는 밑에 있는 변을 '밑변'이라 약속할 수도 있다. 그러나 삼각형의 넓이 개념으로 발전하게 되면, 점진적으로 삼각형의 임의의 한 변을 밑변으로 할 때, 그 삼각형의 '높이'는 그 밑변에 대응되는 꼭짓점에서 밑변에 내린 '수선의 길이'로 약속된다. 결국 삼각형의 '밑변과 높이'는 서로 상대적인 개념이고, 이와 같은 공리적 정의는 학습자와 의논해서 도입하고, 그 약속이 어떤 이유에서 되었는지를 수긍할 수 있도록 지도한다.

3) 명명적 정의

명명적 정의는 개념의 내포를 필요하고 충분하게 명명(命名)하는, 즉 상위개념(類概念)에 종차(種差)를 첨가하여 새로운 하위개념을 생성하는 방법을 말한다. 예를 들면, '삼각형 중에서(상위개념) 두 변의 길이가 같은(종차) 삼각형을 이등변삼각형이라 한다'와 같은 정의이다.

도형 개념은 대부분 그 구성요소에 관련되어 정의되므로 진술 내용이 비교적 간단하다. 그러나 간단한 언어를 상용한다고 해서 학생들이 도형 개념을 쉽게 이해하는 것은 아니다. 이러한 관점에서 용어 정의의 지도법으로 다음을 생각할 수 있다.

첫째, 도형의 구성요소에 착안하여 정의한다. 도형의 구성요소인 꼭짓점, 변, 모서리, 면의 수를 조사하고, 그들의 위치 관계를 조사함으로써 도형의 용어를 자연스럽게 정의한다.

둘째, 새로운 용어는 가능하면 상위개념과 관련지어 정의한다. 도형 사이의 관계를 이해할 수 있도록 상위개념에 종차를 첨가해서 하위개념을 점진적으로 도입한다. 예를 들면,

사각형, 사다리꼴, 평행사변형, 마름모, 직사각형, 정사각형

의 순으로 도입하는 것이 일반적이다.

셋째, 정의된 용어는 자주 사용하고 가급적 수정하지 않는다. 구체물에서 추상화된 도형의 용어를 자주 사용하지 않으면 다른 용어의 간섭을 받아 잊히기 쉽다. 따라서 약속된 용어를 일상적으로 사용함으로써 그 성질까지 발견하게 한다.

넷째, 학생 주도적 활동의 구성주의에서는 학생들이 용어를 '만드는 기회'를 중시한다. 따라서 용어를 '주어진 것'이기보다는 학생들과 적절히 협의하여 약속함으로써 그들이 '만드는 것'으로 느끼는 것이 바람직하다.

17. 지도의 실제

수학은 전체가 하나의 유기적인 체계를 이루고 있다. 도형이라고 해도 다를 바가 없다. 초등학교 내용 영역으로 예를 들면 '한 직선에 수직인 두 직선은 평행하다'라는 도형 영역만의 명제에서 시작해 '삼각형의 내각의 크기의 합은 180도이다'처럼 도형 영역에 측정 영역이 가미되고, '가로와 세로의 길이가 a, b인 직사각형의 넓이는 ab이다'와 같이 도형 영역과 측정 영역에 규칙성과 수와 연산 영역까지 더해진다. 따라서 교사는 가르칠 대상인 '도형'을 잘 알고 있어야 함은 물론이거니와 그 '도형'과 관련이 있는 내용, 더불어 향후 학습할 내용까지에 관련한 간단한 로드맵은 갖추고 있어야 한다.

[표 17.1]은 현 수학과 교육과정(교육부, 2015a)에서 제시하고 있는 내용 체계에서 초등학교의 '도형' 영역만을 발췌[71]한 것이다.

핵심 개념	학년(군)별 내용 요소		
	1~2학년	3~4학년	5~6학년
평면 도형	• 평면도형의 모양 • 평면도형과 그 구성요소	• 도형의 기초 • 원의 구성요소 • 여러 가지 삼각형 • 여러 가지 사각형 • 다각형 • 평면도형의 이동	• 합동 • 대칭
입체 도형	• 입체도형의 모양		• 직육면체, 정육면체 • 각기둥, 각뿔 • 원기둥, 원뿔, 구 • 입체도형의 공간 감각

[표 17.1] 도형 영역의 내용 체계

71) 원래의 표에는 왼쪽에 일반화된 지식의 칸이 있다. 그리고 오른쪽에 '기능'의 칸을 두어 이곳에서 만들기, 꾸미기, 그리기, 구별하기, 분류하기, 활용하기, 이름짓기, 이해하기, 채우기, 추론하기, 설명하기, 규칙찾기, 조작하기, 표현하기, 추측하기, 확인하기, 문제 해결하기를 제시하고 있다.

참고로, 2015 개정 수학과 교육과정(교육부, 2015b)에서 중학교 '기하' 영역의 내용 체계만을 발췌하면 [표 17.2]와 같다. 이 표에도 원래는 왼쪽에 일반화된 지식의 칸이, 오른쪽에 기능의 칸이 있다. 기능의 칸에서 이해하기, 설명하기, 작도하기, 판별하기, 계산하기, 문제 해결하기, 추론하기, 정당화하기를 제시하고 있다.

핵심 개념	학년별 내용 요소		
	1학년	2학년	3학년
평면 도형	• 기본 도형 • 작도와 합동 • 평면도형의 성질	• 삼각형과 사각형의 성질 • 도형의 닮음 • 피타고라스 정리	• 삼각비 • 원의 성질
입체 도형	• 입체도형의 성질		

[표 17.2] 기하 영역의 내용 체계

2015 개정 수학과 교육과정은 초등학교 수학과의 목표를 다음과 같이 제시하고 있다.

(1) 생활 주변 현상을 수학적으로 관찰하고 표현하는 경험을 통하여 수학의 기초적인 개념, 원리, 법칙을 이해하고 수학의 기능을 습득한다.

(2) 수학적으로 추론하고 의사소통하며, 창의·융합적 사고와 정보처리 능력을 바탕으로 생활 주변 현상을 수학적으로 이해하고 문제를 합리적이고 창의적으로 해결한다.

(3) 수학 학습의 즐거움을 느끼고 수학의 유용성을 인식하며 수학 학습자로서 바람직한 태도와 실천 능력을 기른다.

이 장에서는 학년(군)별로 각 절을 구성하고, [표 17.1]의 '학년(군)별 내용 요소'에서 제시된 것을 소절로 하여 그 내용을 살펴보기로 한다.

1. 1~2학년군

1) 입체도형의 모양

[6수02-01] 교실 및 생활 주변에서 여러 가지 물건을 관찰하여 직육면체, 원기둥, 구의 모양을 찾고, 그것들을 이용하여 여러 가지 모양을 만들 수 있다.
[6수02-02] 쌓기나무를 이용하여 여러 가지 입체도형의 모양을 만들고, 그 모양에 대해 위치나 방향을 이용하여 말할 수 있다.

1~2학년군의 입체도형에 대한 학습에서는 주변에 있는 물건 또는 일상생활이나 놀이에서 쉽게 찾아볼 수 있는 물체에서 기본적인 입체도형의 모양을 인식하고, 이런 모양들로 다양한 모양 만들기를 다룬다. 그러므로 학생들이 '모양'이라는 형태적 측면에 주목하게 하여 물건의 모양을 통해 추상할 수 있도록 하는 지도가 이루어져야 한다. 그리고 모양의 추상화는 학생에 따라 차이가 있으므로 여러 경험을 해볼 수 있는 기회가 제공되어야 할 것이다.

2009 개정 교육과정 이전까지는 저학년의 도형 단원에서 상자 모양, 둥근기둥 모양, 공 모양이라는 용어를 사용하였다. 그러나 2009 개정 교육과정은 이 용어들을 사용하지 않도록 하였다. 이는 2009 개정 교육과정의 교수 · 학습상의 유의점에서 '입체도형의 모양이나 평면도형의 모양을 다룰 때 모양의 특징을 직관적으로 파악함으로써 모양을 분류할 수 있게 한다. 이때 분류된 모양의 이름(상자 모양, 둥근기둥 모양, 공 모양)을 붙여 범주화하지 않게 한다'라고 제시한 것으로부터 알 수 있다. 이와 같은 맥락에서 2015 개정 교육과정의 교수 · 학습 방법 및 유의 사항에서도 '입체도형이나 평면도형의 모양을 다룰 때 모양의 특징을 직관적으로 파악하여 모양을 분류하고, 분류한 모양을 지칭하기 위해 일상용어를 사용하게 할 수 있다'와 같이 제시하고 있다.

이는 1~2학년군에서는 학생들이 직육면체, 원기둥 및 구를 지칭하는 용어를 사용하지 않고 비언어적 방법으로 찾아보고 분류하는 활동을 한 이후에 각 대상의 이름을 일상적인 용어로 사용하도록 한 것이다. 교사는 각 모양의 이름을 수업에서의 활동을 통해 학생들과 함께 정하기 이전에는 각 모양의 구체물을 만들고 그중에 하나를 집어 들어 '~ 모양'이라고 부르는 비언어적 방법을 사용할 수 있을 것이다. 조금 불편한 방법이지만 교육과정은 이를 의도하고 있는 것으로 보인다.

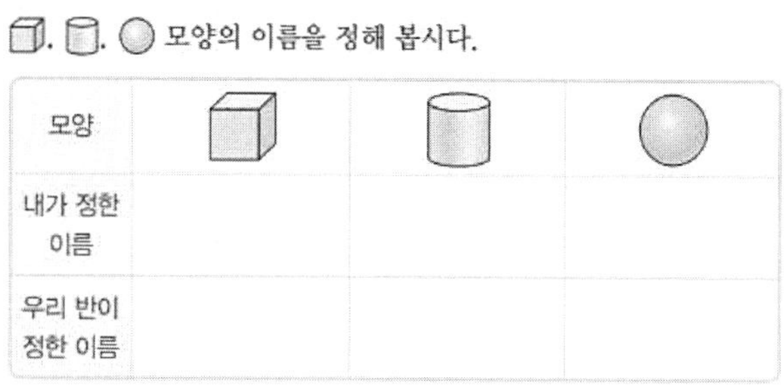

[그림 17.3] 모양의 이름 정하기에 관한 교과서 장면

주어진 모양을 보고 쌓기나무로 똑같이 만들어 보는 활동은 학생들에게 도형의 감각을 기르게 하는 활동이다. 2015 개정 교육과정은 1～2학년군에서 다루는 쌓기나무와 관련하여 물체의 위치와 방향에 관한 내용을 추가하였는데 이것이 성취기준 [2수02-02]이다. 이와 관련하여 교수·학습 방법 및 유의 사항에 '쌓기나무로 만든 입체도형의 모양에 대해서 '～의 앞', '～의 오른쪽', '～의 위', '2층' 등을 사용하여 말하게 한다.'가 추가되었다. 이것은 성취기준에 포함된 의사소통 방법의 구체화로 생각할 수 있고, 학생들이 어느 정도까지 위치나 방향을 이용하여 말하게 해야 하는지에 대한 지침이라고도 생각할 수 있다.

2) 평면도형의 모양과 그 구성요소

[2수02-03] 교실 및 생활 주변에서 여러 가지 물건을 관찰하여 삼각형, 사각형, 원의 모양을 찾고, 그것들을 이용하여 여러 가지 모양을 꾸밀 수 있다.
[2수02-04] 삼각형, 사각형, 원을 직관적으로 이해하고, 그 모양을 그릴 수 있다.
[2수02-05] 삼각형, 사각형에서 각각의 공통점을 찾아 말하고, 이를 일반화하여 오각형, 육각형을 알고 구별할 수 있다.

1~2학년군의 평면도형에 대한 학습에서는 주변에 있는 물건 또는 일상생활이나 놀이에서 쉽게 찾아볼 수 있는 물체에서 기본적인 평면도형의 모양을 인식하고, 이런 모양들로 다양한 모양 만들기를 다룬다. 즉, 삼각형, 사각형, 원 모양을 찾아보고 그리거나 만들 수 있게 한다. 여기에서도 학생들이 '모양'이라는 형태적 측면에 주목하게 하여 물건의 모양을 통해 추상할 수 있도록 하는 지도가 이루어져야 하며, 모양의 추상화는 학생에 따라 차이가 있어 여러 경험을 해 볼 수 있는 기회가 제공되어야 한다. 평면도형은 입체도형의 구성요소이기도 하면서 각각이 고유한 성질을 가지고 있다. 즉, 입체도형을 학습할 때는 2차원인 면에 주목하게 하며, 마찬가지로 평면도형을 학습할 때는 1차원인 변에 주목하게 한다.

분류의 과정은 새롭고 복잡한 성질이 추가되면 될수록 더 많은 시간이 필요하다. 그러나 분류를 통한 간단한 묘사는 후속 학습을 쉽게 만들 수 있다. 변의 개수를 세는 활동은 수학적 용어와 관련이 있음을 짐작하게 될 것이고, 변의 개수와 밀접한 관련이 있는 꼭짓점의 개수를 세고 나면 모든 다각형은 변의 개수와 꼭짓점의 개수가 같음을 깨달을 수 있다. 따라서 교사는 학생들이 도형의 성질을 발견하는 데 구성요소에 주의를 집중시킬 필요가 있다. 특히 각 도형의 성질을 알아보는 것도 중요하지만, 서로 관련되는 도형의 성질을 알아보게 하는 것이 바람직하다.

[2수02-03]은 [2수02-01]과 같은 내용이다. 상자, 둥근기둥, 공 모양을 각각 네모, 세모, 동그라미 모양으로 바꾸어 적용하면 된다.

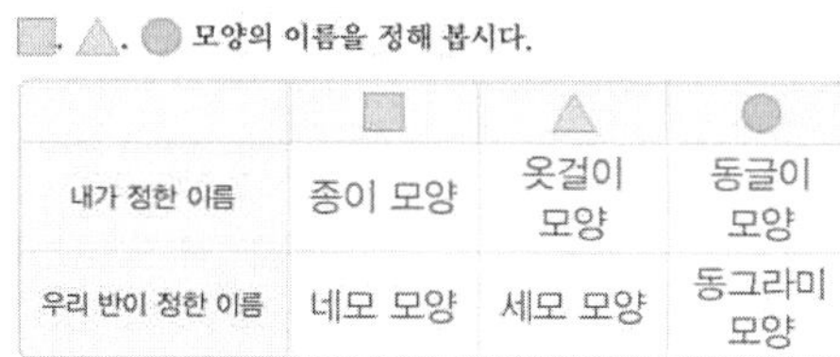
■, ▲, ● 모양의 이름을 정해 봅시다.

	■	▲	●
내가 정한 이름	종이 모양	옷걸이 모양	동글이 모양
우리 반이 정한 이름	네모 모양	세모 모양	동그라미 모양

[그림 17.4] 교사용 지도서 장면

사각형, 삼각형 및 원이라는 용어는 2학년에서 예시적 정의로 도입하고 있다. 2학년 때 학생들은 이러한 예시적 정의를 통해 삼각형, 사각형 및 원이라는 수학적 용어를 사용하게 된다. 일반적으로 삼각형은 3개의 선분으로 이루어진 도형, 사각형은 4개의 선분으로 이루어진 도형, 원은 한 정점에서 같은 거리에 있는 점들의 집합으로 정의하지만, 2015 개정 교육과정은 선분을 3~4학년군에서 제시하고 있어 '선분'을 이용한 삼각형과 사각형의 정의는 사용할 수 없고, 원의 정의는 초등학교에서 사용하지 않는다. 즉, 교육과정에 따른 용어 사용의 문제점도 있지만, 개념을 처음 도입하는 시기이기 때문에 학생들에게 익숙한 예를 제시하여 시각적이고 직관적으로 이해할 수 있도록 예시적 정의가 사용된다고 설명할 수도 있다. 그러나 도형 학습이 본격적으로 시작되는 3학년에서부터는 개념의 내포를 이용한 명명적 정의가 도입된다.

이후 삼각형과 사각형에서 발견한 특징을 일반화하여 오각형과 육각형의 의미를 추론할 수 있도록 한다. 즉, 삼각형, 사각형의 구성요소인 변의 수를 늘려 가며 직관적으로 이해할 수 있도록 한다.

현 국정교과서는 칠교판 조각과 색종이로 자른 다양한 평면도형을 이용하여 여러 가지 도형과 모양을 채우고 꾸미는 활동을 통해 평면도형에 대한 감각을 기를 수 있게 하고 있다.

2. 3~4학년군

3학년에서부터는 이전 학년에서 경험한 비형식적 활동을 바탕으로 평면도형의 정의와 성질을 조금은 형식적으로 다루게 된다. 구체적으로 선분, 반직선, 직선 등과 같은 용어를 학습하고 이를 통하여 각이 도입된다. 이후 직각을 학습하고, 직각을 품고 있는 직각삼각형, 직사각형, 정사각형을 순서대로 정의하여 학습하게 된다.

원의 구성요소인 원의 중심, 반지름과 지름을 학습하고 원의 작도가 제시된다. 삼각형을 변의 길이와 각의 크기에 따른 분류로 이등변삼각형과 정삼각형, 예각삼각형과 둔각삼각형을 학습한다. 이후 수직과 수선, 평행과 평행선의 개념을 알아보고 사각형의 하위개념으로 사다리꼴, 평행사변형과 마름모를 공부하게 된다. 대각선은 다각형과 정다각형을 학습한 후 도입된다.

1) 도형의 기초

[4수02-01] 직선, 선분, 반직선을 알고 구별할 수 있다.

[4수02-02] 각과 직각을 이해하고, 직각과 비교하는 활동을 통하여 예각과 둔각을 구별할 수 있다.

[4수02-03] 교실 및 생활 주변에서 직각인 곳이나 서로 만나지 않는 직선을 찾는 활동을 통하여 직선의 수직 관계와 평행 관계를 이해한다.

실생활에서 찾을 수 있는 물건으로부터 선분과 직선을 이해하고, 점에 기호를 붙여 선분, 반직선과 직선을 나타내고 읽을 수 있게 하고, 이에 대한 이해를 바탕으로 그 모양을 그릴 수 있게 한다. 이 과정에서 무한한 반직선과 직선을 유한한 종이에 그리기 어렵다는 것을 알게 하고 그 표현 방법으로 선분을 이용하여 나타낼 수 있도록 해야 한다.

초등학교에서는 선분, 반직선, 직선의 순으로 교과서에서 제시하고 있다. '두 점을 곧게 이은 선'을 선분으로, '한 점에서 시작하여 한쪽으로 끝없이 늘인 곧은 선'을 반직선으로, '선분을 양쪽으로 끝없이 늘인 곧은 선'을 직선이라 정의하고 있다. 실제로 평면 위의 서로 다른 두 점을 선으로 연결하는 방법은 무수히 많다. 이때 두 점을 이은 수많은 선 중에서 특별히 자를 대고 연결한 곧은 선을 선분이라 하고 이를 통하여 선분이란 두 점을 가장 짧은 거리로 이은 선임을 이해할 수 있도록 하는 것이 중요하다.

각을 초등학교에서는 '한 점에서 그은 두 반직선으로 이루어진 도형'으로 정의한다. 사실 각은 평면도형의 지도를 위하여 선행되어야 할 내용이다. 각을 지도할 때도 각의 개념이 일상의 생활과 밀접한 관계가 있다는 것을 알게 해야 한다. 따라서 실생활에 있는 구체물이나 활동을 통하여 직관적으로 각과 직각을 이해하게 한다. 예를 들어 건물이나 물체의 모난 부분을 관찰하는 것, 부채를 접었다 폈다 하면서 모양을 변화시켜 보는 것, 시계에서 두 바늘을 움직여 보는 것 등을 통해 직관적으로 각을 이해하게 할 수 있다. 이러한 활동을 기초로 각을 추상화하여 도형으로 볼 수 있도록 하고, 각의 구성요소인 각의 꼭짓점과 각의 변을 알고 이를 찾을 수 있도록 하면 된다.

이후 이미 학습한 직각과 각의 크기를 비교하는 활동과 직각을 분류 기준으로 하는 분류 활동을 통해 예각과 둔각을 구별하게 한다. 이때 각을 보고 직관적으로 예각과 둔각을 구별할 수 있는 예를 사용하는 것이 바람직하다. 이 학습 내용은 각의 크기를 기준으로 삼각형을 분류하는 후속 학습의 중요한 기초가 되므로 다양한 조작 활동과 체계적인 지도가 필요하다. 초등학교 교과서는 예각을 '각도가 0° 보다 크고 직각보다 작은 각'으로, 둔각을 '각도가 직각보다 크고 180° 보다 작은 각'으로 정의하여 사용한다.

초등학교에서는 두 직선이 만나는 각이 직각일 때 두 직선은 서로 수직이라고 하고 이때 한 직선을 다른 직선에 대한 수선이라고 정의한다. 실생활에서 쉽게 볼 수 있는 사물이나 건물 등에서 수직인 곳과 수직이 아닌 곳 그리고 평행인 곳과 평행이 아닌 곳을 관찰하여 그 차이점이 무엇인지 알아보는 활동을 통해 수직과 평행의 의미를 직관적으로 이해하게 한다. 이후 평면에서 두 직선이 만날 때 이루어지는 각이 직각인 경우를 통해 수직과 수선을 정의하고, 한 직선에 대하여 수직인 서로 다른 두 직선은 평면 위에서 아무리 늘여도 만나지 않는다는 것을 직관적으로 알게 함으로써 평행과 평행선을 정의한다. 서로 만나지 않는 두 직선을 평행하다고 정의하며, 평행한 두 직선을 평행선이라고 정의한다. 이와 같은 초등학교에서의 수직과 평행의 정의는 3차원 공간이 아닌 2차원 평면 위에 한정되어 있으므로 구체물에서 수선과 평행선을 찾을 때 교사는 설명과 발문에 특히 유의해야 한다.

삼각자나 각도기를 이용하여 직선 위의 점이나 직선 밖의 점을 지나 주어진 직선에 대하여 수직인 직선 즉, 수선을 그릴 수 있게 한다. 이때 직선 밖의 한 점에서 직선에 그은 선분 중에서 길이가 가장 짧은 것이 수선임을 알게 한다. 그리고 자와 삼각자를 이용하여 평행선을 그어 보게 하고, 평행선을 찾게 한다. 평행선 위의 두 점을 잇는 선분을 여러 개 긋고 이들 사이의 길이를 비교하는 직접적인 활동을 통하여 평행선 사이의 수직인 선분의 길이로 평행선 사이의 거리를 정의하고, 평행선 사이의 거리를 측정하게 하며 한 직선과 주어진 거리만큼 떨어져 있는 평행선을 긋는 방법을 알게 한다. 이 평행의 개념은 사다리꼴 등을 이해하는 기반이 된다.

수선과 평행선의 작도는 정확하게 할 필요가 있지만, 초등학교에서는 수선과 평행선의 이해를 깊게 하는 데 목적이 있으므로 너무 작도의 기능에 치우치지 않도록 유의해야 한다.

2) 평면도형의 이동

[4수02-04] 구체물이나 평면도형의 밀기, 뒤집기, 돌리기 활동을 통하여 그 변화를 이해한다.
[4수02-05] 평면도형의 이동을 이용하여 규칙적인 무늬를 꾸밀 수 있다.

도형의 위치를 이동하거나 모양이나 크기를 바꾸는 것을 도형의 변환이라 한다. 이 중 합동변환이란 도형의 모양이나 크기는 변하지 않고, 위치만을 이동하는 것으로 평행이동, 대칭이동, 회전이동을 들 수 있다. 주어진 도형을 합동변환을 하면 대응점과 대응변, 대응각이 생성되고, 이들 각각의 대응 요소들의 크기는 같다. 그러나 초등학교에서는 평행이동, 대칭이동, 회전이동이라는 용어는 사용하지 않고 대신 밀기, 뒤집기, 돌리기라고 한다.

간단한 평면도형의 밀기, 뒤집기, 돌리기는 공간적 대상의 정신적 이미지를 구성하고 변환하는 능력을 신장함과 동시에 후속 학습 내용인 합동과 대칭을 이해하는데 기초가 된다. 처음에는 구체물, 그림, 평면도형 등을 직접 밀거나 뒤집거나 돌리는 활동으로 그 변화를 관찰하게 하고, 익숙해지면 직접 해 보기 전에 어떤 모양이 될지 추측하게 한 후 직접 해보고 확인하게 함으로써 공간 추론을 경험하게 하는 것이 중요하다. 돌리기의 경우 회전 방향에 대해 시계방향, 시계 반대 방향, 회전의 크기에 대해 반 바퀴 등의 친숙한 용어들을 사용할 수도 있다. 그리고 똑같은 몇 개의 정사각형들로 만들 수 있는 서로 다른 모양이 몇 개인지를 밀기, 뒤집기, 돌리기 등을 이용하여 알아보는 활동으로 학생들에게 도형의 이동에 대한 감각을 기르게 한다. 이때 기하 소프트웨어인 Geogebra나 AlgeoMath의 활용을 권한다. 또한 밀기, 뒤집기, 돌리기 중 어떤 과정을 거쳐 어떻게 변하는지를 설명하게 하는 것도 평면도형의 이동에 대한 이해를 깊게 하는 데 도움이 될 것이다.

3) 원의 구성요소

[4수02-06] 원의 중심, 반지름, 지름을 알고, 그 관계를 이해한다.
[4수02-07] 컴퍼스를 이용하여 여러 가지 크기의 원을 그려서 다양한 모양을 꾸밀 수 있다.

현 교육과정에 따르면 원을 1학년에서 입체의 한 부분으로서 모양을 인식할 수 있도록 하고, 2학년에서 예시적으로 원을 정의한 후, 분류와 구체물을 본을 떠는 활동을 통해 이해하게 하고 있다.

3~4학년군에서는 학생들 스스로 원을 그릴 수 있는 다양한 방법을 깨닫게 하는 과정을 중요하게 다루고 있다. 이를 위해 교과서는 줄을 이용하거나 점을 찍어 원을 그려보는 등의 직접적인 활동을 제시하여 스스로 원을 그리는 다양한 방법을 자연스럽게 익힐 수 있도록 구성하고 있다. 이러한 원을 그리는 방법을 통하여 원의 의미를 이해하도록 하고 있다는 의미이다. 이 과정에서 원의 중심과 반지름이 도입되고, 원의 반지름과 지름 사이의 관계도 학습 대상이 된다. 이 학습 요소는 이후 원의 넓이로 이어지게 된다. 그러나 평면 위에서 한 정점에서의 거리가 일정한 점의 집합이라는 원의 정의는 초등학교에서 사용하지 않는다.

원을 그리는 과정에서 정확한 원의 작도를 위해 컴퍼스가 사용되므로 교사는 컴퍼스의 사용법에 대한 지도뿐만 아니라 뾰족한 침에 대한 안전 지도도 철저히 이루어질 수 있도록 해야만 한다.

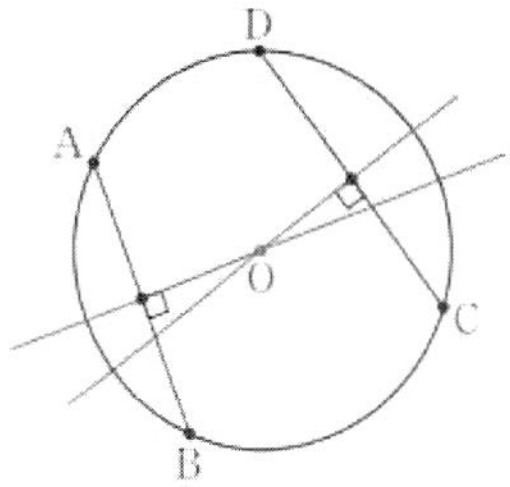

원이 주어져 있을 때, 주어진 원의 중심은, 오른쪽 그림을 이용하여 제시하면, 다음과 같은 방법으로 작도할 수 있다.

① 원 위의 네 점 A, B, C, D를 선택한다. 단, 선분 AB와 CD가 평행하지 않도록 선택한다.

② 선분 AB와 CD의 수직이등분선을 각각 작도한다. 이때 두 수직이등분선의 교점을 O라 하면, 점 O가 주어진 원의 중심이다.

4) 여러 가지 삼각형

[4수02-08] 여러 가지 모양의 삼각형에 대한 분류 활동을 통하여 이등변삼각형, 정삼각형을 이해한다.

[4수02-09] 여러 가지 모양의 삼각형에 대한 분류 활동을 통하여 직각삼각형, 예각삼각형, 둔각삼각형을 이해한다.

이전 학년군에서 일상생활의 다양한 물건에서 '모양'을 직관적으로 파악하는 활동을 통해 자기의 경험을 조직하고, 구체물에서 삼각형을 찾아 약속하고 분류하고 그려보는 활동을 통해 삼각형의 의미와 특징을 이해였다면 이 학년군에서는 삼각형의 정의와 성질을 조금은 형식적으로 학습하게 된다.

현 교육과정은 직각을 이용하여 직각삼각형을 도입한 후 변의 길이와 각의 크기에 따라 삼각형을 분류하고 각 삼각형의 정의와 성질을 학습한다. 즉, 삼각형의 세 변의 길이를 살펴보고 변의 길이에 따라 이등변삼각형, 정삼각형, 부등변삼각형으로 분류하고 각의 크기에 따라 예각삼각형, 직각삼각형, 둔각삼각형으로 분류한다. 분류한 결과에 따라 공통 속성을 추상화하여 이등변삼각형, 정삼각형, 예각삼각형, 둔각삼각형의 개념을 형식적으로 정의할 수 있도록 하고, 다양하고 구체적인 조작 활동을 통해 이를 익히도록 하고 있다. 특히 이러한 내용의 수업에서 학생들이 삼각형의 세 각 중 하나의 직각이나 둔각이 있어 직각삼각형 또는 둔각삼각형이라고 인식할 수 있어 한 예각만 보고 예각삼각형이라고 하는 오개념이 형성되지 않도록 즉, 한 각의 크기만으로 삼각형을 판단하지 않도록 교사는 유의해서 추가 발문을 구성해야만 할 것이다.

또한, 변과 각의 속성을 동시에 고려하도록 하여 직각이등변삼각형이 변의 속성에 따르면 이등변삼각형이 되고, 각의 속성에 따르면 직각삼각형이 된다는 것을 학습한다.

5) 여러 가지 사각형

[4수02-10] 여러 가지 모양의 사각형에 대한 분류 활동을 통하여 직사각형, 정사각형, 사다리꼴, 평행사변형, 마름모를 알고, 그 성질을 이해한다.

이전 학년군에서 일상생활의 다양한 물건에서 '모양'을 직관적으로 파악하는 활동을 통해 자기의 경험을 조직하고, 구체물에서 사각형을 찾아 약속하고 분류하고 그려보는 활동을 통해 사각형의 의미와 특징을 이해였다면 이 학년군에서는 사각형의 정의와 성질을 형식적으로 학습하게 된다.

3학년에서 직각을 이용하여 직사각형, 정사각형을 도입하고, 4학년에서는 평행사변형 등을 정의하거나 이해하는데 필요한 수직과 평행을 학습한 후 사다리꼴, 평행사변형, 마름모가 제시되며, 직사각형과 정사각형의 성질을 학습하게 된다. 이때 '여러 가지 사각형의 성질은 구체적인 조작 활동을 통하여 간단한 것만 다루고, 여러 가지 사각형 사이의 관계는 다루지 않는다.'라고 교수·학습 방법 및 유의 사항에서 밝히고 있음을 교사는 충분히 유의하여 수업에 임해야만 한다.

삼각형을 변의 길이와 각의 크기에 따라 분류하였다면 사각형은 평행한 변이 있는지에 따라, 평행한 변의 개수에 따라, 변의 길이에 따라 사각형을 분류해 보는 활동을 통해 사다리꼴, 평행사변형, 마름모를 학습하게 된다. 이때 사다리꼴은 평행한 변이 한 쌍만 있는 사각형이 아니라 평행한 변이 적어도 한 쌍인 사각형을 말하므로 평행한 변이 있기만 하면 된다. 따라서 교사는 평행사변형과 같이 평행한 변이 두 쌍이 있어도 사다리꼴이라는 점을 명확히 지도해야만 한다. 교과서는 '평행한 변이 한 쌍이라도 있는 사각형'을 사다리꼴, 마주 보는 두 쌍의 변이 서로 평행한 사각형을 평행사변형이라 정의하고 있다. 이후 여러 가지 사각형의 성질을 학습한다.

6) 다각형

[4수02-11] 다각형과 정다각형의 의미를 안다.
[4수02-12] 주어진 도형을 이용하여 여러 가지 모양을 만들거나 채울 수 있다.

지금까지의 평면도형과 관련된 이전 단계의 학습 내용을 살펴보면 ㅁ, △, ○ 모양에서 시작해 변과 꼭짓점의 개념과 원, 삼각형, 사각형, 오각형, 육각형을 학습하였다. 또한 직각삼각형, 직사각형, 정사각형, 원의 개념을 학습하였고, 평면도형의 이동을 다루었다. 그리고 여러 가지 삼각형을 다루고, 수직과 수선, 평행과 평행선과 함께 여러 가지 사각형을 학습하였다. 3~4학년군의 평면도형에 대한 마지막 내용으로 학생들이 그동안 독립적으로 학습해 온 삼각형, 사각형, 오각형, 육각형의 가장 일반화된 개념으로서 다각형을 학습한다. 변이 3개인 삼각형부터 6개인 육각형은 이미 학습한 내용이므로 다각형의 공통점과 차이점을 알아보고 다각형의 일반적인 특징을 파악하는 데 중점을 두어야 한다.

다각형을 변의 길이가 모두 같은 다각형으로 분류하고 각의 크기가 모두 같은 다각형으로 분류하는 활동을 통해 정다각형이 도입되고 이후 다각형이 가지는 성질 중 하나로서 대각선의 개념이 도입된다. 현 교과서는 대각선을 '서로 이웃하지 않는 두 꼭짓점을 이은 선분'으로 정의하여 사용하고 있고, 여러 가지 다각형에서 대각선이 어떻게 생성되는지 그어 보고 간단한 다각형의 대각선 수를 세어 보는 정도로만 다루고 있다.

3. 5~6학년군

이 학년군에서의 평면도형의 내용은 합동과 대칭뿐이다. 평면도형의 이동에서 평면도형을 밀고, 뒤집고, 돌리는 활동을 통해 도형의 변환에 관한 기초 개념을 형성했다면, 합동과 대칭에서는 이를 바탕으로 도형을 직접 대어 보고 겹쳐보는 조작 활동을 통해 합동의 기초 개념을 형성하고 합동의 개념으로부터 선대칭도형과 점대칭도형의 기본 개념과 원리를 학습하게 된다.

입체도형은 직육면체의 구성요소인 꼭짓점, 모서리, 면, 직육면체의 특수한 경우로서 정육면체, 이들 겨냥도·전개도가 학습 대상이다. 한편, 분류된 입체도형의 공통적인 속성을 찾아 각기둥과 각뿔의 개념과 구성요소의 성질을 학습하며, 원기둥의 구성요소와 성질, 전개도 및 원뿔과 구의 구성요소와 성질을 탐구하게 된다.

1) 합동과 대칭

[6수02-01] 구체적인 조작 활동을 통하여 도형의 합동의 의미를 알고, 합동인 도형을 찾을 수 있다.
[6수02-02] 합동인 두 도형에서 대응점, 대응변, 대응각을 각각 찾고, 그 성질을 이해한다.
[6수02-03] 선대칭도형과 점대칭도형을 이해하고 그릴 수 있다.

합동과 대칭은 실생활에서 쉽게 접할 수 있는 주제이다. 실생활에서 쉽게 볼 수 있는 물건이나 무늬, 건축물, 조형물 등을 살펴봄으로써 대칭의 의미를 직관적으로 이해하게 한다. 물론, 이러한 소재들이 수학적으로 완벽하게 합동이나 대칭을 이루는 것이 아닐 수도 있기에 개념 설명을 위한 소재라는 사실을 교사는 인식하고 사용해야 한다. 이후 도형을 직접 대어 보고 겹쳐보는 조작 활동을 통해 합동의 기초 개념을 형성하고 이 개념으로부터 선대칭도형과 점대칭도형의 기본 개념과 원리를 학습하게 하면 된다.

교과서는 '모양과 크기가 같아서 포개었을 때 완전히 겹치는 두 도형'을 서로 합동이라고 정의한다. 그러므로 모양과 크기가 같아서 포개어지는지에 관한 판단은 오롯이 학생들의 시각적 인식에 의존하게 된다. 따라서 미세한 차이의 두 도형을 제시하는 것은 무리가 따른다.

데칼코마니나 모양을 반으로 접어 보는 활동, 사람, 물건, 글자 등을 거울에 비쳐 보는 활동 등 다양하고 구체적인 조작 활동을 통해 선대칭도형과 대칭축의 의미를 알게 하자. 대칭에 대한 학생의 첫 지각은 시각적이라고 알려져 있다. 이 시각적 지각을 이용하여 변이나 가장자리가 대칭인지를 알아보기 위해서는 접어 본다는 아이디어가 필요하게 된다. 물론 접어 보지 않고도 대칭축을 찾을 수 있는 예도 있다. 그러나 평행사변형과 같은 도형은 학생들이 대칭축이 두 개 있다고 말하기 쉽다. 이러한 경우는 학생들에게 직접 평행사변형을 이용해 알아보도록 해야만 한다. 또한, 선대칭도형에서 대응점, 대응변, 대응각을 찾아보고, 대응변의 길이와 대응각의 크기가 같고, 대칭축은 대응점을 이은 선분을 수직이등분한다는 성질을 알게 해야 한다. 이로써 학생들은 선대칭도형의 성질을 이용하여 선대칭도형의 나머지 부분을 그릴 수 있게 되는 것이다.

교과서는 '한 도형을 어떤 점을 중심으로 180° 돌렸을 때 처음 도형과 완전히 겹치는 도형'을 점대칭도형의 정의로 사용하고 있다. 다양한 도형에서 도형의 한 점을 중심으로 180° 회전하여 겹쳐보게 하는 등 구체적 조작 활동을 통해 점대칭도형과 대칭의 중심의 의미를 알게 한다. 그리고 점대칭도형에서 대응점, 대응변, 대응각을 찾아보고, 대응점은 대칭의 중심에서 같은 거리에 있고 대응변과 대응각의 크기가 같다는 성질을 알게 해야 한다. 학생들은 점대칭도형의 이러한 성질들을 이용함으로써 점대칭도형의 나머지 부분을 그릴 수 있게 된다.

2) 직육면체와 정육면체

[6수02-04] 직육면체와 정육면체를 알고, 구성요소와 성질을 이해한다.
[6수02-05] 직육면체와 정육면체의 겨냥도와 전개도를 그릴 수 있다.

직육면체의 개념은 모형과 구체물을 직관적으로 관찰하고 조작함으로써 접근하도록 한다. 저학년에서 상자나 주사위, 쌓기나무와 같은 구체물을 관찰하고 쌓기나무를 조작하여 여러 가지 입체도형을 구성하는 활동을 통하여 기본적인 감각을 키우게 했다면, 고학년에서는 우리 주위의 사물들이 기하학적 모델임을 알고 사물들을 통하여 도형의 크기, 모양, 그리고 그들 사이의 관계를 파악하는 능력을 키우게 한다. 이를 위해 직육면체의 구성요소인 꼭짓점, 모서리, 면을 이해하고 그 성질을 조사하게 한다. 이를 통하여 학생들은 직육면체에 관하여 직육면체의 모든 면은 직사각형, 마주 보는 면은 서로 합동, 마주 보는 면은 서로 평행, 8개의 꼭짓점, 12개의 모서리와 6개의 면, 꼭짓점에서 만나는 세 모서리는 서로 수직, 정육면체의 모든 면은 합동인 정사각형 등의 내용을 발견할 수 있을 것이다. 물론, 공간에서 두 면의 평행, 두 직선의 수직과 평행 등의 내용에 있어서는 수학적인 정의를 피하고 직관적으로 발견하게 하는 정도로 충분하다. 특별히, 직육면체의 특수한 경우로서 정육면체의 특징을 이해하고 직육면체와 정육면체의 공통점과 차이점을 분명히 알도록 지도해야 한다.

교과서는 '직사각형 6개로 둘러싸인 도형'을 직육면체로, '정사각형 6개로 둘러싸인 도형'을 정육면체로 정의하여 사용하고 있다. 현 중학교 교과서는 직육면체를 독립적인 차시로 구성하지 않고 다면체의 한 종류로 도입하고 있다. 예를 들어 다면체를 '다각형인 면으로만 둘러싸인 입체도형'이라고 정의하면서 초등학교와의 학습 연계를 위해 예시 도형으로 직육면체를 제공하고 있다.

직육면체의 밑면에 관해서 교과서는 다음과 같이 제시하고 있다. '그림과 같이 직육면체에서 색칠한 두 면처럼 계속 늘여도 만나지 않는 두 면을 서로 평행하다고 합니다. 이 두 면을 직육면체의 밑면이라고 합니다. 직육면체에는 평행한 면이 3쌍 있고 이 평행한 면은 각각 밑면이 될 수 있습니다.' 또한, '직육면체에서 밑면과 수직인 면을 직육면체의 옆면이라고 합니다.'로 옆면을 정의하고 있다. 사각기둥과는 달리 직육면체는 그 모선을 알 수 없다. 따라서 밑면을 고정된 면이 아닌 기준이 되는 면으로 교수하고 있다. 그러므로 밑면이 변함에 따라 옆면도 바뀐다는 사실을 반드시 지도해야만 한다.

교과서는 '직육면체 모양을 잘 알 수 있도록 나타낸 그림'으로 직육면체의 겨냥도를 정의하고 있다.

3) 각기둥과 각뿔

[6수02-06] 각기둥과 각뿔을 알고, 구성요소와 성질을 이해한다.
[6수02-07] 각기둥의 전개도를 그릴 수 있다.

실생활의 다양한 물건을 관찰하여 각기둥과 각뿔을 직관적으로 인식하고, 각각 그 공통 성질을 알아내어 각기둥과 각뿔의 의미를 이해하게 하고, 구성요소를 알게 한다. 평행인 면과 수직인 면을 찾아보는 것을 통해 각기둥에 대한 이해를 깊게 하며, 꼭짓점, 모서리, 밑면의 모양 등의 특징을 알아보는 것으로 각뿔의 성질을 알게 한다. 이때, 직육면체와 정삼각뿔 등은 바라보는 방법에 따라 밑면이 달라지기 때문에 밑면과 옆면의 조건을 설명할 때 사용하는 예로는 적절하지 않음에 유의하여 지도해야만 한다. 그리고 계속 강조한 내용이지만, 학교수학에서의 각기둥과 각뿔은 직각기둥과 직각뿔만 다루고 있어 각기둥과 각뿔의 옆면 지도에는 특히 유의하여 지도해야만 한다.

초등학교에서는 예시적으로 각기둥을 정의한 후, 서로 평행하고 나머지 다른 면에 수직인 두 면을 밑면, 밑면에 수직인 면을 옆면으로 정의한다. 밑면의 모양이 각각 삼각형, 사각형, 오각형, …일 때, 그 각기둥을 삼각기둥, 사각기둥, 오각기둥, …이라고 한다. 그리고 면과 면이 만나는 선분을 모서리, 모서리와 모서리가 만나는 점을 꼭짓점, 두 밑면 사이의 거리를 높이라고 정의하고 있다.

각뿔 또한 예시적으로 정의한 다음 밑면과 옆면을 정의한다. 밑면의 모양이 각각 삼각형, 사각형, 오각형, …일 때, 그 각뿔을 삼각뿔, 사각뿔, 오각뿔, …이라고 한다. 그리고 면과 면이 만나는 선분을 모서리, 모서리와 모서리가 만나는 점을 꼭짓점, 꼭짓점 중에서도 옆면이 모두 만나는 점을 각뿔의 꼭짓점, 각뿔의 꼭짓점에서 밑면에 수직인 선분을 높이라고 정의하고 있다. 특히, 각뿔의 높이는 각뿔의 꼭짓점에서 밑면에 내린 수선의 길이를 의미이므로 옆면의 삼각형의 높이와 같지 않음에 유의해서 지도하도록 하자. 또한 지금까지 배운 입체도형과 관련하여 주어진 조건을 만족하는 입체도형 찾기, 주어진 밑면과 옆면의 모양에 맞는 각기둥과 각뿔 찾기 등을 통해 입체도형의 성질을 깊이 있게 이해하도록 할 수 있다.

각기둥의 모서리를 잘라 펼쳐보는 활동을 통해 각기둥의 전개도를 이해하고, 그릴 수 있게 한다. 전개도에서 평행인 면, 수직인 면, 맞닿은 변을 찾고, 전개도를 접어서 각기둥을 만들어 보는 활동을 통해 각기둥에 대한 이해를 깊게 한다. 전개도를 그려 각기둥을 만드는 것뿐만 아니라, 반대로 각기둥을 펼쳐보는 활동을 통해 다양한 전개도가 가능하다는 것을 알게 하는 것도 매우 중요하다. 이러한 조작 활동을 바탕으로, 겹치는 변이나 꼭짓점에 대한 고찰 등 전개도와 각기둥의 관계를 파악하게 하자. 이때 교사는 각기둥에 대한 전개도를 간단한 경우만 다루도록 하고, 각뿔과 원뿔의 전개도는 다루지 않음에도 주의해야 한다.

4) 원기둥과 원뿔, 구

[6수02-08] 원기둥을 알고, 구성요소, 성질, 전개도를 이해한다.
[6수02-09] 원뿔과 구를 알고, 구성요소와 성질을 이해한다.

실생활에서 쉽게 접할 수 있는 여러 가지 물건, 건축물 등을 관찰하여 원기둥과 원뿔을 직관적으로 인식하고, 여러 가지 입체도형에서 원기둥과 원뿔을 찾아내어 각 도형의 공통된 성질을 알아봄으로써 원기둥과 원뿔의 의미를 이해하게 하고, 원기둥의 밑면, 옆면, 높이와 원뿔의 꼭짓점, 옆면, 밑면, 모선, 높이 등 구성요소를 알게 하며, 원기둥과 원뿔의 여러 가지 성질을 찾아보게 한다.

원기둥의 모형을 잘라 펼쳐보는 활동을 통해 원기둥의 전개도를 이해하고, 원기둥의 전개도를 찾을 수 있게 한다. 원기둥의 옆면을 전개하면 직사각형이 되는데 이 직사각형의 세로 길이는 원기둥의 높이와 같고, 가로 길이는 밑면의 원주와 같다. 이를 이해하기 위하여 원기둥 모양의 물체나 모형을 여러 가지 방법으로 직접 잘라보게 한다. 반대로 원기둥을 구성하기 위하여 전개도를 그려보게 함으로써 원기둥이 가지고 있는 성질에 대한 이해를 심화시킨다. 이때 원기둥의 전개도를 정확하게 그리는 활동은 하지 않는다. 또한 학생들에게 주어진 원기둥의 전개도 중에서 원기둥을 만들 수 없는 전개도를 찾고 왜 만들 수 없는지 자신의 언어로 충분히 표현할 수 있도록 하는 것을 권장한다.
원기둥, 원뿔, 구는 어떤 도형을 회전축을 중심으로 360° 회전시키면 생기는 입체인지를 회전시킨 도형과 짝지어 보게 한다. 2015 교육과정은 회전체를 중학교에서 다루도록 해 회전체의 개념·성질에 대한 탐구는 삭제되었지만, 원기둥, 원뿔, 구를 회전체로 이해하도록 하는 부분은 아직 제시하고 있어 교사는 한 직선을 중심으로 돌리는 활동 즉, 발생에 따른 의미로의 교수도 필요하다.

5) 입체도형의 공간 감각

[6수02-10] 쌓기나무로 만든 입체도형을 보고 사용된 쌓기나무의 개수를 구할 수 있다.

[6수02-11] 쌓기나무로 만든 입체도형의 위, 앞, 옆에서 본 모양을 표현할 수 있고, 이러한 표현을 보고 입체도형의 모양을 추측할 수 있다.

1~2학년군에서 쌓기나무로 만든 모양을 보고 똑같이 만들거나 5~6개의 쌓기나무로 여러 입체도형을 만들어 보고, '앞, 오른쪽'과 같은 표현을 이용하여 위치와 방향을 나타내 보았다면, 이 학년군에서는 입체도형의 구조를 파악하는 활동으로 쌓기나무로 만든 입체도형을 보고 사용된 쌓기나무의 개수를 구하게 한다. 사용된 쌓기나무의 개수를 구할 때 학생들에게 구조를 추측하게 하고 이에 대해 서로 의사소통하게 하는 것이 권장된다. 이때 입체도형을 평면에 나타낸 모양만을 보고 입체도형의 구조를 완전히 파악할 수 없는 예도 있음을 알게 하고, 이를 해결하기 위해 쌓기나무로 쌓은 모양들을 투영도, 투영도와 위에서 본 모양, 위, 앞, 옆에서 본 모양, 위에서 본 모양에 수를 쓰는 방법, 층별로 나타낸 모양으로 표현하는 방법들을 학습하고 이 방법들 사이의 장단점도 인식할 수 있도록 지도해야 한다. 역으로 어떤 입체도형을 이러한 방법으로 표현한 것에서도 그 입체도형의 모양을 알 수 있도록 해야 한다. 이는 입체도형을 보고 평면도형으로 표현하는, 평면도형으로서의 표현을 보고 입체도형의 구조를 파악하는 활동이기 때문이다.

쌓기나무로 만든 것 외에도 실생활에서 볼 수 있는 여러 가지 물체, 건축물, 예술품 등의 구조를 위, 앞, 옆에서 본 모양으로 표현하게 할 뿐만 아니라, 위, 앞, 옆에서 본 모양으로부터 이런 대상들의 구조를 추측하게 하고, 의사소통하게 한다. 이 의사소통은 쌓은 모양을 추측할 때 친구들과는 왜 다른 모양이 나오는지 친구의 생각과 비교해 볼 수 있는 훌륭한 기회를 제공하기 때문이다.

참고문헌

강성훈(2020). '플라톤 <티마이오스> 및 기타 대화편'의 강연 원고, 열린 연단.

강옥기, 윤상혁, 권언근, 이형주, 황혜정, 유승연, 전대열, 윤혜미, 노지화, 홍창섭, 우희정, 정경호(2020). 중학교 수학 1 교과서, 서울: ㈜동아출판.

강홍재, 권성룡, 김성준, 김수환, 신준식, 이대현, 이종영, 최창우(2018). 초등학교 수학과 교재연구와 지도법, 경기도: 동명사.

강흥규, 조영미(2002). 학교기하의 다양한 정의 방법과 그 교수학적 의의. 수학교육학연구, 12(1), 95-108.

교육부(2015). 수학과 교육과정. 교육부 고시 제 2015-74호 [별책 8].

교육부(2020). 수학 5-2 교사용 지도서. 서울: ㈜비상교육.

권유미, 안병곤(2005). 초등수학 교과서에 사용되고 있는 수학 용어에 대한 학생들의 이해도 분석: 도형 영역을 중심으로. 한국초등수학교육학회지, 9(2), 137-159.

김정원(2019). 초등학교 수학에서 수직과 평행의 지도 방안 탐색, 한국초등수학교육학회지, 23(4), 481-506.

박세희(2006). 수학의 세계, 서울: 서울대학교출판부.

박형준(2009). 힐베르트의 기하학 기초론에 나타난 여러 기하 체계들의 쓰임에 관하여, 고려대학교 교육대학원 석사학위논문.

배종수(1999), 초등수학교육내용지도법-제7차 교육과정을 중심으로-, 경문사.

백경화, 조영미(2013). 정폭도형을 활용한 초등수학영재 프로그램 개발 및 적용 결과 분석 연구, 한국학교수학회논문집, 16(1), 201-217.

수학동아(2014). 건축, 수학으로 예술 작품이 되다. 2014년 3월호. p.19.

양성덕, 조경희(2011). 힐베르트의 저서 '기하학의 기초'에 관하여. 한국수학사학회지, 24(4), 61-86.

양은경, 신재홍(2015). 역동적 기하 환경에서 중등 영재학생들의 합동변환 활동에 대한 발생적 분해, 수학교육학연구, 25(4), 499-524.

이상욱, 홍성욱, 장대익, 이중원(2007). 과학으로 생각한다: 과학 속 사상, 사상 속 과학, 동아시아.

이우영(2020). 야노스 보여이의 'Appendix', 과학의 거인, 한국과학기술한림원.

이종영(2005). 초등학교 수학에서 평행과 평행선 지도에 관한 고찰. 수학교육학연구, 15(3), 273-286.

이지현(2014). 정의 없이 정의 가르치기: 예비교사는 어떻게 자신이 배웠던 방식과 다르게 가르칠 수 있는가?, 수학교육학연구, 24(3), 311-331.

정영우, 김부윤(2014). 전개도에 관한 교수학적 고찰, 학교수학, 16(2), 285-301.

최근배(2018). 다각형의 등주문제: Geometer's Sketchpad로 수학적 추론과 정당화하기, 수학교육 논문집, 32(3), 257-273.

홍갑주, 강정민(2017). 초등학교 수학 교과서의 이해에 유클리드 원론이 주는 시사점, 초등수학교육. 20(1), 117-130.

홍갑주, 박지환(2015). 초등학교 교과서의 각의 크기에 따른 삼각형 분류에 관한 고찰. 초등수학교육, 18(1), 45-59.

황선욱, 강병개, 윤갑진, 이광연, 장홍월, 정종식, 조성율(2020). 중학교 수학 1 교과서. 서울: ㈜미래엔

E. T. Bell(1986). Men of Mathematics. Touchstone Books(Reprint).

F. Cajori(1897). A History of Elementary Mathematics with Hints on Methods of Teaching, New York, The Macmillan company.

J. Casey(2007). The First Six Books of the Elements of Euclid(eBook), CORNELL UNIVERSITY LIBRARY.

W. J. Firey(1960). Isoperimetric Ratios of Reuleaux Polygons, Pacific J. Math. 10 (3), 823-829.

M. J. Greenberg(1980). Euclidean and non-euclidean geometries: Development and history(2nd ed.). W. H. Freeman and Company.

E. Hartmann(2003). Geometry and Algorithms for Computer Aided Design, Lecture Note, Darmstadt Univ. of Tech.

J, Hadamard(2008), Lessons in Geometry: Plane geometry, American Mathematical Soc.

R. Hartshorne(2000). Geometry: Euclid and beyond, Undergraduate Texts in Mathematics, Springer-Verlag, New York.

D. Hilbert(2005). The Foundations of Geometry, Authorized Translation by E. J. TOWNSEND, Project Gutenberg eBook of The Foundations of

Geometry, THE OPEN COURT PUBLISHING COMPANY.

C. A. Hobbs(1921). Solid geometry, Cambridge, G.H. Kent University bookstore.

M. Josefsson(2013). Characterizations of Trapezoids, Forum Geom. 13, 23-35.

W. F. Kern, J. R. Bland(1938). SOLID MENSURATION WITH PROOFS, John Wiley & Sons, Inc.

S. Lawrence(2011). Developable Surfaces: Their History and Application, Nexus Network Journal. 13(3), 701-714.

H. Eves(1990). An Introduction to the History of Mathematics (6th edition). Brooks Cole.

A. L. Loeb(2013). Polyhedra: Surfaces or solids?, Shaping Space: Exploring Polyhedra in Nature, Art, and the Geometrical Imagination (2nd edition), 65-75. Springer.

H. Poincaré(1903). Poincaré's review of Hilbert's "Foundations of Geometry", translated by E. V. Huntington. Bull. Amer. Math. Soc. 10, 1-23.

H. E. Slaught, N. J. Lennes(2009). Solid Geometry with Problems and Applications, revised edition. Project Gutenberg eBook of The Foundations of Geometry, ALLYN and BACON.

H. Tverberg(1980). A proof of the Jordan curve theorem, Bull. London Math. Soc. 12(1), 34-38.

高木寛通(2013). 曲面の不思議 -2次曲面と線織面-. 高校生のための現代数学講座. 東京大学玉原国際セミナーハウス. 2013年 7月 13日.

Angle, Encyclopædia Britannica vol. 2 (11th edition). Cambridge University Press. 14

찾아보기

배우고&가르칠 **도형**

초판발행 2023년 2월 20일

지은이 강홍재
펴낸이 오판근
펴낸곳 (주) 교우
주 소 서울시 동대문구 약령시로 8 교우빌딩 2층 (주)교우
전 화 02-925-2861 / **팩 스** 070-7966-8610. **편집부** 02-925-2825
홈페이지&북스토어 www.kyowoo.co.kr / **이메일** kyowoo@kyowoo.co.kr

등 록 1994년 3월 24일 제1994-000013호
ISBN 979-11-251-0369-1(93410)

Published by Kyowoo Co., Ltd. Printed in Korea

(주) 교우는 보다 혁신적이고 참신한 도서를 다양하게 기획하고 있습니다.
책으로 펴내고자 하는 아이디어나 원고는 메일로 보내주세요.
(주) 교우는 전과정을 책임지고 최선을 다하겠습니다.

값 19,000원

교우미디어는 (주) 교우의 Imprint 사입니다.
수학정원·과학정원은 (주) 교우의 새로운 브랜드명입니다.

잘못된 책은 구입하신 서점에서 교환해 드립니다.